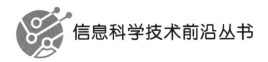

信息科学技术前沿丛书

多机器人系统强化学习

张文旭　王晓东　等　著

北京邮电大学出版社
www.buptpress.com

内 容 简 介

强化学习是机器学习领域的一种重要学习手段,是一种从环境状态到行为映射的学习方式,是实现智能系统具有自适应能力、自学习能力的重要途径。本书以强化学习算法与多机器人系统的结合为主要背景,介绍了主要的强化学习算法模型,讨论了它们的原理和优缺点;本书针对多机器人协作,从实际应用问题的角度分析,指出了局部性、不确定性和自组织网络等在学习中的现实意义;本书针对强化学习存在的学习速度慢、计算复杂度高等问题,研究了几种改进算法,并基于MATLAB设计了机器人仿真工具箱,以机器人路径规划与覆盖问题为背景进行了仿真研究。

本书可作为高等院校人工智能、自动化、计算机等相关专业的科研工作者及硕士、博士研究生的参考用书。

图书在版编目(CIP)数据

多机器人系统强化学习 / 张文旭等著. - - 北京:北京邮电大学出版社,2024.1
ISBN 978-7-5635-7060-7

Ⅰ.①多… Ⅱ.①张… Ⅲ.①机器人技术 Ⅳ.①TP242

中国国家版本馆 CIP 数据核字(2023)第 217636 号

策划编辑:姚顺 刘纳新　　责任编辑:满志文　　责任校对:张会良　　封面设计:七星博纳

出版发行:北京邮电大学出版社
社　　　址:北京市海淀区西土城路 10 号
邮政编码:100876
发 行 部:电话:010-62282185　传真:010-62283578
E-mail:publish@bupt.edu.cn
经　　　销:各地新华书店
印　　　刷:北京虎彩文化传播有限公司
开　　　本:787 mm×1 092 mm　1/16
印　　　张:17.75
字　　　数:439 千字
版　　　次:2024 年 1 月第 1 版
印　　　次:2024 年 1 月第 1 次印刷

ISBN 978-7-5635-7060-7　　　　　　　　　　　　　　　　　　定　价:68.00 元

· 如有印装质量问题,请与北京邮电大学出版社发行部联系 ·

前　言

西方国家在第一和第二次工业革命中以机器代替或减轻人类的体力劳动，使科学技术得到突飞猛进的发展。随着 20 世纪中期计算机的出现，机器从减轻人类的体力劳动转为减轻人类的脑力劳动。而在新时期，一个崭新的以人工智能（Artificial Intelligence）为标志的时代已经来临，人工智能是引领新一轮科技革命和产业变革的战略性技术，将对经济发展、社会进步等方面产生重大而深远的影响。

如何给机器赋予学习能力是人工智能研究的核心问题之一，只有具备了学习能力的智能系统，才能更好地模拟生物脑体的思维方式和决策能力，实现人工智能在智慧城市、智能医疗和智能制造等产业的应用。因此，机器学习面临的一个关键问题是：如何使机器以机器的思维自主地完成学习过程，而不是局限在人类专家的技能范畴与规则内。

强化学习是机器学习领域的一种重要学习手段，它面向无模型的学习方式，可以有效使智能系统（自主学习系统）不依赖人类经验进行自主学习，是一种从环境状态到行为映射的学习，是实现智能系统具有自适应能力、自学习能力的重要途径，为解决知识获取的瓶颈问题提供了一个可行之法。强化学习模拟了生物在适应环境的进化过程中采取的学习方式，智能系统通过与环境的交互不断增强行动、判断、决策等能力。目前强化学习方法已经在医疗决策、自动驾驶、金融分析等各个领域取得了大量的应用性成果。

本书主要分以下几个部分：第 1 章为绪论。第 2 章为多机器人协作与强化学习模型。第 3 章针对大规模多机器人应用中的观测局部性和不确定性问题，围绕分布式局部可观测马尔可夫模型，研究了一种基于一致性的多机器人强化学习算法；第 4 章针对多机器人强化学习过程中通信与计算资源消耗大的问题，研究了一种基于事件驱动的多机器人强化学习算法；第 5 章和第 6 章探讨了启发式强化学习算法中策略搜索范围和学习速度的关系，研究了一类基于事件驱动的启发式强化学习算法，并以多机器人覆盖问题为应用对象进行了仿真研究；第 7 章针对未知环境下的区域覆盖问题，基于 POMDP 和 DEC-POMDOP 两种模型，研究了地-空异构多机器人强化学习覆盖算法；第 8 章针对机器人路径规划问题中存在的计算资源消耗大，学习速度慢的问题，研究了基于近似动作空间模型的 Q-学习算法、基于分层强化学习的移动机器人路径规划算法；第 9 章设计了一套基于 MATLAB 软件的多机器人强化学习仿真工具箱,为模拟无人驾驶地面移动小车、无人飞行器和环境交互时的动作策略和回报等提供了一个仿真环境;第10章针对多机器人在缺少因特网的环境中如何通信的问题,研究了基于Linux平台的多机器人系统移动自组织网络。

本书的写作分工为,张文旭撰写第1章至第6章,王晓东撰写第7章,高慧、贺荟霖撰写第8章,张枭波撰写第9章和第10章。

由于作者水平有限,书中难免存在不妥之处,恳请读者批评指正(邮箱:wenxu_zhang@foxmail.com)。

本书研究内容获国家自然科学基金"基于事件驱动的启发式迁移强化学习关键技术研究(No.62366031)"项目支持。

作　者

目　　录

第1章

绪　论

1.1　研究背景与意义

西方国家在18世纪的工业革命中以机器代替或减轻人类的体力劳动,使科学技术得到突飞猛进的发展。随着20世纪中期计算机的出现,机器从减轻人类的体力劳动转向为减轻人类的脑力劳动[1]。而在21世纪,一个崭新的以人工智能(Artificial Intelligence)为标志的时代已经来临,人工智能是引领新一轮科技革命和产业变革的战略性技术,世界各国都积极将人工智能的发展拟定到国家蓝图中。

2016年10月,美国奥巴马政府发布了《The National Artificial Intelligence Research And Development Strategic Plan》和《Preparing for the Future of Artificial Intelligence》两份报告[2,3],12月跟进发布了《Artificial Intelligence,Automation,and the Economy》报告[4,5],三份报告规定了一个高水平的人工智能框架,制定了美国未来人工智能的发展路线;2019年6月,美国特朗普政府发布了《The National Artificial Intelligence Research And Development Strategic Plan:2019 Update》,人工智能研发战略重点也随之扩展至8个[5];2022年6月,美国国防部发布了《U.S.Department of Defense Responsible Artificial Intelligence Strategy and Implementation Pathway》,将作为指导美国国防部制定实施人工智能基本原则的战略,以及如何利用人工智能的框架[6]。

2018年4月,欧盟提交了《European Artificial Intelligence Strategies》报告[7],描述了欧盟在国际人工智能竞争中的地位,并制定了欧盟 AI 行动计划;2020年2月,欧盟发布了《White Paper on Artificial Intelligence:a European approach to excellence and trust》报告[8],进一步明确了欧盟人工智能未来的发展方向,促进欧洲在人工智能领域的创新能力,推动道德和可信赖人工智能的发展;2021年,欧盟委员会发布了《Coordinated Plan on Artificial Intelligence 2021 Review》报告[9],指出欧盟将整体推动人工智能生态系统的发展,占据人工智能重要影响领域的战略领导地位,第一、创造能够推动人工智能发展与应用的使能环境;第二、推动卓越人工智能繁荣发展,从实验室到市场有序衔接;第三、确保人工智能成为社会进步的驱动力量。

2018 年 11 月,德国通过了《The Federal Government's Artificial Intelligence Strategy》报告[10],口号是"AI Made in Germany",将人工智能的重要性提升到了国家高度,其主要包括三大目标:第一,将德国和欧洲打造成人工智能的领先基地,以此确保德国未来的竞争力;第二,实现负责任,以共同福祉为导向的人工智能开发和利用;第三是在广泛社会对话和积极政策框架下,通过道德、法律、文化和制度把人工智能嵌入到整个社会中。

2017 年 1 月,英国政府发布了《Artificial intelligence:opportunities and implications for the future of decision making》报告[11],指出了人工智能对生产力的长远影响;2021 年 9 月,英国政府发布了《National AI Strategy》国家战略报告[12],战略旨在实现:第一、英国人工智能领域重大发现的数量和类型显著增长,并在本土进行商业化和开发;第二、从人工智能带来的最大经济和生产力增长中获益;第三、建立世界上最值得信赖和支持创新的人工智能治理体系。

2018 年 3 月,法国政府公布了《The French National Strategy on Artificial Intelligence》报告[13],宣布未来五年投资 15 亿欧元用于人工智能研发,强调在这一领域引领"欧洲之路"。该战略的四大重点为:第一、加强生态系统建设以吸引最优秀的人才;第二、制定开放的数据政策;第三、建立支持新兴人工智能企业的监管框架;第四、制定符合道德规范和可接受的人工智能法规。2021 年 11 月,法国政府启动了《The French National Strategy on Artificial Intelligence》第二阶段,将调动约 22 亿欧元公共与私人投资,重点推动人工智能相关人才培养吸引和科技成果转化。

2016 年 4 月,日本经济产业省发布了"新产业结构蓝图"中期整理方案,该方案旨在利用人工智能和机器人等最新技术促进经济增长;2016 年 5 月,日本文部科学省确定了"人工智能/大数据/物联网/网络安全综合项目",旨在汇聚全球顶尖人才,以革命性人工智能技术为核心,融合大数据、物联网和网络安全领域开展研究,并为开展创新性研究的科研人员提供支持[14];2019 年 6 月,日本政府出台了《人工智能战略 2019》,旨在建成世界上最能培养人工智能人才的国家,并引领人工智能技术研发和产业发展;2022 年 4 月,日本内阁发布了《AI 战略 2022》,旨在加快人工智能在日本的发展,设定了人才、产业竞争力、技术体系、国际合作、应对紧迫危机五大战略目标。

2016 年 5 月,我国四部委联合印发了《"互联网＋"人工智能三年行动实施方案》的通知[15],明确人工智能为形成新产业模式的 11 个重点发展领域之一;2017 年 7 月,国务院正式印发了《新一代人工智能发展规划》[16],积极制定了人工智能产业规模目标和"三步走"计划等国家战略,明确了人工智能是新一轮科技革命和产业变革的重要驱动力量,对国防建设和经济建设将发挥巨大作用,规划指出,我国人工智能整体发展水平在重大原创成果、基础理论、核心算法等各方面与发达国家还有一定差距,将在重点前沿领域探索布局、长期支持,力争在理论、方法、工具、系统等方面取得变革性、颠覆性突破,全面增强人工智能原始创新能力;2018 年 10 月 31 日,中共中央政治局就人工智能发展现状和趋势举行第九次集体学习,习近平总书记指出,人工智能是新一轮科技革命和产业变革的重要驱动力量,加快发展新一代人工智能是事关我国能否抓住新一轮科技革命和产业变革机遇的战略问题。

因此,人工智能是引领这一轮科技革命和产业变革的战略性技术,正在对经济发展、社会进步等方面产生重大而深远的影响,对提升国家竞争力,维护国家安全等都有着重要影响。

1.2 机器学习算法

对于人工智能领域而言,如何给机器赋予学习能力是研究的核心问题之一[17],不具有学习能力的智能系统难以称得上是真正的智能系统,只有具备了学习能力,智能系统才能模拟生物脑体的思维方式与识别能力,实现人工智能在智慧城市、智能医疗、智能农业、智能物流和智能制造等核心产业的应用。因此,复杂的机器学习(Machine Learning)算法是人工智能的驱动技术,其涉及概率论、统计学、运筹学、逼近论、凸分析、计算复杂性理论、计算机科学、决策理论等多门学科,机器学习可以从海量数据中去寻找最合理的映射规则,建立人类依靠经验难以构建的计算模型,为复杂问题提供更快、更准确、更具可扩展性的解决方案,从而在某些领域达到超越人类水平的表现。

如图 1-1 所示,机器学习是人工智能的一个分支,但占据人工智能领域的核心研究地位。机器学习主要包括强化学习、深度学习、元学习、迁移学习、对抗学习等算法,旨在通过对数据的分析与泛化,让机器掌握一种学习能力,能对任务自我进行识别、判断与拓展,并完成决策与行动。目前,机器学习正在逐渐地偏离原来模仿人类的方向,在趋向真正的人工智能方向,不断在拉近与人类之间的智力差距。因此,机器学习对人工智能的发展有着重大而深远的意义[18]。

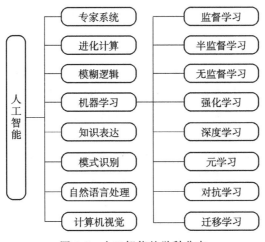

图 1-1 人工智能的学科分支

1.3 多机器人的协调与协作

随着人工智能的高速发展,越来越多的行业开始运用人工智能技术,而机器人是人工智能的一种载体和研究对象,拥有广阔的应用前景。比如汽车工业、机电工业、冶金、金属加工、铸造等行业运用工业智能机器人,可以实现生产过程全天候且全自动化,既可以提高产品质量也可以提高生产效率[19];在农业方面,已有应用图像识别的机器人,用于水果和蔬菜的嫁接、收获、检验与分类、病虫害防治、杂草的监测与清除以及无人机自动喷洒农药等[20];探索机器人可以代替人类在恶劣环境、深海、空间站、外星球等进行勘探和作业[21];医疗机器人可以完成一些人类用手难以执行的精细手术等[22]。

但是,尽管机器人的能力不断提高,机器人应用的领域和范围也在不断扩展,但是对于一些复杂的任务,单个机器人不再是最好的解决方案,而需要由多个机器人组成的系统进行实现。相比较单个机器人,多机器人系统在协同感知(比如视野、任务、回报等信息共享)、协同控制、协同行动、社会属性(比如工厂内流水线分工协作、仓储场景下多个抓取分类的机器人有效调度提高工作效率)、去中心化控制(比如允许机器人之间存在自主行为,在相互协作的同时还能做自己的事)、自动驾驶中协同感知和协同控制、群体行为模型和激励机制、群体智能协同决策等方面,可以相互弥补个体能力的不足。多机器人系统不是物理意义上的单机器人的简单代数相加,其作用效果也不是单个机器人作业的线性求和,它们通过"协调"和"协作"两个机制,还将实现一个"线性和"之外的基于个体相互作用的额外效果增量[23]。

协调是保证人类社会发展最常见的活动,人类从原始社会进化到现代社会的过程表明,人与人间的关系越来越趋向于更紧密、更和谐的状态。对于一个多机器人系统的发展而言亦是如此[24]。多机器人的协调是指在一个开放、动态的系统环境中,如何去平衡拥有不同特性的机器人之间的关系,优化它们在资源利用、任务分配等方面存在的问题,通过交流协作和分享信息改进了单个机器人的性能,如任务执行效率、健壮性、灵活性和容错性,或者使所有机器人以一致、和谐的方式共同工作[25]。协调的过程应该考虑到层次性,低层次的协调应该保证整体系统的行为一致性,以及尽可能地降低机器人之间的冲突;高层次的协调需要在保证低层次协调的基础上,满足整体目标或利益的最大化。

对于具有学习能力的多机器人系统,协作是指如何在不同机器人之间通过学习来建立合作关系、增强自身的能力、提高团队的协作效率。机器人之间的协调是协作的基础,而协作则是协调的主要目的。协调更多地用来描述机器人之间的一种和谐状态,而协作更关注达到这种和谐状态的方法。

多机器人的协作学习通常存在两种分类方法,一种分类方法是根据学习的组织方式,将学习划分为三类:乘积形式、分割形式和交互形式[26]。在乘积形式中,多机器人系统被作为一个独立的学习型机器人来考虑;在分割形式中,每一个机器人独立去执行自身的学习机制,完全不与队友进行交互;交互形式是对分割形式的改进,机器人并不完全遵照独立的学习机制,而是选择适当地通过与队友协商来加快自身的学习过程。

另一种分类方法则基于机器人之间的协作机制,将学习分为合作型学习、竞争型学习和半竞争型学习[27]。在合作型强化学习中,尽管每个机器人的目标和团队的总体目标是一致的,但是"合作"意味着多个机器人要共同完成一个目标任务,即这个目标的达成是所有个体机器人的行为组合,是一个联合行为策略。如果个体机器人"一意孤行"地去追求对自身行动的最大回报,那么它很难配合其他队友来共同获得团队最大回报。所以,多机器人的策略学习仍然需要考虑联合动作,在协作的过程中,要通过一个协作机制来统筹各个机器人的行动,利用各个机器人的优势来制定一个联合行动策略,比如本书第 7 章内容地-空异构多机器人强化学习,无人驾驶地面移动小车 UGV 的传感精度高,能够代替人力执行部分场景任务,但传感范围小、移动速度慢;无人飞行器 UAV 的监测范围广、移动速度快,在多机器人覆盖任务中利用 UGV 小车和 UAV 飞行器群组执行任务,有助于提高环境地图的扫描速度、缩短任务执行时间。

在竞争型学习中,部分机器人的目标与其余机器人的目标完全相反,比如完全竞争关系的零和随机博弈问题[28]。随机博弈(Stochastic game / Markov game)是马尔可夫决策过程与矩阵博弈的结合,具有多个机器人与多个状态,即多机器人强化学习。对于某个机器人在制定行动策略时,它需要考虑在其他机器人采取的动作策略令自己的回报最差的情况下,能够获得的最大期望回报。对于整个学习过程而言,可以将其分解为多个博弈阶段,机器人将每一个状态的阶段博弈的纳什策略组合起来成为一个机器人在动态环境中的策略,并不断与环境交互来更新每一个状态的阶段博弈中的博弈奖励,将这些策略联合起来就组成了一个机器人的行动策略。

半竞争型学习则介于合作型和竞争型之间[29],区别主要在于机器人之间是否允许达成有约束力的协议,从而得到整体的最大利益。这种模型下强调所有机器人存在集体理性,在满足以下两个条件下,可以为了整体的最大利益而进行联盟,①联盟的整体收益大于每个个体单独经营收益之和;②每个机器人都能获得比不加入联盟更高的收益。因此,机器人联盟中不存在完全利己者,每个机器人要考虑到整体联盟的利益与自身利益的分配,通过计算纳什平衡点来制定行动策略。

为了在学习过程中保持协作关系,机器人之间往往需要利用通信来进行谈判、协商,通常有隐式通信和显式通信两种方式,在本书第 2 章中有详细的说明。正如文献[30]强调和分析了强化学习过程中多个机器人之间的交互作用,并明确指出多机器人强化学习的主要问题在于"When,why,how to exchang information?"目前的研究普遍以全局通信为前提,或者在通信受限的条件下寻求策略的正确性,较少定量地考虑通信的代价,以及通信对策略空间带来的影响。在多机器人系统应用日渐广泛,系统涉及的空间尺度和时间跨度都越来越大的情况下,需要进一步研究多机器人系统强化学习中的局部通信策略。

1.4　不确定环境下的多机器人系统

不确定性是客观世界固有的属性[31],对于一个机器人系统亦应该考虑到其不确定性,由于机器人所携带传感器精度存在误差、机器人的控制和执行机构存在的误差、机器人模型与软件存在的误差以及在复杂环境中的突发情况等的因素的存在,机器人在每一步决策及行动中都会存在不确定性,随着决策步骤的增加,不确定性会被不断地累积放大,最终产生意想不到的结果,也就是通常说的"蝴蝶效应"。机器人系统的不确定性可以是输出的不确定性,也可以是状态的不确定性,比如,机器人的行动有错误的概率使当前状态转移到其他状态。

马尔可夫决策理论(Markov Decision Process,MDP)可以针对不确定性环境中的学习和决策问题进行统一建模[32],它抽象地提取出了决策过程中的关键因素,通过数学模型严格描述状态转移过程,并从理论上对问题本质进行了分析。单个机器人的强化学习通常基于 MDP 来建模和求解,因此仅需要处理机器人与环境的关系,学习系统基本假设为:离散环境状态、有限的行动空间、离散时间、随机状态转移、状态完全可观测。但在许多实际问题中，外界环境往往会带有噪声以及传感器自身能力也受到限制，因此当 MDP 模型考虑这些因素时，可以被扩展为局部可观测的 MDP（Partially Observable Markov Decision Process，POMDP）模型。

多机器人的强化学习的结构和过程都要复杂很多，其基本假设面对的是一个分布、动态、开放和复杂的问题[33]，每个机器人自身的行为都对环境产生作用和影响，且机器人之间存在着复杂的交互关系和利益冲突，外部环境需要在多个机器人的同时影响下才发生状态迁移，因此在协作中会表现出状态的局部转移特性，使学习过程带有非马尔可夫性。单机器人表现出的不确定性在多机器人系统中将更加突出，在传统的不确定性因素外，每一个机器人对其他机器人也是一个不确定因素，正如文献[34]明确指出了不确定性是目前多机器人系统研究面临的最大挑战。在考虑多个机器人参与的 POMDP 模型时，就形成了分布式局部可观测马尔可夫决策过程（Decentralized Partially Observable Markov Decision Process，DEC-POMDP）模型，机器人无法直接获得完整的环境状态，仅能采集到带有不确定性的局部信息，通过这个信息来反映出一部分的环境状态。因此，机器人预知其他队友动向的能力就变得十分有限，协作过程也因此变得更加复杂。DEC-POMDP 的问题在于每一步迭代都会产生极其多的子策略，给求解带来了极大的难度，也就是著名的维度诅咒（The Curse of Dimensionality），维度诅咒表现为问题的状态数会随问题的规模呈指数式的增长，这些子策略会快速地耗尽所有的存储空间和导致运算严重超时。从求解的复杂度上说，DEC-POMDP 是一个复杂度为 NEXP 级的问题，POMDP 的复杂度是 PSPACE[35]。

在多机器人系统的应用方面，尤其是对于多自主移动机器人的研究而言，强化学习算法是实现机器人具有自适应能力、自学习能力的重要途径，为解决智能系统的知识获取这个瓶颈问题提供一个可行之法[36]。实现机器人在复杂的、带有不确定性的系统中的强化学习过程，将对于推动自主移动机器人在航空、军事、工业等各领域的发展有着重要的意义[37]。目前，在这个问题上的研究还相对不足，有必要进一步研究多机器人在不确定环境中的强化学习问题。

本章参考文献

[1] 吴文俊.计算机时代的脑力劳动机械化与科学技术现代化[J].人工智能回顾与展望,北京:科学出版社,2006:1-6.

[2] House W. The National Artificial Intelligence Research And Development Strategic Plan.National Science and Technology Council,The White House,USA,May 2016.

[3] Felten E. Preparing for the Future of Artificial Intelligence. National Science and Technology Council.The White House Blog,USA,May,2016.

[4] House W.Artificial Intelligence,Automation,and the Economy.Executive office of the President.The White House,USA,Dec,2016.

[5] House W. The National Artificial Intelligence Research And Development Strategic Plan:2019 Update. National Science and Technology Council,The White House,USA,June 2019.

[6] U.S. Department of Defense. U. S. Department of Defense Responsible Artificial Intelligence Strategy and Implementation Pathway,USA,June,2022.

[7] European Commission.Artificial Intelligence:European Strategies.EU,April,2018.

[8] European Commission.White Paper on Artificial Intelligence:a European approach to excellence and trust.EU,February 2020.

[9] European Commission.Coordinated Plan on Artificial Intelligence 2021 Review.EU, April 2021.

[10] The Federal Government's Artificial Intelligence Strategy.Germany.November,2018.

[11] Government U. K. and Office for Science. Artificial intelligence:opportunities and implications for the future of decision making.U K,November,2016.

[12] Government U.K.National AI Strategy.September 2021.

[13] Government French. The French National Strategy on Artificial Intelligence. March,2018.

[14] AIP:Advanced Integrated Intelligence Platform Project 人工知能/ビッグデータ/ IoT/サイバーセキュリティ統合プロジェクト.日本文部科学省,2015.

[15] 《关于积极推进"互联网＋"行动的指导意见》.中华人民共和国国家发展改革委,科技部,工业和信息化部,中央网信办,2015.

[16] 《新一代人工智能发展规划》.中华人民共和国国务院,2017.

[17] Jordan M I,Mitchell T M.Machine learning:Trends,perspectives,and prospects[J]. Science,2015,349(6245):255-260.

[18] Liu B,Ding M,Shaham S,et al.When machine learning meets privacy:A survey and outlook[J].ACM Computing Surveys(CSUR),2021,54(2):1-36.

[19] Kumar M,Shenbagaraman V M,Shaw R N,et al.Digital transformation in smart manufacturing with industrial robot through predictive data analysis[M]//Machine Learning for Robotics Applications.Springer,Singapore,2021:85-105.

[20] Zhang Z,Kayacan E,Thompson B,et al.High precision control and deep learning-based corn stand counting algorithms for agricultural robot [J]. Autonomous Robots,2020,44(7):1289-1302.

[21] Wu Y H,Yu Z C,Li C Y,et al. Reinforcement learning in dual-arm trajectory planning for a free-floating space robot[J].Aerospace Science and Technology,2020, 98:105657.

[22] Garrow C R,Kowalewski K F,Li L,et al.Machine learning for surgical phase recognition:a systematic review[J].Annals of surgery,2021,273(4):684-693.

[23] Rizk Y,Awad M,Tunstel E W.Cooperative heterogeneous multi-robot systems:A survey[J].ACM Computing Surveys(CSUR),2019,52(2):1-31.

[24] Panait L,Luke S. Cooperative multi-agent learning:The state of the art [J]. Autonomous agents and multi-agent systems,2005,11(3):387-434.

[25] 洪奕光,翟超.多智能体系统动态协调与分布式控制设计[J].控制理论与应用,2011,28(10):1506-1512.

[26] Weiß G,Dillenbourg P. What is'multi'in multiagent learning[J].Collaborative learning.Cognitive and computational approaches,1999:64-80.

[27] 高阳,陈世福,陆鑫.强化学习研究综述[J].自动化学报,2004,30(1):86-100.

[28] Moon,Jun. A feedback Nash equilibrium for affine-quadratic zero-sum stochastic differential games with random coefficients. IEEE Control Systems Letters,4(4),2020:868-873.

[29] Hoen P J,Tuyls K,Panait L,et al. An overview of cooperative and competitive multiagent learning[C]//International Workshop on Learning and Adaption in Multi-Agent Systems.Springer,Berlin,Heidelberg,2005:1-46.

[30] Arai S,Sycara K. Multi-agent reinforcement learning for planning and conflict resolution in a dynamic domain[C]//Proceedings of the fourth international conference on Autonomous agents.ACM,2000:104-105.

[31] 李德毅,刘常昱.人工智能值得注意的三个研究方向,人工智能回顾与展望.北京:科学出版社,2006:41-49.

[32] Rust J. Structural estimation of Markov decision processes[J]. Handbook of econometrics,1994,4:3081-3143.

[33] 王皓,高阳,陈兴国.强化学习中的迁移:方法和进展[J].电子学报,2008,36(12):39-43.

[34] 安波,史忠植.多智能体系统研究的历史、现状及挑战[J].中国计算机学会通讯,2014,10(9):8-14.

[35] Lauri M,Pajarinen J,Peters J.Multi-agent active information gathering in discrete and continuous-state decentralized POMDPs by policy graph improvement[J].Autonomous Agents and Multi-Agent Systems,2020,34(2):1-44.

[36] Bowling M.Convergence and no-regret in multiagent learning[J].Advances in neural information processing systems,2005,17:209-216.

[37] Chang Y H,Kaelbling L P.Playing is believing:The role of beliefs in multi-agent learning[J].Advances in Neural Information Processing Systems,2003:1483-1490.

第 2 章
多机器人协作与强化学习模型

2.1 引　言

  如何保持协作关系是多机器人研究关注的核心问题之一，与人类社会类似，多机器人系统也可以通过学习来增强和改进自身及团队的能力，提高协作行为与效率[1]。强化学习算法基于马尔可夫决策过程（Markov Decision Process，MDP）模型，该模型将学习过程抽象为状态、行动和回报三个因素，机器人可以通过试错的方式进行无模型学习。但是，在多机器人系统的学习过程中，每一个机器人的学习机制都会随着其他机器人的学习情况而变化，所以环境的状态转化是时变的，学习系统是一个非马尔可夫环境。机器人需要通过遍历错综交互的状态映射以求得最优策略，导致学习速度缓慢和计算资源消耗大等问题。如何在复杂的现实问题中应用强化学习算法，如何更好地体现出多个学习机器人间的交互关系，如何加快机器人团队的学习速度，如何在大量策略中进行搜索，这些已经成为当前多机器人学习研究需要面对的重要问题。

  本章详细介绍了多智能体的学习模型和相关知识。首先从单智能体的 MDP 模型开始，介绍了主要的强化学习算法；然后扩展到有多个智能体参与的强化学习算法，介绍了现有多智能体分布式强化学习的几种模型，讨论了它们的原理和优缺点，并针对群体强化学习的模型进行着重说明；随后，针对群体强化学习模型的局限性，从实际应用问题的角度分析，指出了局部性和不确定性在学习中的现实意义，引入了单智能体的 POMDP 模型，并逐步过渡到多个智能体参与的 DEC-POMDP 模型；进一步地，针对 DEC-POMDP 分布式和局部观测的特点，从离线和在线策略两方面分析了此模型的求解算法，指出强化学习在 DEC-POMDP 模型中应用的难点，并结合当前的一些研究工作，分析了存在和待解决的问题；接下来，基于多智能体网络化思想，介绍了图论、Gossip 算法和离散一致性协议等多智能体一致性的概念与算法；最后，分析了学习过程中的策略搜索方式，指出传统强化学习所采用的盲目式搜索方式的优缺点。针对盲目式搜索存在的问题，引入了启发式搜索方法的相关概念，阐述了启发式搜索与强化学习相结合的思路和原理，分析了目前启发式强化学习、迁移强化学习等算法的研究现状与局限性，为后面的章节做出铺垫。

2.2 强化学习原理

强化学习是机器学习领域的一种重要的学习手段,是实现智能系统具有自适应能力、自学习能力的重要途径,为解决知识获取的瓶颈问题提供了一个可行之法。强化学习模拟了生物在适应环境的进化过程中采取的学习方式,智能系统通过与环境的交互不断增强行动、判断、决策等能力。目前强化学习方法已经在医疗决策、自动驾驶、交通调度等各个领域取得了大量应用性成果,比如谷歌 AlphaGo 之父 David Silver 认为"使用监督学习算法确实可以达到令人惊叹的表现,但是强化学习算法才是超越人类水平的关键"[2]。表明了强化学习算法在人工智能领域已成为重要的发展趋势,是机器学习亟须的前沿关键新技术,也是我国必须自主掌握的前沿新技术。

2.2.1 强化学习结构

机器学习从学习方式上可划分为非监督学习、监督学习和强化学习三种类型[3]。非监督学习也称为无导师学习,其学习过程是完全开环的,系统在不接受外部信息指导的情况下,依据来自环境的规律来调节自身的属性。非监督学习结构框图如图 2-1 所示。

图 2-1　非监督学习结构框图

相对于非监督学习,监督学习可以认为是有导师的学习,它需要学习系统外部存在一个可以参考的标准。对于一个监督学习系统,输入的教师信号会配对输出一个理想的输出信号,这样一组事先定义好的输入输出称为训练样本集。机器人的学习目标是,不断利用误差进行反馈,逐渐减少学习系统中预计与实际输出两者间的误差,其结构框图如图 2-2 所示。

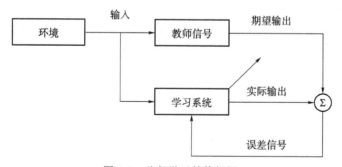

图 2-2　监督学习结构框图

强化学习介于上述两类算法间,其思想源自人类对动物的学习过程进行的长期观察,是一种模拟生物在适应环境的进化过程中采用的学习方式。生物往往是主动地对环境进行探索,这个探索行动会带来一个评价性的反馈,反馈有好有坏,生物以此反馈为标准来调整以后将采取的行为。强化学习的研究可大致上划分为形成和发展两个阶段:20 世纪 50～60 年代间为形成阶段,当时学者们认为学习过程是没有特定规律的,尝试使用多种数学模型来解释人类和动物的学习行为,文献[4]首次提出了"强化学习"这个术语,并搭建了一种随机学习模型,通过"奖励"和"惩罚"两个概念来研究学习过程;发展阶段在 20 世纪 80 年代后期,计算机性能的突飞猛进为强化学习注入了新鲜血液,比如这个时期提出的具有里程碑意义的 TD 算法和 Q-学习算法[5,6],它们使强化学习理论真正成熟并得到广泛应用。

强化学习以马尔可夫决策过程(Markov Decision Process,MDP)理论[7]为框架,以单独的学习系统为载体,利用无限次与未知环境交互的方式来适应环境。如图 2-3 所示,一个具有学习能力的机器人,首先从环境获得状态信息,在采取一个尝试行动后,环境对这个行动做出反馈,通过不断地尝试和反馈后,机器人强化回报高的行动且弱化回报低的行动,逐步改进从初始状态到最终状态的动作映射策略,本书中用 agent 表示机器人(智能体)节点。

图 2-3　强化学习框架

除了机器人本体和身处的环境,一个完整的学习系统还需要包括策略(policy)、奖赏函数(reward)和值函数(value)三个组成要素。

(1) 策略是学习系统的关键,包含机器人所有可能的行动映射,即 $\pi:s{\rightarrow}a$,表示在当前状态 s 到一个选择的行动 a 之间的映射关系。

(2) 回报函数是机器人在与环境的交互中得到的反馈,它是系统对一个行动的立刻回报。回报函数往往是一个标量值,直接客观地反映机器人对在状态 s 所采取行动的评价,比如用正值表示好的行动,负值表示差的行动。

(3) 值函数不同于立刻回报,它表示机器人在状态 s_t 下,对执行一个行动 a_t 后的长远回报值,即期望累计回报 $V(s_t)$。为了体现当前的行动对未来状态的影响,通常用一个折扣因子 $\gamma\in[0,1]$作用于值函数中,表示当前行动带来的回报在未来的状态里逐渐衰减。对于一个策略 π,期望累计回报值为

$$V(s_t)=E_\pi\left(\sum_{t=0}^{\infty}\gamma^t\cdot r_t\,|s_0=s\right) \tag{2-1}$$

式中,r_t 表示立刻回报函数,γ 为折扣因子。

从上述分析可知,由于考虑了行动对学习系统的长远影响,所以回报值可能是延迟且稀疏的,因此强化学习是一种弱的学习方式[8]。同时,参与学习的所有系统和环境状态都需要具有马尔可夫性,即当前状态的形成因素只取决于机器人前一时刻的状态和动作。强化学习无须构造复杂的状态转移图,机器人只需要存储当前所处的环境状态和策略信息,因此具有学习结构简单,自适应性强等特点,在此思路的基础上学者们提出了各种学习算法,较有影响的算法如,TD 算法、Monte-Carlo 算法[3]、Q 学习算法[6],Sarsa 算法[9]、Actor-Critic 算法[10]和 R 学习算法[11]等。

2.2.2 Monte Carlo 算法

Monte Carlo 算法无须考虑机器人的状态转移和回报函数,是一种无模型的学习算法。

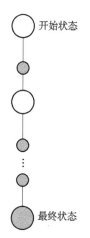

算法利用获得的状态、动作和回报等样本数据序列找到最优策略,通过一个给定的策略 π 来估计 $V^*(s)$ 值,假设任何策略都可以在有限步数内以概率 1 到达最终状态,而机器人需要通过多步迭代就可以得到这个估计值,Monte Carlo 算法回溯图如图 2-4 所示,其中白色节点和黑色节点都表示可达的状态。当系统达到最终状态时,将每一步的累计回报返回给初始状态 s_0 的值函数。一般采用两种更新方式,一是将回报返回给第一步的值函数,二是将初始状态 s_0 到最终状态 s_t 的累计回报的平均值返回给 s_0 的值函数。Monte Carlo 算法的特点在于,当求解一个给定状态的 $V^*(s)$ 值时,不必求解给定状态之外其他状态的值,因此可以只针对问题中感兴趣的状态进行求解。

图 2-4 Monte Carlo 算法回溯图

2.2.3 瞬时差分法

瞬时差分算法(Temporal Difference,TD)结合了动态规划与 Monte Carlo 算法,通过对当前动作的长期回报进行预测,并将反馈信号传递到动作中。TD(0)算法是最基础的 TD 算法,即机器人获得的反馈值仅向后倒退一步,迭代表式为

$$V(s_t) = V(s_t) + \beta[r_{t+1} + \gamma V(s_{t+1}) - V(s_t)] \tag{2-2}$$

式中,β 为学习率,r_{t+1} 为瞬时反馈值,γ 为折扣因子,$V(s_t)$ 和 $V(s_{t+1})$ 分别为状态 s_t 和 s_{t+1} 估计的状态值,类似于动态规划的过程,$V(s_t)$ 的更新依赖于其后续状态的 $V(s_{t+1})$ 值,TD 算法谱系图如图 2-5 所示。

当获得的瞬时回报可以倒退任意步数时,就形成 TD(λ)算法,其表达式为

$$V(s) = V(s) + \beta[r_{t+1} + \gamma V(s_{t+1}) - V(s_t)] \cdot e(s) \tag{2-3}$$

式中,γ 为折扣因子,$e(s)$ 为状态 s 的选举度,计算公式为

$$e(s) = \sum_{k=1}^{t} (\lambda\gamma)^{t-k}\delta_{s,s_k}, \delta_{s,s_k} = \begin{cases} 1, & s = s_k \\ 0, & \text{其他} \end{cases} \tag{2-4}$$

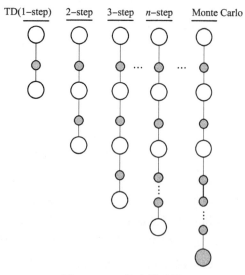

图 2-5 TD 算法谱系图

式中,λ 为折扣速率。在当前状态被倒退 t 步时,表示状态 s 可以被多次访问到,即 $e(s)$ 值越大,表明状态 s 对当前奖赏值的贡献越大。式(2-5)为式(2-4)的递归形式:

$$e(s)=\begin{cases}\gamma\lambda e(s)+1, & s=s_k \\ \gamma\lambda e(s), & \text{其他}\end{cases} \tag{2-5}$$

与 TD(0)算法相比,TD(λ)算法可以使学习过程更快收敛,但是需要对所有状态进行更新,因此实时性难以被保证。文献[12]在 TD 中设计了对值函数进行在线稀疏化和参数更新两个过程;文献[13]证明了基于任意表格型折扣回报的 TD(λ)算法的概率收敛性;文献[14]采用线性值函数逼近方法研究了 TD(λ)算法均方差与函数的关系;文献[15]提出一种 emphaticTD(λ)算法,在不同的时间步通过强调或不强调的方式控制更新步骤;文献[16]利用二阶 TD 算法中的误差修正 Q 值函数,并通过资格迹(Eligibility Traces)将 TD 误差传播至整个状态空间。TD(λ)算法伪代码如算法 2-1 所示。

算法 2-1　TD(λ)算法

---

input:α,γ,λ,R

1:for all $s\in S$,initialise $V(s)$

2:**repeat**

　　for each episode

3:　　initialise S,$e(s)=0$,for all $s\in S$

4:　　**repeat**

　　　　for each step

5:　　　　select a from S using search policy

6:　　　　take a,observe $r(s_t,a_t)$,the next state S_{t+1}

7:　　　　$\delta\leftarrow r+\gamma V(s')-V(s)$

8:　　　　$e(s)\leftarrow e(s)+1$

9:　　　　for all S

10:　　　　$V(s)\leftarrow V(s)+\alpha\delta e(s)$

11:　　　　$e(s)\leftarrow\gamma\lambda e(s)$

12:　　$s\leftarrow s'$

13:**until** S_t is terminal

2.2.4　Q-学习

Q-学习(Q-Learning)是一种离线策略(Off-policy)的 TD 算法,它与 TD 算法的区别在于对策略估计值的更新上,TD 算法以 $V(s_t)$ 值累积回报值,Q-学习则根据各种假设的动作更新,并用 $Q(s,a)$ 值表示累积回报,以及行动后续带来的累积折扣期望回报,在迭代时采用状态-动作对的奖赏,及 $Q(s,a)$ 值作为估计函数,状态回溯图如图 2-6 所示。Q-学习在学习迭代时会考虑到所有的行动,因此算法收敛性得以保证[17]。

Q 函数表示机器人在状态 s_t 时执行一个行动的评价,且此后按执行一个最优行动时获得的回报函数的折扣和,即

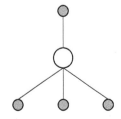

图 2-6　Q-学习回溯图

$$Q(s_t,a_t)=r_t+\gamma \max_{a \in A}Q(s_{t+1},a_t) \tag{2-6}$$

式(2-6)表示机器人已经学习到了最优策略,在学习过程中若等号两边不相等,其误差表示为

$$\Delta Q(s_t,a_t)=r_t+\gamma \max_{a \in A}Q_{t-1}(s_{t+1},a)-Q_{t-1}(s_t,a_t) \tag{2-7}$$

根据误差,Q-学习更新规则表示为

$$\begin{aligned}Q_t(s_t,a_t)&=Q_{t-1}(s_t,a_t)+\alpha\Delta Q(s_t,a_t)\\&=Q_{t-1}(s_t,a_t)+\alpha_t[r_t+\gamma \max_{a \in A}Q_{t-1}(s_{t+1},a)-Q_{t-1}(s_t,a_t)]\\&=(1-\alpha)Q_{t-1}(s_t,a_t)+\alpha_t[r_t+\gamma V_t(s_{t+1})]\end{aligned} \tag{2-8}$$

式中

$$V_t(s_{t+1})=\max_{a \in A}Q_{t-1}(s_{t+1},a) \tag{2-9}$$

$Q^*(s,a)$表示回报折扣总和,γ为折扣因子,α为学习率,算法伪代码如算法 2-2 所示。

算法 2-2 Q-学习算法

---

input:α,γ,R

1: for all $s \in S$,initialise $Q(s,a)$

2: **repeat**

for each episode

3:    initialise S

4:    **repeat**

for each step

5:       select G from S using search policy(e.g.,ε-greedy)

6:       take G,observe $r(s_t,a_t)$,the next state S_{t+1}

7:       $Q(s,a)\leftarrow Q(s,a)+\alpha[r+\gamma \max_a Q(s',a')-Q(s,a)]$

8:       $s \leftarrow s'$

9: **until** S_t is terminal

Q-学习是一个单步的学习过程,类似地,Q-学习也可以由单步扩展到多步,即 n-step Q-学习算法,比如机器人在状态 S_{t+1} 中选取动作 a_{t+1},执行后进入状态 S_{t+2},得到回报 r_{t+2},以此类推,就得到多步 Q-学习,n-step Q-学习的更新表达式为

$$\begin{aligned}Q(s_t,a_t)=Q(s_t,a_t)+\alpha[&r_{t+1}+\gamma r_{t+2}+\cdots+\gamma^{n-1}r_{t+n}+\\&\gamma^n \max_a Q(s_{t+n},a)-Q(s_t,a_t)]\end{aligned} \tag{2-10}$$

文献[18]用最小二乘支持向量回归机逼近 Q-学习的状态-动作对值函数的映射,用最小二乘支持向量分类机逼近连续状态空间到离散动作空间的映射;文献[19]采用保真度来协助学习过程和行动概率的选择,以此来平衡强化学习中策略的试探与利用的关系;文献[20]提出一种针对决定性 Q-学习的迭代算法,提前假设机器人可获得当前状态、下一刻状态和目标状态的信息,因此学习过程中只需要更新一次 Q 值表;文献[21]提出一种近似卡尔曼滤波 Q-学习算法(Approximate Kalman Filter Q-Learning,AKFQL),利用卡尔曼滤波器来估计 Q-学习中状态-行动对;文献[22]基于可能近似正确模型(Probably Approximately Correct,PAC),提出了同步和异步两种加速 Q-学习算法。

2.2.5 Sarsa 算法

文献[23]提出了一种基于 Q-学习的特殊在线策略形式,称为 Sarsa 学习算法(State-action-reward-state-action)。不同点在于:(1)Q-学习是一种离线算法,Q 值在更新中需要对各种可能执行的动作作出假设,所以迭代中选用最大的值函数,而 Sarsa 迭代中选用执行某个实际策略获得的值函数;(2)Q-学习需要根据修改后的值函数确定动作,而 Sarsa 根据当前值函数就可以确定下一状态的动作。Sarsa 更新规则为

$$Q(s_t, a_t) \leftarrow r_t + \gamma Q(s_{t+1}, a_{t+1}) - Q(s_t, a_t) \tag{2-11}$$

如何搜索行动策略是 Sarsa 算法是否能收敛的关键,文献[24]研究了 MDP 最优值函数逼近,提出了渐近贪心无限探索和基于排列受限两种策略;文献[25]在随机最优自动发电控制中设计了一种基于五个要素的试错更新 Sarsa(λ)学习算法。Sarsa 算法同样可以扩展到多步的情况[26],其算法伪代码如算法 2-3 所示。

算法 2-3 Sarsa(λ)算法

input: $\alpha, \gamma, \lambda, R$

1: for all $s \in S$, initialise $Q(s, a)$

2: **repeat**

   for each episode

3:    initialize $S, e(s) = 0$, for all $s \in S$

4:    **repeat**

      for each step

5:       adopt a, observe $r(s_t, a_t)$, the next state S_{t+1}

6:       $a' \leftarrow s' | \pi$

7:       $\delta \leftarrow r + \gamma Q(s', a') - Q(s, a)$

8:       $e(s, a) \leftarrow e(s, a) + 1$

9:       for all S

10:         $Q(s, a) \leftarrow Q(s, a) + \alpha \delta e(s, a)$

11:         $e(s, a) \leftarrow \gamma \lambda e(s, a)$

12:      $s \leftarrow s'$

13: **until** S_t is terminal

2.2.6 Actor-Critic 学习算法

以上几种学习算法的动作选择策略完全由值函数的估计来确定[27],文献[28,29]提出一种新的强化学习算法 Actor-Critic,同时对值函数和策略进行估计。Actor-Critic 算法结合了 Actor-only 和 Critic-only 两种算法,Actor-only 算法拥有计算连续行动的优势,无须对值函数最优化[30,31];Critic-only 算法则拥有一个较低的期望回报差值。两种算法被结合达到加速学习的目的[32],图 2-7 所示为 Actor-Critic 算法的结构框图。文献[33]研究了连续行

动空间 Actor-Critic 学习算法的最优策略；文献[34]在 Actor-Critic 算法中考虑 risk-sensitive 折扣和平均回报；文献[35]考虑一个高维状态–行动空间的 MDP 环境，提出了一种基于能量模型的 Actor-Critic 算法；文献[36]提出一种基于自适应分流(adaptive offloading)的 Actor-Critic 算法，减少通信网络中的数据传输量；文献[37]提出一种基于核方法的连续动作 Actor-Critic 学习算法。

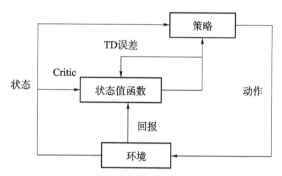

图 2-7　Actor-Critic 算法的结构框图

2.2.7　R-学习算法

文献[38]提出一种 R-学习(R-Learning)算法，利用动作值函数 $R^{\pi}(s_t,a)$ 表示在状态 s_t 下执行一次动作 a 的平均校准值为

$$R^{\pi}(s_t,a)=r(s_t,a)-\rho^{\pi}+\sum_{s'}P(s_{t+1}\mid s_t,a)V^{\pi}(s_{t+1}) \tag{2-12}$$

式中，$V^{\pi}(s')=\max_{a\in A}R^{\pi}(s',a)$，$\rho^{\pi}$ 为策略的平均报酬。R-学习算法包括以下步骤：

(1) 在 $t=0$ 时刻，初始化 $R_t(s_t,a)=0$；

(2) 根据 Greedy 策略选择 $R_t(s_t,a)$ 中最大的行动，否则随机搜索下一个策略；

(3) 执行行动 G 后，观测下一状态 S_{t+1} 和立刻回报值 $r(s_t,a,s_{t+1})$，按式(2-13)更新 R 值和 ρ 值：

$$R_{t+1}(s_t,a)=R_t(s_t,a)(1-\beta)+\beta\left[r(s_t,a,s_{t+1})-\rho_t+\max_{a\in A}R_t(s_{t+1},a)\right] \tag{2-13}$$

$$\rho_{t+1}=\rho_t(1-\alpha)+\alpha\left[r(s_t,a,s_{t+1})+\max_{a\in A}R_t(s_{t+1},a)-\max_{a\in A}R_t(s_t,a)\right] \tag{2-14}$$

(4) 当机器人到达状态 s_{t+1}，转步骤(2)，其中 $0\leqslant\beta\leqslant1$ 为学习率，$0\leqslant\alpha\leqslant1$ 为更新学习率。

综上所述，强化学习算法主要通过与环境不断地试错进行学习。目前强化学习方法已经在各个领域都得到了广泛的应用，比如机器人的导航和避障、机器人的运动控制、机械臂的运动控制、优化和调度、网络拥塞控制、交通灯控制等[39-48]。但是，如何提高强化学习的学习效率，以及如何减少计算资源消耗等，都作为强化学习存在并待解决的主要问题，也是决定强化学习能否广泛应用于实际系统任务的关键所在[1]。目前的研究主要集中在策略生成后对其进行化简，或者以先验知识约束搜索范围，有必要进一步研究强化学习中策略搜索与学习速度问题。

2.3 分布式强化学习模型

多机器人系统(Multi-Agent Systems,MAS)由分布式人工智能演变而来,为了解决现实中大规模、复杂、实时和有不确定信息等问题而提出,而这类问题往往使单个机器人难以应对[49]。分布式问题求解是多机器人系统研究的一个子领域,通常研究的是多机器人之间的合作关系,即它们共同完成一个目标或解决一个问题。对于分布式强化学习算法,每一个机器人都独立地执行部分或全部任务,它们完成的独立任务最终合计成全局的学习任务,构成了分布式强化学习的建模和协作思路。

2.3.1 分布式强化学习模型

目前的多机器人分布式强化学习方法,主要可以分为以下四种研究模型[45]。

(1)中央强化学习,它是一类最简单的分布式模型,仅有一个核心机器人完成团队的学习任务。在学习过程中,团队的整体状态被输入给核心机器人,它通过传统的强化学习机制进行学习,最终收敛到最优的协作策略,并把对每一个机器人的动作指导作为输出,其结构框图如图 2-8 所示。

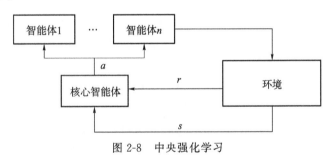

图 2-8　中央强化学习

中央强化学习可以保证团队的协调,但与单机器人的强化学习在本质上没有区别,团队中仅有核心机器人学习,其余队友只是简单被动地执行任务,没有在真正意义上体现出机器人之间的协作,同时整个系统缺少容错性,当核心机器人故障时将导致团队无法工作。

(2)独立强化学习,其中单个机器人的学习不依赖其他机器人,每个机器人都作为完全独立的单元参与到学习中,对自身所感知的环境状态选择回报最大的行动,其结构如图 2-9 所示。在这种模型下,如果团队要学习到一个联合最优策略,那么必须每一个机器人能完全考虑到其他队友可能采取的策略,但实际上每一个机器人却都是以自我为中心,所以独立强化学习很难实现全局意义上的多机器人协调[61]。

(3)社会强化学习,它参考了人类社会中的社会模型和经济模型,用管理学或社会学的思路去模拟和协调多机器人之间的交互关系,在它们之间形成协作与竞争机制以完成整体目标[50],其框架图如图 2-10 所示。社会强化学习的优点在于,社会模型和经济模型可以更好地描述多机器人之间的交互关系,克服独立机器人在学习中的自私性,提升多机器人团队的协作水平。人类社会中成员之间往往可以相互学习经验,社会强化学习也参考了这种模式,可以在机器人之间传播较好的策略,减少团队的学习过程。

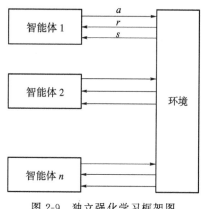 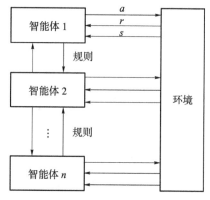

图 2-9　独立强化学习框架图　　　　　图 2-10　社会强化学习框架图

社会强化学习的不足与人类成员间相互学习类似,每个人都存在优点和缺点,因此不可能在所有方面都向一个人学习。社会强化学习也是如此,很难准确地定义哪个机器人该向哪个机器人进行学习。所以,社会强化学习只能在小范围内较好地完成协作学习任务。

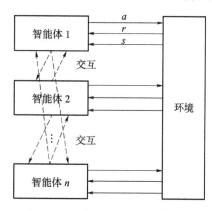

图 2-11　群体强化学习结构框图

（4）群体强化学习,它结合了以上两种模型,是一种更能体现协作意义的模型,既考虑到团队的最优策略,也兼顾到每一个机器人的个体得失。它考虑的是团队的整体利益得失,每一个机器人的策略空间都是状态到联合动作的映射。群体强化学习比社会强化学习更灵活,机器人之间可以通过协商和谈判来增进协作,其结构框图如图 2-11 所示。但是,由于该模型需要考虑各成员之间的交互关系,导致机器人的策略空间庞大,学习收敛速度较慢。

群体强化学习是目前最主要的研究模型,如何通过学习来保证协作是需解决的首要问题,协作机制往往不是事先进行设定的规则,而是需要机器人之间在学习过程中通过协商获得,也就是说,协作需要隐式或显式通信的支持。因此,机器人在协商过程中,哪些信息需要交换、哪些信息不需要交换、如何在通信量尽量小的条件下确保协作所必需的信息等问题都具有重要意义。

2.3.2　研究现况及存在的问题

由于每一个机器人都参与整个学习过程,所以状态集和行动集的策略空间往往会过大,尤其是当参与机器人数量较多时,对策略空间的搜索需要消耗大量计算资源和时间。考虑观测的局部性与不确定性时,要完全将状态到行动的所有映射关系进行描述,即使是只考虑较少状态的简单任务,机器人也需要相当大的存储空间,这就导致了传统强化学习算法中的

"组合爆炸"问题[51]。因此,对于大规模的学习问题,完全遍历所有状态-动作对是难以实现的,如何提高强化学习的收敛速度一直是学者们致力解决的问题,代表性的方法包括:有限策略空间搜索法[52]、状态聚类法[24]、模糊强化学习[53]、值函数近似方法[54]、泛化方法[55]和分层强化学习[56]等。

对于有限策略空间搜索方法,机器人只能采集环境的局部信息,直接根据这些部分信息在策略空间中求解,虽然可能更快地搜索到解决方案,但无法保证得到最优策略,容易陷入局部最优;状态聚类法首先需要确定几个相似状态,然后将这些状态聚集为一个单独状态来考虑,可以有效减少策略空间的大小,但由于聚集后的状态带有非马尔可夫性,所以学习收敛过程可能出现波动或直接无法收敛;值函数近似法利用一些特征函数来表示策略的值函数,但这些特征往往需要在有先验知识的情况下才能提取;分层强化学习在学习过程中引入抽象(Abstraction)机制,将需要整体考虑的状态或任务划分为一些子状态或子任务,使它们可以在不同层次上考虑。但是,分层强化学习对分层机制和时机设计要求很高,而这种层次抽象结构却很难通过经验和专家知识事先设计好;泛化方法利用机器人在一定范围内的部分学习经验和记忆,对新的或更大的范围里的策略知识进行获取和表示,比如利用函数逼近器来描述学习中各种映射关系[55]。泛化方法大多通过降低控制精度来加快强化学习的速度,但控制精度受状态空间的划分或自身参数设计的限制,因此学习效率和收敛性都无法得到保证。

综上所述,限制多机器人强化学习实际应用的最大问题主要为策略空间过大。针对这个问题,目前的方法多从强化学习的四个要素(状态空间、探索策略、回报函数和系统模型)、强化学习中映射关系和结构分层三个方面入手,在一定程度上都可以提高强化学习的学习速度,但仍存在一定的局限性。

2.4　多机器人决策模型

在机器人进行动作决策时,容易获知当前动作对该智能体的即时回报,但该动作对任务的长期作用一般很难获知,更特别地,某些动作可能会对机器人带来低微的即时回报,但却能带来更好的长期回报。为了解决这类问题,获得任务的最大全局回报,马尔可夫决策理论为解决此问题提供了一个数学模型。

2.4.1　马尔可夫模型

马尔可夫决策过程(Markov Decision Process,MDP)理论最早于 1957 年被提出,该理论构建了一种在环境不确定、局部可控的场景下单个智能体进行建模决策的数学框架,是一种离散时间下的随机控制过程。马尔可夫决策过程框架主要用来解决动态规划和强化学习问题,单个智能体从环境中获得完整的状态信息,根据当前策略选取一个行动,该行动会促使智能体转移到下一个状态,从而完成一次决策。

马尔可夫决策过程可以被定义为如下一个四元组

$$M = \langle S, A, P, R \rangle \qquad (2\text{-}15)$$

式中，S 表示该智能体可能经历的有限的状态空间；

A 表示该智能体可能执行的所有动作空间；

P 表示状态转移概率函数矩阵，$p(s,a,s') \in [0,1]$ 表示在当前状态 s 下选取动作 a 后，使得智能体由状态 s 转移到状态 s' 的概率；

R 表示回报（奖赏）函数矩阵，表现为状态-动作-状态的笛卡儿积（$S \times A \times S \to \mathbb{R}$）。$r(s,a,s')$ 表示在当前状态 s 下选取动作 a 后，使得智能体由状态 s 转移到状态 s' 后获得的立即回报（奖赏）函数。

由以上四元组可得到马尔可夫决策过程的特点，即马尔可夫性——当前状态 s 向下一步状态 s' 转移的概率和回报只取决于当前状态 s 和当前动作 a，与历史状态、历史动作无关。

在 MDP 过程中，智能体根据当前的状态值 s，通过决策函数 π 判断下一步该选取的动作 a。一个平稳的决策函数定义为 $\pi : S \times A \to [0,1]$，对于任意的状态 $s \in S$，恒有 $\pi(s,a) \geqslant 0$ 且 $\sum_{a \in A} \pi(s,a) = 1$。

MDP 过程学习的目标是获得回报（收益），状态值函数用来表示系统自状态 s_0 开始后遵循策略 π 得到的期望总回报，如式（2-16）所示。

$$V^\pi(s) = E^\pi \left[\sum_{k=0}^{\infty} \gamma^k r_{t+k} \mid s_t = s \right] \qquad (2\text{-}16)$$

对于任意策略 π、任意状态 s，式（2-16）递归地转化为式（2-17），即为著名的 Bellman 方程式（2-17）。

$$
\begin{aligned}
V^\pi(s) &= E^\pi \{ r_t + \gamma r_{t+1} + \gamma^2 r_{t+2} + \ldots \mid s_t = s \} \\
&= E^\pi \{ r_t + \gamma V^\pi(s_{t+1}) \mid s_t = s \} \\
&= \sum_{s'} P(s' \mid s, a)(R(s,a,s') + \gamma V^\pi(s'))
\end{aligned} \qquad (2\text{-}17)
$$

根据式（2-17）和 Bellman 最优方程，获得最优状态值函数和最优策略分别如式（2-18）和式（2-19）所示。

$$V^*(s) = \max_\pi V^\pi(s) = \max_{a \in A} \sum_{s' \in S} P(s,a,s')(R(s,a,s') + \gamma V^*(s')) \qquad (2\text{-}18)$$

$$\pi^*(s) = \arg\max_a \sum_{s' \in S} P(s,a,s')(R(s,a,s') + \gamma V^*(s')) \qquad (2\text{-}19)$$

2.4.2　分布式马尔可夫模型

群体强化学习模型，主要遵循的是一个多机器人的 MDP 模型（Multi-agent MDP, M-MDP），即有多个具有独立学习能力的机器人参与学习，而机器人团队需要通过交互学习到一个联合策略[58]。在这个模型中，系统的全局信息可以被所有成员完全掌握，因此认为环境是完全可观测的。但是，往往很多复杂问题不仅会有多个参与者，而且它们可能无法直接获得环境的完整信息，同时所涉及的任务和目标也不止一个，成员间关系交错，任务相互影响，学习信息通常也不能完全共享。所以，有必要讨论在分布式和局部观测情况下的多机器人学习模型。

分布式马尔可夫模型（Decentralized MDP，DEC-MDP）是直接对 M-MDP 的扩充，描述的是一组机器人仅获得局部环境信息的情况。DEC-MDP 由一个五元组 $\langle I, \{S\}, \{A_i\}, P, R \rangle$ 构成，其中 I 表示有限的机器人集合；S 表示有限的系统状态集合；A_i 表示机器人 i 可采取的动作的集合；P 表示系统的转移；R 表示回报函数。DEC-MDP 与 M-MDP 的唯一差别在于，DEC-MDP 模型中每一个成员仅能采集到局部信息，或者说是采集到的是全局环境的一个子集，只有当所有成员的子集求并集时，这些局部信息才能够表示出一个完整的环境。因此，在考虑完全通信的场景时，DEC-MDP 可以被简化为 M-MDP 模型。

2.4.3　局部可观测的马尔可夫模型

在实际问题中，带有噪声的环境、不精确的传感器，或者传感器缺失了部分状态数据等因素，都可能导致产生所谓的部分可观测环境，机器人得到信息往往是不确定、局部的，比如安装前向镜头的机器人无法直接观测到身后的情况[59]。当在 MDP 中考虑局部观测时，系统就转换为局部可观察的马尔可夫决策过程（Partially Observable Markov Decision Process，POMDP）[60]，体现了机器人信息获取的局部性和不确定性。该模型中机器人仅能得到环境的一个局部状态，且这个状态反映出一个带有不确定性的局部信息，POMDP 模型由一个七元组 $\langle S, \{A_i\}, P, \{\Omega_i\}, O, R, b^0 \rangle$ 组成，具体定义将在下一小节给出。POMDP 模型不再和 MDP 一样具备马尔可夫性，因为机器人仅参考当前的观察信息是不够的，还需要同时参考历史数据，融合这两类信息才能分析出机器人当前状态的概率分布函数，本节通过一个例子来说明并分析 POMDP 问题。

老虎问题（Tiger Problem）[61]可以清晰描述 POMDP 模型观测的局部性和不确定性特点。场景如下：将一个机器人放置在一间密闭房屋里，屋里在左右两侧各存在一扇门，其中一扇门后储藏有珍宝，而另一扇门后则关押着一只老虎，如果打开正确的门机器人可获得珍宝，相反如果打开错误的门机器人就会被摧毁。机器人事先不了解两扇门后的情况，只能通过监听两扇门后的声音做出判断，老虎的吼声是间断的，门的阻挡也使机器人只能隐约听到吼声。用 POMDP 模型对上述场景进行描述可得：状态集合＝{左边门被打开，右边门被打开}，动作集合＝{开左边门，开右边门，监听}，观察集合＝{左边门吼声，右边门吼声，没听到}。不确定性体现在机器人每次监听的结果可能没听到，也可能是错误的。在初始时刻，珍宝和老虎是随机分配到两扇门后面的，即初始状态分布概率为 50%。在这个过程中，机器人还需要考虑历史信息，比如在一次监听时，没有听到吼声或者只听到很微弱的吼声，无法判断是否有老虎，此时就需要继续选择监听，然后根据新的监测信息结合历史信息，以此更新状态分布后判断老虎的位置。

在局部可观测马尔可夫决策过程模型中，无法直接观测到当前状态，即机器人只能观测到不完全的信息[38]。不完全的信息主要指两个方面：①由于机器人传感器仅能获得环境中有限距离、有限维度的信息，多个状态可能获得一致的观测结果（传感器读取的数值）；②传感器读取的数值中包含有一定的噪声。

鉴于以上两个特性，POMDP 用观测值来代替状态空间，并假设该观测值是具备概率分布特性的,因此还需要指定观测模型以估计当前机器人状态。相对于 MDP 决策问题,POMDP 问题要复杂得多,同样的观测结果可能代表着多个状态和动作映射,在状态不足时也很难区分历史序列上的观测值是否相关。

相对于马尔可夫决策过程的四元组模型,部分可观测马尔可夫决策模型可概述为以下的六元组:

$$M = \langle S, A, \boldsymbol{P}, \boldsymbol{R}, \Omega, O \rangle \tag{2-20}$$

式中,状态空间 S、动作空间 A、状态转移概率函数矩阵 $\boldsymbol{P}$、回报(奖赏)函数矩阵 $\boldsymbol{R}$ 的定义与马尔可夫决策过程模型中的定义一致,额外的两个元组分别用来表示:

Ω 表示机器人当前从环境中获得的有限个观测;

O 表示观测函数,即机器人从所处环境中观测信息的概率矩阵,是由状态–动作–观测($S \times A \times \Omega \rightarrow [0,1]$)笛卡儿积构成的概率矩阵,从环境中获取的观测中可能包含一定误差,观测信息具备一定的概率分布特性,$O(o|s,a)$ 表示机器人在状态 s 下执行动作 a,最终获得观测 o 的概率。

在 MDP 过程中,主要问题是如何找到从状态到动作的映射关系,而在 POMDP 过程中的核心问题是寻求从具备概率分布特性的观测到动作的映射。在 POMDP 中,通过机器人的观测间接地获得当前状态,为了获取更明确的状态信息,需要统计该机器人接受观测和采取动作的历史序列,但这类解决方案一般是非马尔可夫链的。文献[62]提出一种高效的历史信息统计方法,在 POMDP 过程中维持一个历史记录上的充分统计量,代替历史统计信息来计算其长远回报,将基于概率分布的状态看作一种信念状态(Belief State),从而将所有可能的状态集合看作信念空间(Belief Space),并解决了非马尔可夫性的问题,状态空间和信念空间的映射如图 2-12 所示。

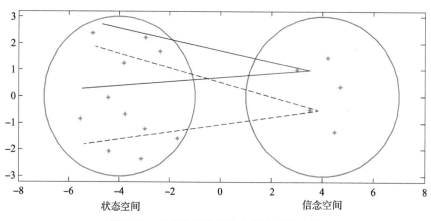

图 2-12 状态空间和信念空间点间的映射

当采取信念空间作为历史信息统计时,POMDP 模型的策略执行框架转化为图 2-13 所示的控制结构,机器人从环境状态中获得观测量后,根据上一个动作 a_{k-1}、上一个信念状态以及当前的观测量 Ω_k 来获取当前的信念状态,最终根据信念状态来获取当前的策略 π。信念状态 b 可以看成环境状态集合 S 的概率分布,对于所有的状态 $s \in S$,有 $\sum_{s \in S} b(s) = 1$。

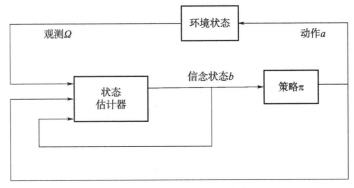

图 2-13 POMDP 控制结构

当已知 $k-1$ 时刻的信念状态 b_{k-1}、观测 Ω、行动 a 后,根据概率理论得到 k 时刻信念状态中对应状态 $b_k(s')$ 的后验概率分布方程,如式(2-21)所示。

$$
\begin{aligned}
b_k(s') &= \Pr(s'|b_{k-1},a,\Omega) \\
&= \frac{\Pr(\Omega|s',a,b_{k-1})\Pr(s'|a,b_{k-1})}{\Pr(\Omega|a,b_{k-1})} \\
&= \frac{\Pr(\Omega|s',a)\sum\limits_{s\in S}\Pr(s'|a,b_{k-1},s)\Pr(s|a,b_{k-1})}{\Pr(\Omega|a,b_{k-1})} \\
&= \frac{O(\Omega|a,s')\sum\limits_{s}b_{k-1}(s)P(s'|s,a)}{\Pr(\Omega|a,b_{k-1})}
\end{aligned}
\tag{2-21}
$$

式中,$\Pr(\Omega|a,b)$ 如式(2-22)所示。

$$
\begin{aligned}
\Pr(\Omega|a,b) &= \sum_{s'}\Pr(\Omega|a,s',b)\Pr(s'|a,b) \\
&= \sum_{s'}O(\Omega|a,s')\Pr(s'|a,b) \\
&= \sum_{s'}O(\Omega|a,s')\sum_{s}b(s)P(s'|a,b)
\end{aligned}
\tag{2-22}
$$

初始的信念状态一般作为 POMDP 模型的初始条件给出。由初始信念状态开始,采取各项行动后最终能够到达的状态的集合,称为可达信念状态集合 $\Re(b_0)$。

引入信念空间后,在 POMDP 理论框架下的决策问题就转变为一兼顾该机器人观测模型的不确定性和目标规划的长远性,在当前信念状态 b 能够得到的回报值和下一个策略 π 间进行决策。机器人用来表示系统自信念状态 b 开始遵循策略 π 得到的期望总回报的状态值函数如式(2-23)所示。

$$
V^\pi(b) = E^\pi\left[\sum_{k=0}^{\infty}\gamma^k\sum_{s\in S}R(s,\pi(b_t))b_t(s)\,|\,b_0=b\right]
\tag{2-23}
$$

根据式(2-9)和 Bellman 最优方程,获得最优状态值函数和最优策略如式(2-24)所示。

$$
V^*(b) = \max_{a\in A}\left[\sum_{s\in S}R(s,a)b(s)+\gamma\sum_{o\in\Omega}p(o|b,a)V^*(b^{ao})\right]
\tag{2-24}
$$

2.4.4　分布式局部可观测的马尔可夫模型

对于多个机器人参与的 POMDP 问题,分布式局部可观测马尔可夫过程(Decentralized partially observable Markov decision process,DEC-POMDP)[63]可以对其进行表述。

定义 2-1:分布式局部可观测马尔可夫过程,可以形式化用一个八元组描述决策过程:

$$\langle I, S, \{A_i\}, P, \{\Omega_i\}, O, R, b^0 \rangle \tag{2-25}$$

式中,I 表示有限的成员集合,可以将每一个机器人进行编号为 $1, 2, 3, \cdots, n, n = I$。当 $n = 1$ 时,DEC-POMDP 等同于单机器人的 POMDP 模型。

S 表示一个有限的系统状态集合,形式化地表示为

$$P(s^{t+1} | s^0, \vec{a}^0, \cdots, s^{t-1}, \vec{a}^{t-1}, s^t, \vec{a}^t) = P(s^{t+1} | s^t, \vec{a}^t) \tag{2-26}$$

$\{A_i\}$ 表示成员可能执行的动作集合,$\vec{A} = \times_{i \in I} A_i$ 表示团队的有限联合行动集,其中 $\vec{a} = \langle a_1, a_2, \cdots, a_n \rangle$ 表示一个联合行动,本章中只考虑离散的动作形式。同时,假设每一周期中,机器人所采取的行动策略不能直接被其他队友观测到。

$P: S \times \vec{A} \times A \rightarrow [0, 1]$ 表示状态的转移,转移函数说明了执行的动作带有不确定性。同时,存在不确定性的环境会使系统所有可达状态都带有不确定性,满足概率分布 $P(s' | s, \vec{a})$,在本章中假定这个概率分布不时变。

$\{\Omega_i\}$ 表示成员的观测集合,本章只考虑观测集离散且有限集合的情况。定义联合观测集 $\vec{\Omega} = \times_{i \in I} \Omega_i$,联合观测 $\vec{o} = \langle o_1, o_2, \cdots, o_n \rangle$。在模型中,假设每个成员的独立观测为 O_i,可以被其他机器人同时感知,即观测的信息存在重复。

$O: S \times \vec{A} \times \vec{\Omega} \rightarrow [0, 1]$ 表示观测函数,表现了感知的不确定性,假定该函数不时变。

$R: S \times \vec{A} \rightarrow \Re$ 表示回报函数,$R(s, \vec{a})$ 为一个实数,表示在状态 s 下采取联合行动 $\vec{a}$ 后团队获得的回报。回报也可以定义为执行行动的代价,用来评判一个行动的付出。

$b^0 \in \Delta(S)$ 为初始状态分布,它是团队中每一个成员初始时所直接了解的概率分布。

用 T 表示一个决策周期数,称为幕数。在每一幕 $t = 0, 1, 2, \cdots, T-1$ 内,机器人做出决策并执行一个行动,构成一个团队的联合行动。联合行动导致状态从当前时刻转移到下一时刻,同时每一个联合行动会获得一个即时回报 $r(t) = R(s, \vec{a})$,类似于 MDP 的 Q-学习过程,团队整个决策过程的累计回报为 $r(0) + r(1) + \cdots + r(T-1)$。因为行动带有不确定性,需要一个联合策略 $\vec{\pi}$ 使累积回报函数 R 最大化,即

$$V(\vec{\pi}) = E\left[\sum_{t=0}^{T-1} R(s, \vec{a}) \Big| \vec{\pi}, b^0 \right] \tag{2-27}$$

联合策略的期望累积收益值即策略的值函数。在状态 S 下联合策略 $\vec{\pi}$ 的值函数可以利用贝尔曼等式递归的表示出来:

$$V(s, \vec{\pi}) = R(s, \vec{a}) + \sum_{s' \in S} \sum_{\vec{o} \in \vec{o}} P(s' | s, \vec{a}) O(\vec{o} | s', \vec{a}) V(s', \vec{\pi}_{\vec{o}}) \tag{2-28}$$

式中,$\vec{a}$ 是 $\vec{\pi}$ 包含的联合行动,而 $\vec{\pi}_{\vec{o}}$ 是执行行动后根据 $\vec{\pi}$ 和所获得观测信息 $\vec{o}$ 给出的联合子策略。如果给定状态的概率分布 b,则策略的值函数可以定义为

$$V(b, \vec{\pi}) = R(s, \vec{a}) + \sum_{s \in S} b(s) V(s, \vec{\pi}) \tag{2-29}$$

前文中提到的珍宝-老虎问题,在 DEC-POMDP 模型中也可以得到扩展,如图 2-14 所示,问题的描述变为,密室中存在两个机器人,两个机器人独立监听两扇门后的情况,且彼此间不能交换信息。每个机器人有能力独立打开一扇门,但如果任意一个机器人独自选择打开左门,团队获得最大负收益;如果它们共同选择打开左手门,则获得的负收益较小;只有两个机器人同时选择打开右边门,才能使团队获得最大正收益,即考虑全合作的方式,两个机器人的同时行动是一个联合行动。此时,联合动作集合={{开左边门,开左边门},{开右边门,开右边门},{开左边门,开右边门},{开右边门,开左边门},{开左边门,监听},{监听,开右边门},{开右边门,监听},{监听,开左边门},{监听,监听}},在执行一个联合行动后,环境将对这个联合行动进行评判。所以,由于每个机器人监测到的局部信息不一致,会产生大量可能的联合行动策略,要保证它们合作是非常困难的。求解 POMDP 和 DEC-POMDP 问题中,状态会根据步数和参与者的增加呈现双指数上升,即计算复杂度都为 NEXP[77]。

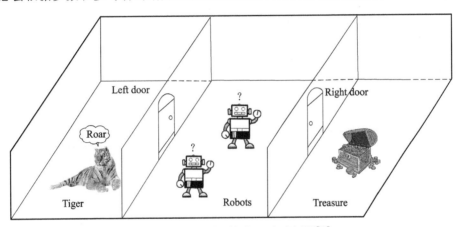

图 2-14　多机器人的珍宝-老虎问题[76]

2.4.5　研究现状与存在的问题

近年来,大量的研究关注如何处理多机器人系统不确定性的方法,并建立各种模型、设计了多种求解算法,其中 DEC-MDP 和 DEC-POMDP 是描述多机器人不确定性建模最为常用的两种模型。目前多从规划的角度研究 DEC-POMDP 问题,其难点在于联合规划过程,每一个幕中所有机器人都需要在考虑其他机器人的情况下,根据值函数制定出自己的行动策略,策略数量将随着幕数的增加和参与机器人的数量的增加呈现双指数增长,最终引起"维度灾难"问题,其已经被证实了只能被缓解但不能被彻底解决。代表性工作包括:文献[64]提出了一种基于均衡的策略搜索算法(Joint Equilibrium based Search for Policies,JESP),首先假设其他队友的策略已经被制定,在此基础上搜索并改进其中一个机器人的策略,以此来减少机器人间错综复杂的交互性;文献[65]提出一种基于信念点的策略规划算法(Point-Based Dynamic Programming,PBDP),融合动态规划和传统搜索两种搜索方式,在每一个决策步内删除一些概率小的策略;文献[66]提出一种内存有限的策略规划算法(Memory-

Bounded Dynamic Programming，MBDP），也利用从上到下和从下到上同时的搜索方式，但是限制每一个决策步内生成策略的数目，达到限制维度灾难出现的目的，也容易陷入局部最优；文献[67]在 M-POMDP 模型中研究了规划问题，提出一种因式分解局部观测蒙特卡洛规划算法（Factored-value Partially Observable Monte Carlo Planning，FV-POMCP），通过分解统计数据和蒙特卡洛树，来减少联合行动数量和需要考虑的联合历史信息数量。

在考虑一个分布式不确定环境的情况下，DEC-POMDP 模型与强化学习的结合还相对较少[68]，原因如下，第一，强化学习过程里的因素很难用 DEC-POMDP 模型来描述，比如说，由局部状态获得的立刻回报函数该如何反馈给机器人，或者立刻回报可能是由其他的局部状态所决定；第二，每一个机器人的学习行为都将受其他机器人的影响，因此很难保证所有机器人都收敛到一个相同的最优策略；第三，即使考虑到所有机器人间的交互关系，要完全对所有策略进行遍历需要极大的计算量。学者们针对以上问题也提出了一些求解方法，有代表性的工作包括：文献[69]在 DEC-POMDP 模型中设计了基于启发式的 Q-学习算法，定义了两种启发方式来加强机器人之间的动作协作关系；文献[70]在 DEC-POMDP 模型中，将强化学习作为一个排练（rehearse）来探索适合执行的局部策略；文献[71]提出一种梯度上升策略搜索算法，首先假设机器人可以获得全局回报，这样每一个机器人可以独立在梯度方向更新策略，并最终找到一个局部最优联合策略。

对于分布式的多机器人系统，每个机器人在仅有局部信息情况下要保证团队的协调，如果完全靠推理的方式制定策略是难以实现的。所以，有必要在制定策略前就了解队友可能采取的策略，即在机器人间引入通信机制[72]。一般地，机器人间通过离线和在线的通信机制进行协商。离线方法通常使用隐式通信或推理的方式。在隐式通信中，机器人通过特定行为或位置表达一定信息，达到通信的目的。在推理方式中，机器人根据局部信息去推理队友可能采取的行动。但是，由于缺少显式观测信息交换的支持，使得隐式通信系统和推理机制的设计较为复杂。同时，机器人需要极大的状态空间来描述所有局部性和不确定性带来的可能策略。所以，通过离线的通信机制求解 DEC-POMDP 模型在实际问题中难以满足。

显式通信利用传统通信的方式，直接将观测信息发送出去。目前，在多机器人学习系统中主要采用黑板和广播方式两类通信机制[73]。对于黑板通信，机器人之间并不能直接交换信息和知识，而是通过黑板这个公共平台来获取，机器人在需要时按照自身权限访问黑板，确定是否有新的消息，或者向黑板上添加自己的信息。黑板通信更类似于集中式的通信方式，需要一个公共信息的存储和交流区，当黑板区域出现故障时，将导致整个系统瘫痪。而当参与通信机器人较多时，黑板上的数据量会按指数率增长，难以进行高效的信息存储和检索。

相对于黑板通信，广播通信更加灵活，每一个机器人都可以向队友发送信息，同时可以接收队友的信息。文献[74]研究了两个机器人在 DEC-POMDP 中的通信过程；文献[75，76]在 DEC-POMDP 中引入通信机制，提出 DEC-POMDP-Comm 算法，并设计了单边通信、双边通信和知识通信三种通信规则；文献[77]在 DEC-POMDP 中设计了呼叫、回答和同步三种通信机制；文献[78]在 DEC-POMDP 模型中设计了一种基于贝叶斯博弈（Bayesian-game-based）的模糊学习控制器，每一个机器人可以与所有队友进行通信，并渐进地寻找到一个近似最优联合策略；文献[79，80]结合网络化的分布式 POMDP 模型与通信机制，使观测信息和历史信息可以在相邻机器人间传播；文献[81]提出一种信息分布式协议"post－task completion information sharing"，每一个机器人可以随机地选择邻居进行通信，同时利用接收到的信息作为回报来更新估计值；文献[82]基于合作树框架提出一种动态团队划分方法，每一个机器人从根节点选择需要合作的机器人，利用广播与这些机器人进行协商，然后利用 Q-学习获得团队的最优策略；文献[83－86]也基于 DEC-POMDP-Comm 算法研究了机器人间的通信问题。但是，通过显式通信来求解问题，团队对外界环境变化的反应时间可能因为通信被延长，同时信息的交换也将受到通信带宽的限制[87]，比如文献[88]考虑了通信的代价，讨论了 DEC-MDP 模型中机器人间通信时机的问题，每一个机器人可以根据对通信值函数的估计，选择通信和不通信两个动作；文献[89－91]研究了 DEC-POMDP 中通信的一步或多步延迟问题。对于直接求解 DEC-POMDP 问题时的 NEXP 难度，以通信为代价的方式是可取的。

综上所述，DEC-POMDP 是研究带有不确定的分布式多机器人的重要模型，目前的研究还存在以下不足。

第一，在 DEC-POMDP 框架下的强化学习和规划研究，均是在策略生成之后再进行处理，主要利用策略删除、策略合并和近似策略等方法求解最优或次优策略，有必要进一步研究机器人间的交互性与策略化简的关系。

第二，目前求解算法均采用基于广播式的信息传播方式，很少有文献从通信方式的角度入手考虑，尽管广播通信方式可以保证局部信息的分享，但是可能带来大量不确定的多余策略，给学习过程带来困难。比如在上节提到的多机器人珍宝-老虎问题中，两个机器人每次在监听两扇门后会得到两个监测结果，因为不确定性的存在，假设两个机器人的监听结果相反，即机器人甲观测＝{左边门后有明显吼声，右边门后有微弱吼声}，机器人乙观测＝{左边门后有微弱吼声，右边门后有明显吼声}。如果通过广播通信分享结果后，机器人甲观测＝{左边门后有明显吼声，左边门后有微弱吼声，右边门后有微弱吼声，右边门后有明显吼声}，机器人乙的观测也是如此。此时，带有矛盾的观测将使得团队很难做出一个最优联合策略，只能选择继续监听。但是，选择继续监听仍可能存在问题，第一，监听的结果可能仍然不理想；第二，即便本次监听结果理想，但状态分布的更新需要参考监听的历史结果，也就是说，不好的历史监听信息会影响机器人当前的判断。在这种情况下，广播通信会使得机器人难以决策，或不得不考虑更多的策略，将不利于最优策略的搜索过程。因此，有必要进一步研究如何让机器人在协商中达成共识，减少机器人之间的交互策略对学习效率的影响。

2.5 多机器人一致性模型

大量的单独机器人以及它们之间的连接所构成的系统，可称为多机器人网络[92]。在此框架中，每个成员采集的信息都是局部且分散的，且它们不具备独立完成整个任务的能力。因此，多机器人一致性问题主要研究如何完成个体间有限信息的交换，使得所有成员的某一状态量或所有状态量趋于相等，达到协作完成复杂任务的目的。

2.5.1　图论

考虑到由 n 个多智能体组成的系统[93]，其网络拓扑图为 $G=(V,E,A)$，是一个含有节点集合 $v=\{v_1,\cdots,v_n\}$ 的 n 阶加权有向图，对每一个节点用整数 $i\in\{1,\cdots,n\}$ 来标记。G 的边通过 $e_{ij}=(v_i,v_j)\in E$ 表示。

邻接矩阵 $\boldsymbol{A}=(a_{ij})$ 表示任意两个智能体之间连接的紧密程度，若 $(v_i,v_j)\in E$，则 $a_{ij}=1(i\neq j)$，否则 $a_{ij}=0$。邻接矩阵所有的对角元素 $a_{ii}=0$。每一时刻，每个智能体只与其邻居传感器通信。定义 $N_i=\{j:(i,j)\in E\}$ 表示智能体 i 可以通信的邻居集。

其中每个节点代表一个智能体 $\dot{x}_i=u_i$。如果所有智能体的状态最终趋于相等，$\|x_i-x_j\|\to 0,\forall i\neq j$ 则称为系统趋于一致。可以用 $x=al$ 来表征一致空间，其中 $1=(1,\cdots,1)^T,a\in\mathbb{R}$ 为一致均衡值。用 $\boldsymbol{A}=(a_{ij})$ 表示网络拓扑 G 的邻接矩阵，智能体 i 的邻居集 N_i 的定义为 $N_i=\{j\in V:a_{ij}\neq 0\}$。如果智能体 j 是智能体 i 的邻居 $(a_{ij}\neq 0)$，则智能体 i 可以接收智能体 j 的信息。

2.5.2　矩阵论

为了描述节点与边之间的关系，引入邻接矩阵 $\boldsymbol{A}$，$\boldsymbol{A}$ 中元素取值如下：

$$a_{ij}=\begin{cases}1,&(v_i,v_j)\in E\\0,&\text{其他}\end{cases}\tag{2-30}$$

当 G 为对称图时，矩阵 $\boldsymbol{A}$ 对称。

入度矩阵 $\boldsymbol{D}=\{d_{ij}\}$ 定义为 $d_{ij}=\sum_{j\neq i}a_{ij}$。当 G 对称时，每个节点的出度等于入度，此时称 $\boldsymbol{D}$ 为度矩阵。

通常，加权邻接矩阵 $\boldsymbol{A}=\{a_{ij}\}$ 定义为

$$a_{ij}=\begin{cases}w_{ij},&(v_i,v_j)\in E\\0,&\text{其他}\end{cases}\tag{2-31}$$

式中，w_{ij} 为边 (v_i,v_j) 的权重。此时，节点 v_i 的入度为指向其所有边的权值之和，节点 v_i 的出度为离开其所有边的权值之和。

拉普拉斯矩阵 $\boldsymbol{L}$ 是另一种描述点与边之间关系的矩阵，它拥有与邻接矩阵相似的结构，其元素定义为

$$l_{ij}=\begin{cases}\sum_{j=1,2,\cdots,n}a_{ij},&i=j\\-a_{ij},&i\neq j\end{cases}\tag{2-32}$$

即 $L=D-A$，其中 $\boldsymbol{D}=\mathrm{diag}(d_1,\cdots,d_n)$ 为 G 的度矩阵。

对于无向图，其拉普拉斯矩阵 $\boldsymbol{L}$ 是对称矩阵。对于有向图，如果有一个节点的信息能传递到系统中的任意节点，则这个有向图含有一个有向生成树。

2.5.3 Gossip 一致性算法

一致性算法可以简单地划分为基于同步框架和异步框架两种[94]。在基于同步框架的算法中,网络中每个节点都通过计算它们邻居节点的权重估计来更新自己的估计,然而在基于异步框架的算法中,网络中只有部分节点更新自己的估计。Gossip 算法[95]是较有代表性的基于异步框架的算法,系统在时刻 t 随机选择一个节点 i 并广播其状态,节点 i 的邻居节点接收信息并更新自己的状态,迭代中信息的传播是无向的,节点 i 的信息在迭代中不发生变化,节点 i 的邻居节点 j 的状态为

$$a_j(t+1) = \mu a_j(t) + (1-\mu)a_i(t), \{j \in N_i\} \tag{2-33}$$

式中,$\mu \in (0,1)$ 称为混合参数(Hybrid Parameter),整个网络的状态表示为

$$a(t+1) = W(t)a(t) \tag{2-34}$$

式中:$W(t)$ 是一个 $N \times N$ 的随机矩阵,当节点 i 被选择时有

$$W_{jk}^{(i)} = \begin{cases} 1, & j \notin N_i, k=j \\ \mu, & j \in N_i, k=j \\ 1-\mu, & j \in N_i, k=j \\ 0, & 其他 \end{cases} \tag{2-35}$$

2.5.4 离散一致性算法

考虑一个由 n 个机器人组成的网络,其网络拓扑图为 $G=(V,E)$,其中每个节点代表一个机器人。当最终全体成员状态趋于相等时,即 $\| x_i - x_j \| \to 0, \forall i \neq j$,则系统趋于一致。可以用 $x=al$ 来表征一致空间,其中 $l=(1,1,\cdots,1)^T$,$a \in R$ 为一致均衡值。用 $A=(a_{ij})$ 表示网络拓扑 G 的邻接矩阵,机器人 i 的邻居集 N_i 定义为 $N_i = \{j \in V : a_{ij} \neq 0\}$,离散一致性算法[96]的表达式如下:

$$x_i(k+1) = x_i(k) + \varepsilon \sum_{j \in N_i} a_{ij}(x_j(k) - x_i(k)) \tag{2-36}$$

式中,$0 < \varepsilon < 1/\Delta$,$\Delta$ 为网络的最大度。文献[97]给出了离散一致性收敛稳定的条件:根据式(2-23),如果网络为强连通有向图,则

(1) 系统从任意初始状态开始,系统最终将趋于一致。

(2) 一致均衡点 $a = \sum_i w_i x_i(0)$,且 $\sum_i w_i = 1$。

(3) 如果 G 为有向平衡图(或 P 为双随机矩阵),则系统最终收敛为平均一致,即 $a = \left(\sum_i x_i(0) \right) / n$。

已经有学者考虑用多机器人网络的思想求解 DEC-POMDP 问题,比如文献[79,80]提出一种网络化分布式 POMDP 框架(Networked Distributed POMDPs,ND-POMDPs),该框架在分布式 POMDP 模型中引入分布式约束最优算法(Distributed Constraint Optimization,DCOP),建立一个状态 S 来描述相邻机器人之间的交互关系,利用 JESP 算法来求解策略,但是这种框

架需要假设每个机器人可以从环境获得完整信息。目前一致性的思想在 DEC-POMDP 模型的研究中还很少见,而且一致性体现出的优势在多机器人强化学习问题中还较少被关注,需要进一步研究。

2.6 强化学习存在问题及改进分析

强化学习算法面向无模型的学习方式,可以有效使智能系统(自主学习系统)不依赖人类经验进行自主学习,是一种从环境状态到行为映射的学习,在既没有模型参考也没有教师信号指导的情况下进行,以马尔可夫决策过程(Markov Decision Process,MDP)作为数学模型,将离散的周期性学习过程抽象为状态、行动和回报三个因素,通过无限次试错方式对所有策略进行遍历。因此,强化学习在实际应用中存在一个基础缺陷:学习过程从零知识开始学起,唯一的方法是不断尝试,因此策略搜索范围(最优学习策略)和策略搜索速度(学习速度)两个因素无法同时被兼顾,遍历所有策略需要较高的时间复杂度和空间复杂度,如何平衡这两个因素是强化学习的本质问题,也是限制其在人工智能领域的推广和规模应用的核心问题。

针对上述问题,为了避免强化学习从零开始学起,可以通过引入与问题相关的先验知识,减少智能系统需要遍历的策略数量,达到更快获得可行学习策略的目的。利用先验知识的强化学习算法目前有两大类,一大类是启发式强化学习算法,其侧重于通过先验知识加速与环境的交互过程,比如对某些行动策略给予引导,或者约束策略搜索的范围;另一大类是迁移强化学习,其侧重于复用现有知识数据去直接解决新的问题,比如通过泛化直接给予智能系统部分解决问题的规则。因此,知识迁移是目前强化学习研究的主要方向之一,已被成功应用于多个领域,其研究方法与亟待解决问题如图 2-15 所示,尽管迁移知识在减少学习时间、提升学习效率等方面取得了一定的成果,但是如何权衡强化学习的"利用"与"探索"关系、如何定义先验知识、如何选择迁移时机、如何应对知识"负迁移"等问题,仍然是亟待解决的关键科学问题,也是该研究领域一直尚未完全突破的难点,具有较强的挑战性。

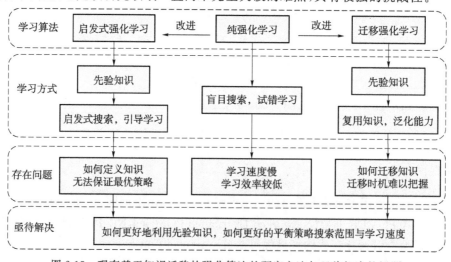

图 2-15　现有基于知识迁移的强化算法的研究方法与亟待解决的问题

2.6.1　盲目搜索方式与启发式搜索方式分析

无论何种形式的强化学习算法,其在本质上都是一个策略搜索过程,都存在如何平衡"利用"与"探索"的困境问题,即如何平衡"学习速度"与"搜索范围"的矛盾问题。传统强化学习(纯强化学习)采用盲目搜索方式与环境进行交互,即直接从所有解的集合中寻找可行解或最优解,其运算过程往往带有很高的时间和空间复杂度,无法适用于较复杂的问题。相比之下,启发式搜索模拟了人类的思维方法与规律,利用与问题相关的信息来加快搜索过程,这种思路在机器学习领域得到了很好的移植和发展[98]。

目前,启发式方法在路径规划[99]、机器博弈[100]、路由器选择[101]等领域都得到了广泛应用。启发式方法取一种折中的思路平衡搜索范围和搜索速度的关系,但由于启发条件的加入,引导搜索方向的同时也约束了搜索范围,在这种情况下全局最优值无法确保被求解。因此,对于一个策略搜索问题的表现,可以用集中性和疏散性来描述其性能:集中性越强收敛速度越快,但缺点是考虑的策略太少,无法顾及全局最优性;疏散性越强,则算法搜索的策略越多,可能覆盖到全局最优策略的范围越大,但收敛速度变慢。其次,先验知识是启发式搜索的关键,它可以从自身的经历中获取,也可以通过经验直接给出,先验知识的优劣往往决定了搜索的速度与解的好坏。但是,对于一些环境复杂多变且事先不可预知的实际问题,先验知识的获取通常存在困难。

综上所述,尽管启发式搜索不能确保搜索到问题的最优解,但时间和空间复杂度往往可以符合实际要求,因此是求解一些复杂问题的基本策略。由于在搜索过程中难以同时满足解的最优性和计算可能性,通常在设计或评价一个搜索算法时,需要从完备性、最优性和复杂性三个方面来综合衡量其性能。遗憾的是,目前的搜索方式还不能同时满足这三个方面的要求,然而强化学习算法正是基于策略搜索过程与环境进行交互学习,因此,如何平衡"探索范围"与"学习速度"是强化学习的本质问题,也是限制了强化学习在人工智能领域的推广和规模应用的核心问题。基于以上分析,有必要深入研究策略搜索的三个性能指标对强化学习的影响机理。

2.6.2　启发式强化学习分析

基于启发式搜索的优势,已经有学者将启发式方法与强化学习进行了结合,并提出了多种启发式强化学习算法,通过引入先验知识来引导智能系统进行更加高效的探索策略。目前启发式强化学习大体上基于三种思路。

第一,在智能系统获得的传统回报上加入启发式附加回报。文献[102]利用从城市智能环境中收集到的车辆的运动和停车状态作为强化学习的启发回报;文献[103]通过神经网络训练启发值作为附加回报;文献[104]将启发式策略合并到 Dyna 强化学习算法中,用于插电式混合动力汽车的实时节油优化;文献[105]利用强化学习生成混合遗传算法的初始种群,以此来启发实施杂交过程;文献[106]在传统回报上引入信息强度概念,通过强弱程度不同的动作信息选择策略。

第二,将先验知识作为一种约束条件,限制学习策略搜索范围。文献[107]在双种群蚁群算法中,通过启发函数控制子种群与主种群间的交流频率;文献[108]利用强化学习作为超启发式模型在优化过程的不同阶段中的指导条件;文献[109]在启发式强化学习中嵌入了群体决策规则;文献[110]将拉普拉斯特征映射作为强化学习的约束条件。但是,以上两类算法的先验知识往往是根据经验直接给定,虽然可以使算法更快收敛,却都以放弃部分策略搜索为代价,同时启发式函数的规则也无法进行动态更新,因此只适用于特定的学习问题。

第三,智能系统从学习过程中获取知识来引导策略选择。文献[111]提出一种启发式加速 Q-学习算法(Heuristically Accelerated Q-learning,HAQL),先验知识来自 Q 函数自身的迭代;文献[112,113]利用历史任务的相似案例作为 HAQL 算法的启发知识;文献[114]利用机器人在未知环境中行走中的重复经验,作为先验知识帮助机器人避免盲目探索;文献[115]利用神经网络从强化学习中积累知识,启发空战决策过程中决策序列的实时动态迭代计算。这类算法的最大优点在于理论上可以收敛到最优策略,但前提是需要对环境进行非常大量的遍历以获得足够的先验知识。因此,如何获取和辨识先验知识、获取多少量的先验知识、何时开始进行启发学习等问题,就成了决定算法成功与否的关键。

由以上分析可知,目前启发式强化学习主要从附加回报、约束范围和引导搜索三个方面入手进行启发。但是,启发式强化学习的研究还存在以下主要局限:智能系统对先验知识的获取仍存在困难,对启发学习时机缺乏准确控制,尤其是如何不依赖人为经验定义的先验知识进行自主地启发学习;启发式作用下的策略搜索方式、最优策略、学习速度的关联关系和规律仍需深入研究。

2.6.3　迁移强化学习分析

从大体上讲,迁移强化学习和启发式强化学习解决"探索范围"与"学习速度"问题的思路是一致的,它们都是利用先验知识来避免从零开始学起。区别在于,启发式强化学习侧重于利用先验知识加速与环境的交互,而迁移强化学习更侧重复用现有知识数据去直接解决新的问题。在许多实际应用中,重新收集所需的训练数据并重建模型的代价是非常昂贵的,在这种情况下,在任务域之间进行知识迁移或迁移学习,可以避免高代价的数据标注工作[116]。迁移强化学习中主要研究以下三个问题。

第一,迁移什么知识。迁移知识的内容主要可分为四类:实例迁移、特征表示迁移、参数迁移、关系知识迁移几类。比如文献[117]利用案例推理机制得到的信息作为迁移知识;文献[118]研究 5G 毫米波通信中的干扰和非正交多路访问技术问题,将源任务中由专家系统执行的基站无线接入方案作为迁移知识;文献[119]借助中间数据集来学习人脸数据,通过人脸数据识别飞机,实现完全不相关的领域之间的知识转移。但是,目前的研究主要集中在如何对知识进行标注,较少考虑到迁移知识的动态更新,因此一些迁移知识仅能适用于特定问题,且知识可能表现出随时间变化的特性,使得迁移知识无法在较长的时间跨度内适应目标域,最终可能导致"负迁移"[120]问题出现。

第二,何时进行迁移。只有在适当的时机迁移知识才能更好地提高学习效率。在某些情况下,当源域和目标域彼此不相关时,强行进行迁移可能会失败,甚至可能损害目标域的学习表现。比如文献[121]通过纳什均衡研究电力系统分散式碳-能复合流自律优化,以纳什博弈后信息作为迁移知识,并基于 Q 值表中知识的相似度选择迁移时机。文献[122]提出一种基于迁移强化学习的多视角光场重建方法,根据源域和目标域的相似度阈值选择迁移。但是,目前的研究主要通过对比源域和目标域的相似度来决定何时迁移,因此,智能系统对迁移时机的选择还缺乏灵活性与自主性。该问题目前研究较少,但却是迁移学习中最重要并有待突破的关键问题。

第三,如何进行迁移。近年来绝大多数学者均在研究如何迁移的问题,比如文献[123]提出一种基于模糊规则的迁移方法,利用无限高斯混合模型标识源域和目标域中的数据结构;文献[124]提出一种重要性加权拟合 Q 迭代算法,使用重要性权重自动计算源分布和目标分布之间的差异,在强化学习中批次传送样本;文献[125]利用强化学习算法训练汽车定制能源管理策略,实现了不同类型的混合动力汽车之间的知识转移;文献[126]提出一种专家迁移强化学习算法,利用专家系统与强化学习的 Actor-Critic 模型进行知识迁移。但是,对该问题研究主要集中在迁移后如何利用少量数据直接解决新问题,而智能系统在迁移学习开始后较少与环境进行交互,因此,迁移学习的能力也是有限的,关于迁移学习的边界问题还有待研究。

由以上分析可知,相比较启发式强化学习,迁移强化学习侧重于用少量知识完全表征出任务的相关性并用其解决新问题,还存在以下主要局限:智能系统对迁移知识获取、知识辨识、迁移方法等对学习效率的影响机理仍需深入研究;迁移学习的模型和理论还有待完善,知识的可迁移性和迁移的边界问题尚缺少充分研究,如何更好地利用先验知识提高学习效率还需要进行研究;对迁移时机的控制研究还不够充分,如何以合适的方式和时机将知识引入学习过程,进而避免"负迁移"等问题尚需要进行深入探索。

2.6.4 事件驱动与机器学习的结合问题分析

事件驱动控制被认为是一种能有效替代周期采样控制的方法,在保证系统正常运行情况下,减少计算资源和通信资源浪费[127]。基于事件触发采样机制带来的众多益处,已经广泛被引入至各种系统、例如离散系统、连续非线性系统、分布式网络系统、齐次控制系统、离散随机线性系统等[128,129]。同时,与各种系统对应的建模、稳定性分析及事件触发条件等问题也得到研究。

目前,事件驱动的研究主要集中在事件驱动控制和事件驱动状态估计两个方向[130,131]。事件驱动控制是指将反馈信号和控制输入由周期性变为非周期性,事件驱动状态估计是指系统间歇性地采样或进行状态估计。但是,从强化学习的角度对事件驱动的研究还很少见,比如文献[132]提出了基于事件驱动的强化学习算法,通过观测信息的变化率来触发机器人的通信和学习过程,将整个强化学习过程由周期性转变为非周期性;文献[133]设计了基于事件驱动的强化学习多机器人编队控制方法;文献[134]设计了基于事件触发的强化学习自适应跟踪控制,减少通信与计算资源消耗;文献[135]提出一种基于事件触发的强化学习控制策略,用来稳定具有执行器饱和的四旋翼无人机;文献[136]提出一种基于事件驱动的 Q-学习算法,实现超密集网络中学习的子信道和功率分配。目前事件驱动和强化学习的结合相对还比较初步,仅仅是在学习过程中提前定义好一些可能事件,然后根据这些事件完成简单的状态转移,缺少灵活性和自主性,同时也较少考虑到学习过程中触发机制的设计。因此,事件驱动控制与学习策略层的结合,以及对启发式过程的影响机理仍需深入研究。

2.7 本章小结

本章首先介绍了强化学习的基本原理,回顾了强化学习的一些主要模型和算法。接下来,从单机器人的学习模型扩展到多机器人系统,分析了分布式强化学习的主要模型以及各自存在的不足。进一步地,考虑现实问题中机器人的局部观测性,介绍了 DEC-MDP、POMDP 和 DEC-POMDP 三种模型,具体给出了 DEC-POMDP 模型的数学描述,并从离线和在线两方面分析了 DEC-POMDP 的求解算法,指出强化学习在 DEC-POMDP 中应用的难点,结合当前的一些研究工作,分析了存在和待解决的问题。其次,基于多机器人网络化思想,引入了多机器人一致性的概念,介绍了图论、Gossip 算法和离散一致性等算法。最后,从策略搜索角度入手,分析了强化学习的策略搜索方式,指出了盲目搜索的局限性,并与启发式搜索进行了对比分析,进一步地,介绍了启发式强化学习、迁移强化学习、事件驱动学习等原理与基本算法,分析了研究现况及存在的问题。

本章参考文献

[1] Busoniu L, Babuska R, De Schutter B. A comprehensive survey of multiagent reinforcement learning[J]. IEEE Transactions on Systems, Man, And Cybernetics-Part C: Applications and Reviews, 2008, 38(2): 156-172.

[2] 唐振韬, 邵坤, 赵冬斌. 深度强化学习进展: 从 AlphaGo 到 AlphaGo Zero[J]. 控制理论与应用, 2017, 34(12): 1529-1546.

[3] Kaelbling L P, Littman M L, Moore A W. Reinforcement learning: A survey[J]. Journal of artificial intelligence research, 1996, 4: 237-285.

[4] Barto A G, Mahadevan S. Recent advances in hierarchical reinforcement learning[J]. Discrete Event Dynamic Systems, 2003, 13(4): 341-379.

[5] Sutton R S. Learning to predict by the methods of temporal differences[J]. Machine learning, 1988, 3(1): 9-44.

[6] Watkins C J C H, Dayan P. Q-learning[J]. Machine learning, 1992, 8(3-4): 279-292.

[7] Jordan M I, Mitchell T M. Machine learning: Trends, perspectives, and prospects[J]. Science, 2015, 349(6245): 255-260.

[8] 陈宗海, 杨志华, 王海波, 等. 从知识的表达和运用综述强化学习研究[J]. 控制与决策, 2008, 23(9): 961-968.

[9] Rummery G A, Niranjan M. On-line Q-learning using connectionist systems[M]. University of Cambridge, Department of Engineering, 1994.

[10] Barto A G, Sutton R S, Anderson C W. Neuronlike adaptive elements that can solve difficult learning control problems [J]. IEEE transactions on systems, man, and cybernetics, 1983(5):834-846.

[11] Schwartz A. A reinforcement learning method for maximizing undiscounted rewards [C]//Proceedings of the tenth international conference on machine learning. 1993, 298:298-305.

[12] Chen X, Gao Y, Wang R. Online selective kernel-based temporal difference learning [J]. IEEE transactions on neural networks and learning systems, 2013, 24(12): 1944-1956.

[13] Zou B, Zhang H, Xu Z. Learning from uniformly ergodic Markov chains[J]. Journal of Complexity, 2009, 25(2):188-200.

[14] Yu H, Bertsekas D P. Convergence results for some temporal difference methods based on least squares[J]. IEEE Transactions on Automatic Control, 2009, 54(7): 1515-1531.

[15] Sutton R S, Mahmood A R, White M. An emphatic approach to the problem of off-policy temporal-difference learning[J]. The Journal of Machine Learning Research, 2015, 17:1-29.

[16] 傅启明, 刘全, 孙洪坤. 一种二阶 TD Error 快速 Q() 算法[J]. 模式识别与人工智能, 2013, 26(3):282-292.

[17] 沈晶, 程晓北, 刘海波. 动态环境中的分层强化学习[J]. 控制理论与应用, 2008, 25(1): 71-74.

[18] 王雪松, 田西兰, 程玉虎. 基于协同最小二乘支持向量机的 Q-学习[J]. 自动化学报, 2009, 35(2):214-219.

[19] Chen C, Dong D, Li H X, et al. Fidelity-based probabilistic Q-learning for control of quantum systems[J]. IEEE transactions on neural networks and learning systems, 2014, 25(5):920-933.

[20] Konar A, Chakraborty I G. A deterministic improved Q-learning for path planning of a mobile robot[J]. IEEE Transactions on Systems, Man, and Cybernetics: Systems, 2013, 43(5):1141-1153.

[21] Tripp C, Shachter R D. Approximate Kalman Filter Q-Learning for Continuous State-Space MDPs[J]. arXiv preprint arXiv:1309.6868, 2013.

[22] Azar M G, Munos R, Ghavamzadeh M, et al. Speedy Q-Learning: A Computationally Efficient Reinforcement Learning Algorithm with a Near-Optimal Rate of Convergence[J]. Journal of Machine Learning Research, 2013, 1-26.

[23] Rummery G A, Niranjan M. On-line Q-learning using connectionist systems [M]. University of Cambridge, Department of Engineering, 1994.

[24] Singh S, Jaakkola T, Littman M L, et al. Convergence results for single-step on-policy reinforcement-learning algorithms[J]. Machine learning, 2000, 38(3):287-308.

[25] 余涛,张水平.基于5要素试错更新算法 SARSA( )的自动发电控制[J].控制理论与应用,2013,10:004.

[26] Sutton R S,Barto A G.Reinforcement learning:An introduction[M].Cambridge:MIT press,1998.

[27] Konda V R,Tsitsiklis J N.On Actor-Critic Algorithms[J].Siam Journal on Control & Optimization,2000,42(4):1143-1166.

[28] Sutton R S.Learning to predict by the methods of temporal differences[J].Machine learning,1988,3(1):9-44.

[29] Barto A G,Sutton R S,Anderson C W.Neuronlike adaptive elements that can solve difficult learning control problems[J].IEEE transactions on systems,man,and cybernetics,1983(5):834-846.

[30] Boyan J A.Technical update:Least-squares temporal difference learning[J].Machine Learning,2002,49(2-3):233-246.

[31] Baxter J,Bartlett P L.Infinite-horizon policy-gradient estimation[J].Journal of Artificial Intelligence Research,2001,15:319-350.

[32] Berenji H R,Vengerov D.A convergent actor-critic-based FRL algorithm with application to power management of wireless transmitters[J].IEEE Transactions on Fuzzy Systems,2003,11(4):478-485.

[33] Lin C T,Lee C S G.Reinforcement structure/parameter learning for neural-network-based fuzzy logic control systems[J].IEEE Transactions on Fuzzy Systems,1994,2(1):46-63.

[34] Prashanth L A,Ghavamzadeh M.Actor-critic algorithms for risk-sensitive MDPs[J].Advances in neural information processing systems.2013:252-260.

[35] Heess N,Silver D,Teh Y W.Actor-Critic Reinforcement Learning with Energy-Based Policies[C]// European Workshop on Reinforcement Learning.2012:43-58.

[36] Valerio L,Bruno R,Passarella A.Adaptive data offloading in opportunistic networks through an actor-critic learning method[C]//Proceedings of the 9th ACM MobiCom workshop on Challenged networks,2014:31-36.

[37] 陈兴国,高阳,范顺国,等.基于核方法的连续动作 Actor-Critic 学习[J].模式识别与人工智能,2014,27(2):103-110.

[38] Schwartz A.A reinforcement learning method for maximizing undiscounted rewards[C]//Proceedings of the tenth international conference on machine learning.1993,298:298-305.

[39] Kormushev P,Calinon S,Caldwell D G.Reinforcement learning in robotics:Applications and real-world challenges[J].Robotics,2013,2(3):122-148.

[40] Navarro-Guerrero N,Weber C,Schroeter P,et al.Real-world reinforcement learning for autonomous humanoid robot docking[J].Robotics and Autonomous Systems,2012,60(11):1400-1407.

[41] Xu Y,Zhang W,Liu W,et al.Multiagent-based reinforcement learning for optimal reactive power dispatch[J].IEEE Transactions on Systems,Man,and Cybernetics, Part C(Applications and Reviews),2012,42(6):1742-1751.

[42] Bowling M,Veloso M.Multiagent learning using a variable learning rate[J].Artificial Intelligence,2002,136(2):215-250.

[43] Jones R M,Somerville L H,Li J,et al.Behavioral and neural properties of social reinforcement learning[J].The Journal of Neuroscience,2011,31(37):13039-13045.

[44] 王祥科,李迅,郑志强.多智能体系统编队控制相关问题研究综述[J].控制与决策, 2013,28(11):1601-1613.

[45] 仲宇,顾国昌,张汝波.多智能体系统中的分布式强化学习研究现状[J].控制理论与应 用,2003,20(3):317-322.

[46] Hasan M,Hossain E.Random access for machine-to-machine communication in LTE-advanced networks:issues and approaches[J].IEEE Communications Magazine,2013,51 (6):86-93.

[47] Botvinick M M.Hierarchical reinforcement learning and decision making[J].Current opinion in neurobiology,2012,22(6):956-962.

[48] El-Tantawy S,Abdulhai B,Abdelgawad H.Multiagent reinforcement learning for integrated network of adaptive traffic signal controllers:methodology and large-scale application on downtown Toronto [J]. IEEE Transactions on Intelligent Transportation Systems,2013,14(3):1140-1150.

[49] 王祥科,李迅,郑志强.多智能体系统编队控制相关问题研究综述[J].控制与决策, 2013,28(11):1601-1613.

[50] Jones R M,Somerville L H,Li J,et al.Behavioral and neural properties of social reinforcement learning[J].The Journal of Neuroscience,2011,31(37):13039-13045.

[51] Botvinick M M.Hierarchical reinforcement learning and decision making[J].Current opinion in neurobiology,2012,22(6):956-962.

[52] Moriarty D E,Schultz A C,Grefenstette J J.Evolutionary algorithms for reinforcement learning [J].Journal of Artificial Intelligence Research,1999,11: 241-276.

[53] Derhami V,Majd V J,Ahmadabadi M N.Exploration and exploitation balance management in fuzzy reinforcement learning[J].Fuzzy sets and systems,2010,161 (4):578-595.

[54] Bertsekas D P,Tsitsiklis J N.Neuro-dynamic programming:an overview[C]// Decision and Control,1995,Proceedings of the 34th IEEE Conference on.IEEE, 1995,1:560-564.

[55] Buşoniu L,Ernst D.Approximate reinforcement learning:An overview[C]// 2011 IEEE symposium on adaptive dynamic programming and reinforcement learning (ADPRL).IEEE,2011:1-8.

［56］ Botvinick M M.Hierarchical reinforcement learning and decision making[J].Current opinion in neurobiology,2012,22(6):956-962.

［57］ Bellman R.Dynamic programming[J].Science,1966,153(3731):34-37.

［58］ Puterman M.Markov Decision Processes:discrete stochastic dynamic programming [M].New York:John Wiley & Sons,1994.

［59］ Mitchell T M.Machine Learning[M].McGraw-Hill,New York,USA ,1997.

［60］ Kaelbling L P,Littman M L,Cassandra A R. Planning and acting in partially observable stochastic domains[J].Artificial Intelligence,1998,101(1-2),99-134.

［61］ 吴锋.基于决策理论的多智能体系统规划问题研究[D].中国科学技术大学,2011.

［62］ Smallwood R D,Sondik E J.The optimal control of partially observable Markov processes over a finite horizon[J].Operations Research,1973,21(5):1071-1088.

［63］ Bernstein D S,Givan R.The complexity of decentralized control of markov decision processes[J].Mathematics of operations Research,2002,27(4):819-840.

［64］ Nair R,Tambe M,Yokoo M,et al.Taming decentralized POMDPs:towards efficient policy computation for multiagent settings ［C］//Proceedings of the 18th international joint conference on Artificial intelligence.Morgan Kaufmann Publishers Inc.2003:705-711.

［65］ Szer D,Charpillet F,Point-based dynamic programming for DEC-POMDPs［C］// National Conference on Artificial Intelligence.AAAI Press,2006:1233-1238.

［66］ Seuken S,Zilberstein S.Memory-bounded dynamic programming for DEC-POMDPs ［C］// International Joint Conference on Artifical Intelligence.2007:2009-2015.

［67］ Amato C,Oliehoek F A.Scalable planning and learning for multiagent POMDPs ［C］//Proceedings of the Twenty-Ninth AAAI Conference on Artificial Intelligence. AAAI Press,2015:1995-2002.

［68］ Oliehoek F A,Amato C.The Decentralized POMDP Framework[M]//A Concise Introduction to Decentralized POMDPs. Springer International Publishing, 2016: 11-32.

［69］ Allen M W,Hahn D,MacFarland D C.Heuristics for multiagent reinforcement learning in decentralized decision problems[C]//2014 IEEE Symposium on Adaptive Dynamic Programming and Reinforcement Learning(ADPRL).IEEE,2014:1-8.

［70］ Kraemer L,Banerjee B. Multi-agent reinforcement learning as a rehearsal for decentralized planning[J].Neurocomputing,2016,190:82-94.

［71］ Peshkin L,Kim K E.Learning to cooperate via policy search[C]//Proceedings of the Sixteenth conference on Uncertainty in artificial intelligence. Morgan Kaufmann Publishers Inc,2000:489-496.

［72］ 任孝平,蔡自兴,陈爱斌.多移动机器人通信系统研究进展[J].控制与决策,2010,25 (3):327-332.

[73] Seuken S, Zilberstein S. Formal models and algorithms for decentralized decision making under uncertainty[J]. Autonomous Agents and Multi-Agent Systems, 2008, 17(2):190-250.

[74] Bernstein D S, Hansen E A, Zilberstein S. Bounded policy iteration for decentralized POMDPs[C]//Proceedings of the nineteenth international joint conference on artificial intelligence(IJCAI), 2005:52-57.

[75] Goldman C V, Zilberstein S. Optimizing information exchange in cooperative multi-agent systems[C]//Proceedings of the second international joint conference on Autonomous agents and multiagent systems. ACM, 2003:137-144.

[76] Goldman C V, Zilberstein S. Decentralized control of cooperative systems: Categorization and complexity analysis[J]. Journal of Artificial Intelligence Research, 2004, 22:143-174.

[77] Xuan P, Lesser V, Zilberstein S. Communication decisions in multi-agent cooperation: Model and experiments[C]//Proceedings of the fifth international conference on Autonomous agents. ACM, 2001:616-623.

[78] Sharma R, Spaan M T J. Bayesian-game-based fuzzy reinforcement learning control for decentralized POMDPs[J]. IEEE Transactions on Computational Intelligence and AI in Games, 2012, 4(4):309-328.

[79] Tasaki M, Yabu Y, Iwanari Y, et al. Introducing communication in dis-pomdps with locality of interaction[J]. Web Intelligence and Agent Systems: An International Journal, 2010, 8(3):303-311.

[80] Zhang C, Lesser V R. Coordinated Multi-Agent Reinforcement Learning in Networked Distributed POMDPs[C]//Proceedings of the 25th AAAI Conference on Artificial Intelligence and the 23rd Innovative Applications of Artificial Intelligence Conference. 2011:764-770.

[81] Dutta P S, Jennings N R, Moreau L. Cooperative information sharing to improve distributed learning in multi-agent systems[J]. Journal of Artificial Intelligence Research, 2005, 24:407-463.

[82] Fang M, Groen F C A, Li H, et al. Collaborative multi-agent reinforcement learning based on a novel coordination tree frame with dynamic partition[J]. Engineering Applications of Artificial Intelligence, 2014, 27:191-198.

[83] Roth M, Simmons R, Veloso M. Exploiting factored representations for decentralized execution in multiagent teams[C]//Proceedings of the 6th international joint conference on Autonomous agents and multiagent systems. ACM, 2007:469-475.

[84] Oliehoek F A, Spaan M T J, Vlassis N. Dec-POMDPs with delayed communication [C]// The 2nd Workshop on Multi-agent Sequential Decision-Making in Uncertain Domains. 2007.

［85］ Spaan M T J, Gordon G J, Vlassis N. Decentralized planning under uncertainty for teams of communicating agents［C］//Proceedings of the fifth international joint conference on Autonomous agents and multiagent systems. ACM, 2006:249-256.

［86］ Pynadath D V, Tambe M. The communicative multiagent team decision problem: Analyzing teamwork theories and models［J］. Journal of Artificial Intelligence Research, 2002, 16:389-423.

［87］ Alsheikh M A, Hoang D T, Niyato D, et al. Markov decision processes with applications in wireless sensor networks: A survey［J］. IEEE Communications Surveys & Tutorials, 2015, 17(3):1239-1267.

［88］ Becker R, Carlin A, Lesser V, et al. Analyzing myopic approaches for multi agent communication［J］. Computational Intelligence, 2009, 25(1):31-50.

［89］ Spaan M T J, Oliehoek F A, Vlassis N A. Multiagent Planning Under Uncertainty with Stochastic Communication Delays［C］//Proceedings of the 18th International Conference on Automated Planning and Scheduling. ICAPS. 2008, 8:338-345.

［90］ Oliehoek F A. Sufficient Plan-Time Statistics for Decentralized POMDPs［C］//Proceedings of the 23rd International Joint Conference on Artificial Intelligence, 2013:302-308.

［91］ Nayyar A, Mahajan A. Decentralized stochastic control with partial history sharing: A common information approach［J］. IEEE Transactions on Automatic Control, 2013, 58(7):1644-1658.

［92］ Cruz D, McClintock J, Perteet B, et al, Decentralized cooperative control-a multivehicle platform for research in networked embedded systems, IEEE Control Systems Magazine, 27(3):58-78, 2007.

［93］ 孙惠泉. 图论及其应用［M］. 北京:科学出版社, 2004.

［94］ Denantes P, Bénézit F, Thiran P, et al. Which distributed averaging algorithm should I choose for my sensor network? ［C］//The 27th Conference on Computer Communications. IEEE, 2008:1660-1668.

［95］ Boyd S, Ghosh A, Prabhakar B, et al. Randomized gossip algorithms［J］. IEEE/ACM Transactions on Networking(TON), 2006, 14(SI):2508-2530.

［96］ Olfati-Saber R. Consensus and cooperation in networked multi-agent systems［J］, in Proceedings of the IEEE. 95(1):215-233, 2007.

［97］ Olfati-Saber R, Murray R M. Consensus problems in networks of agents with switching topology and time-delays［J］. IEEE Transactions on automatic control, 2004, 49(9):1520-1533.

［98］ 郑南宁. 人工智能面临的挑战［J］. 自动化学报, 2016, 42(5):641-642.

［99］ Shen Y, Chen J, Huang P S. M-walk: Learning to walk over graphs using monte carlo tree search［J］. Advances in Neural Information Processing Systems. 2018, 6786-6797.

[100] Joppen T, Moneke M U, Schröder N. Informed Hybrid Game Tree Search for General Video Game Playing[J]. IEEE Transactions on Games, 2018, 10(1): 78-90.

[101] Kumar, Praveen D, Amgoth T. Machine learning algorithms for wireless sensor networks: A survey[J]. Information Fusion, 2019, (49): 1-25.

[102] Lee S S, Lee S K. Resource Allocation for Vehicular Fog Computing Using Reinforcement Learning Combined With Heuristic Information[J]. IEEE Internet of Things Journal, 2020, 7(10): 10450-10464.

[103] 刘智斌, 曾晓勤, 刘惠义. 基于 BP 神经网络的双层启发式强化学习方法[J]. 计算机研究与发展, 2015, 52(3): 579-587.

[104] Liu T, Hu X, Hu W. A heuristic planning reinforcement learning-based energy management for power-split plug-in hybrid electric vehicles[J]. IEEE Transactions on Industrial Informatics, 2019, 15(12): 6436-6445.

[105] Alipour M M, Razavi S N, Derakhshi M R F. A hybrid algorithm using a genetic algorithm and multi-agent reinforcement learning heuristic to solve the traveling salesman problem[J]. Neural Computing and Applications, 2018, 30(9): 2935-2951.

[106] 吴昊霖, 蔡乐才, 高祥. 在线更新的信息强度引导启发式 Q 学习[J]. 计算机应用研究, 2018, 35(08): 2323-2327.

[107] 刘中强, 游晓明, 刘升. 启发式强化学习机制的异构双种群蚁群算法[J]. 计算机科学与探索, 2019, 14(3): 460-469.

[108] Choong S S, Wong L P, Lim C P. Automatic design of hyper-heuristic based on reinforcement learning[J]. Information Sciences, 2018, 436: 89-107.

[109] Valdivino, Zcan E. Hyper-Heuristics based on Reinforcement Learning, Balanced Heuristic Selection and Group Decision Acceptance[J]. Applied Soft Computing, 2020, 97(A): 106760.

[110] 朱美强, 李明, 程玉虎. 基于拉普拉斯特征映射的启发式 Q 学习[J]. 控制与决策, 2014, 29(3): 425-430.

[111] Bianchi R A C, Martins M F, Ribeiro C H C. Heuristically-accelerated multiagent reinforcement learning[J]. IEEE transactions on cybernetics, 2014, 44(2): 252-265.

[112] Bianchi R A C, Santos P E, Silva I J D. Heuristically Accelerated Reinforcement Learning by Means of Case-Based Reasoning and Transfer Learning[J]. Journal of Intelligent & Robotic Systems, 2017, 91(2): 301-312.

[113] Bianchi R A C, Celiberto L A. Transferring knowledge as heuristics in reinforcement learning: A case-based approach[J]. Artificial Intelligence, 2015, 226: 102-121.

[114] Jiang L, Huang H, Ding Z. Path planning for intelligent robots based on deep Q-learning with experience replay and heuristic knowledge[J]. IEEE/CAA Journal of Automatica Sinica, 2019, 7(4): 1179-1189.

[115] 左家亮,杨任农,张滢.基于启发式强化学习的空战机动智能决策[J].航空学报, 2017,38(10):217-230.

[116] Zhuang F, Qi Z, Duan K. A Comprehensive Survey on Transfer Learning[J]. Proceedings of the IEEE,2020,(99):1-34.

[117] Glatt R, Silva F L D. DECAF: Deep Case-based Policy Inference for Knowledge Transfer in Reinforcement Learning[J].Expert Systems with Applications,2020, 156(15):113420.

[118] Elsayed M, Erol-Kantarci M. Transfer Reinforcement Learning for 5G-NR mm-Wave Networks[J].IEEE Transactions on Wireless Communications,2020,(99): 1-10.

[119] Tan B,Zhang Y,Pan S J.Distant domain transfer learning[C].Proceedings of the AAAI Conference on Artificial Intelligence,2017,31(1):2604-2610.

[120] Zhang W,Deng L,Wu D.Overcoming Negative Transfer:A Survey[J].Computer Vision and Pattern Recognition,2020.

[121] 陈艺璇,张孝顺,余涛.基于纳什均衡迁移学习的碳-能复合流自律优化[J].控制理论 与应用,2018,35(05):95-108.

[122] Cai L, Luo P, Zhou G. Multi perspective Light Field Reconstruction Method via Transfer Reinforcement Learning[J].Computational Intelligence and Neuroscience,2020, (3):1-14.

[123] Zuo H,Lu J,Zhang G.Fuzzy Transfer Learning Using an Infinite Gaussian Mixture Model and Active Learning[J].IEEE Transactions on Fuzzy Systems,2018,27(2): 291-303.

[124] Tirinzoni A, Sessa A. Importance weighted transfer of samples in reinforcement learning[C].In International Conference on Machine Learning,2018,4936-4945.

[125] Lian R, Tan H, Peng J. Cross-Type Transfer for Deep Reinforcement Learning Based Hybrid Electric Vehicle Energy Management [J]. IEEE Transactions on Vehicular Technology,2020,69(8):8367-8380.

[126] Tommasino P,Caligiore D.A Reinforcement Learning Architecture That Transfers Knowledge Between Skills When Solving Multiple Tasks[J].IEEE Transactions on Cognitive and Developmental Systems,2019,11(2):292-317.

[127] Vamvoudakis K G, Ferraz H. Model-free event-triggered control algorithm for continuous time linear systems with optimal performance[J].Automatica,2018,87: 412-420.

[128] Qiu J,Sun K,Wang T.Observer-based fuzzy adaptive event-triggered control for pure-feedback nonlinear systems with prescribed performance[J].IEEE Transactions on Fuzzy systems,2019,27(11):2152-2162.

[129] Peng C,Li F.A survey on recent advances in event-triggered communication and control[J].Information Sciences,2018,457:113-125.

［130］ Li Y X,Yang G H,Tong S.Fuzzy adaptive distributed event-triggered consensus control of uncertain nonlinear multiagent systems［J］.IEEE Transactions on Systems,Man,and Cybernetics:Systems,2018,49(9):1777-1786.

［131］ Ma L,Wang Z,Cai C.Dynamic Event-Triggered State Estimation for Discrete-Time Singularly Perturbed Systems With Distributed Time-Delays［J］.IEEE Transactions on Systems,Man,and Cybernetics:Systems,2018,99:1-11.

［132］ 张文旭,马磊,王晓东.基于事件驱动的多智能体强化学习研究［J］.智能系统学报,2017,12(1):82-87.

［133］ 徐鹏,谢广明,文家燕.事件驱动的强化学习多智能体编队控制［J］.智能系统学报,2019,14(1):97-102.

［134］ Guo X,Yan W,Cui R.Event-Triggered Reinforcement Learning-Based Adaptive Tracking Control for Completely Unknown Continuous-Time Nonlinear Systems［J］.IEEE Transactions on Cybernetics,2019,50(7):3231-3242.

［135］ X Lin,J Liu,Y Yu.Event-triggered reinforcement learning control for the quadrotor UAV with actuator saturation［J］.Neurocomputing,2020,415(20):135-145.

［136］ Zhang H,Feng M,Long K.Artificial Intelligence-Based Resource Allocation in Ultradense Networks:Applying Event-Triggered Q-Learning Algorithms［J］.IEEE Vehicular Technology Magazine,2019,14(4):56-63.

第 3 章

基于一致性的多机器人强化学习研究

3.1 引　　言

如何在分布式局部观测且带有不确定性的复杂环境中学习是多机器人强化学习的一个难点,因为强化学习的要素(如状态、回报)在局部观测情况下难以进行有效描述。同时,每一个独立机器人的学习行为都受其队友的影响,这样就很难保证全队收敛到一个最优策略。通信(协商)是解决局部观测的一个有效途径,通信可以在学习过程中使每个机器人共享其他队友的局部信息。但是,现实应用中机器人之间的通信会受到带宽、环境等诸多因素影响,需要很高的代价。同时,考虑所有被采集的局部观测信息都带有不确定性,而且观测区域也可能发生重合。在这种情况下,如果机器人团队仅简单地共享所有局部信息,重复的观测信息在交互过程中将生成大量冗余的状态-联合行动对,而观测的不确定性又使生成的状态-联合行动对也带有不确定性,增加了团队遍历 Q 值表的时间,降低了学习收敛速度。在这个问题中,状态-联合行动对的数量是直接影响学习收敛速度的重要因素。所以,如果可以大量减少多余的状态-联合动作对,就可以有效提高学习效率。

针对上述问题,本章在 DEC-POMDP 框架下研究多机器人强化学习问题,搭建带有观测局部性和不确定性的分布式学习环境,着重研究由于重复观测和信息交互带来的冗余策略问题。提出一种基于一致性协议的多机器人强化学习算法,旨在保证多个机器人在强化学习中策略协调,降低由于局部观测造成信息不确定度。当每一个机器人获得自身的观测后,利用一致性协议使所有成员维护相同的信念空间,剔除了重复观测生成的一部分策略,区别于现有算法多在大量策略生成后才进行处理,使团队避免遍历所有可能的状态-行动对,提高学习效率并减少计算资源的消耗。最后,对学习算法的收敛性进行了分析和论证,仿真实验验证了本算法可以使团队对分布式环境达成共识,减小了由于重复观测带来策略空间,并加快了学习速度。

3.2 基于一致性的 DEC-POMDP 强化学习框架

在实际问题中研究一个分布式多机器人系统,机器人之间如何交互是首要考虑的问题,其次有必要考虑由于感知能力有限引起的观测局部性和不确定性,这些因素给多机器人之间的学习带来了挑战。本节分析了局部观测和不确定性对强化学习过程的影响,为后面的章节做出铺垫。基于强化学习的四元素,在 DEC-POMDP 模型中搭建基于一致性的多机器人强化学习框架,最后讨论并设计了基于一致性的学习方案。

3.2.1 强化学习中的局部观测性和不确定性

考虑多机器人团队在分布式局部观测的环境中进行学习,首先,选用群体强化学习模式,虽然每个机器人的观测是局部的,但在选择状态–联合行动对时,需要每一个成员了解到全局环境;其次,为了保证每一个机器人学习到的策略都最利于团队,必须将机器人之间的交互关系纳入考虑。因此,在对多机器人学习算法进行设计前,需要对它们之间的交互关系、观测局部性、不确定性和局部通信对强化学习带来的影响进行分析。

(1)所有机器人在每一个学习步骤获得的都是全局信息的一个局部观测,所有局部观测的并集等于或小于全局观测。

(2)局部观测信息之间可能存在交集,即机器人之间可能存在重复的观测区域,而这个交集代表对同一目标的重复观测。

(3)机器人之间往往需要通过协商来协调行动,然而考虑通信带宽的限制,机器人可能无法将观测信息发送给全部队友。

(4)由于被采集到的局部观测信息带有不确定性,所以机器人之间的通信可能是不可靠的,不但没有达到共享信息的目的,反而给其他机器人的观测带来不确定性。

(5)机器人团队成员之间的协作体现在联合策略的制定上,而重复且不确定的局部观测可能带来多余或不正确的联合策略。

3.2.2 分布式多机器人强化学习模型

根据上一节的分析,基于多机器人强化学习的分布式、观测的局部性和不确定性特点,本章在 DEC-POMDP 模型下建立多机器人强化学习框架,其由一个 7 元组组成,即 $\langle I, S, \{A_i\}, P, \{\Omega_i\}, O, R \rangle$,其中 I 表示有限的机器人集合;S 表示一个有限的系统状态集合;$\{A_i\}$ 表示机器人 i 可采取的动作集合,$\vec{A} = \times_{i \in I} A_i$ 表示联合行动集;$P: S \times \vec{A} \times A \to [0, 1]$ 表示系统的转移;$\{\Omega_i\}$ 表示机器人 i 的观测集合;$O: S \times \vec{A} \times \vec{\Omega} \to [0, 1]$ 为观测函数,体现了每一个局部观测带有的不确定性;$R: S \times \vec{A} \to \mathfrak{R}$ 表示回报函数。需要注意的是,在传统的 DEC-POMDP 模型中还存在一个元素 $b^0 \in \Delta(S)$，表示初始状态分布，但是在本章算法研究强化学习过程中，当机器人团队对环境一致性达成时，整个系统被认为是具有马尔可夫性（见 3.4 节），所以强化学习过程不考虑状态分布的影响。

DEC-POMDPs 模型下的多机器人强化学习框架如图 3-1 所示，由图中可以看出，每一个机器人仅获得了全局环境中的部分信息，同时局部观测之间有重复的观测内容（阴影部分）。每一个机器人通过自身的独立行动影响局部环境，而所有机器人通过联合行动来影响全局环境。不同于现有的基于 DEC-POMDP 模型的强化学习算法，本章重点关注机器人之间由于重复观测信息生成的冗余策略，因为每一个机器人的感知精度存在差异，所以每一个机器人对同一个目标采集的信息是有区别的，甚至是相反的。

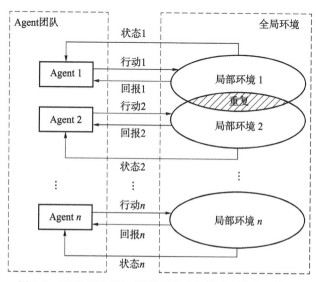

图 3-1　DEC-POMDPs 模型下的多机器人强化学习框架

一般情况下，机器人的强化学习与规划决策的基本思想都是来自 MDP 模型，但无论是在传统的 MDP 模型中，还是扩展至多机器人情况的 M-MDP 或 DEC-POMDP 模型中，解决强化学习问题和规划问题的方法是全然不同的，简单地说，规划问题是一次性任务，单个机器人或者机器人团队需要通过一次性的规划找出最优策略；而强化学习则是一个迭代的遍历试错过程，需要通过多次重复执行任务后才能学习到最优策略。因此，同样是基于 DEC-POMDP 进行建模，多机器人强化学习问题的难度，要低于多机器人规划问题的难度。

定义 3-1（模型的不确定性）：DEC-POMDP 模型的不确定性主要反映在状态 S 的转移上，且状态转移的数量由观测信息决定。

当系统在状态 s 下采纳联合策略 π，系统状态将由 s 转移到下一个状态 s'，即 $\pi(s', \vec{a}, s)$，其中 $\vec{a}$ 为状态 s 时的联合行动。由转移关系可知，不同的 $\vec{a}$ 将对应着不同的 s'，下一刻的状态 s' 数量可以认为是由 $\vec{a}$ 的数量决定。进一步地，$\vec{a}$ 又是由一个联合观测 $\vec{o} = (o_1 \cdots o_n)$ 来产生，因为机器人需要通过观测信息来制定行动，即 $\vec{a} \leftarrow \vec{o}$。另外，$\vec{a}$ 的数量还取决于 $\vec{o}$ 中存在的不确定因素，包含越低的不确定性和重复性的 $\vec{o}$ 将生成越少数量的 $\vec{a}$。因此，状态转移的数量可以认为是由观测信息决定。

定义 3-2(信念空间):信念空间表现的是机器人 i 在时刻 t 的一个数据结构。

强化学习中的信念空间可以由一个四元组组成 $\langle o_t^i, A, S, R \rangle$,它包含了构建一个 Q 值表所需要的全部信息,每一个机器人根据信念空间的内容独立制定策略。强化学习和规划问题中的信念空间有所不同,在规划问题中的信念空间往往还需要包含历史信息和状态分布。而强化学习的过程,所有系统和环境状态都被认为具有马尔可夫性,只关注上一时刻的状态和动作,所以无须考虑历史信息和状态分布。

3.2.3 多机器人强化学习一致性设计方案

在基于 DEC-POMDP 模型的强化学习中,当某一目标可以同时被多个机器人观测到时,因为机器人的感知精度存在差异和不确定性,所以它们对此目标采集的观测信息也存在区别。在这种情况下,机器人发送给队友的信息也将带有不确定性,也就是说,对同一目标,机器人团队会存在多个观测值,甚至是全然相反的。进一步讲,机器人每一个不同的观测信息都对应一个不同的策略,而考虑多个机器人组成的联合观测和联合行动时,不同的观测信息通过交互将产生大量可能的联合策略,增加机器人团队的遍历试错过程。所以,本章考虑通过一致性协议来研究 DEC-POMDP 强化学习模型,剔除由于重复的观测信息生成的部分策略。

举例说明,对应图 3-1 基于 DEC-POMDP 的学习框架,图 3-2 所示为三个机器人对环境的观测过程,它们分别拥有不同的局部观测范围。从图 3-3 左图可以看出,三个机器人的观测存在有重叠区域(阴影部分),如果每个机器人仅简单地将自身的观测发送至全队,重叠的区域可能带来冗余的信息,使学习过程中生成更多的状态-联合行动对。如图 3-3 右图所示,当机器人团队通过一致性协议交换信息后,三个机器人的重复观测区域虽然存在,但它们对重复区域的观测已达成一致,剔除了由于观测的局部性和不确定性生成的策略。

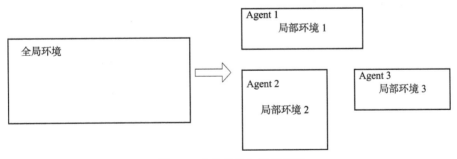

图 3-2　全局环境与局部观测

只有当团队中每一个机器人计算出的联合策略相同时,才能确保团队的协调一致。在 Q 值表中搜索状态-联合行动对时,如果存在至少两个机器人搜索出的状态-联合行动对是多余或不相同时,这种情况会认为当前状态下团队的联合策略是不一致的。比如在多机器人救火问题中,机器人甲希望机器人乙去扑灭火点 A,然而机器人乙却扑灭了火点 B。

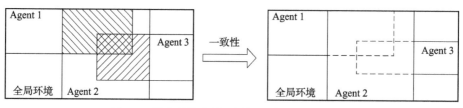

图 3-3　带重复的全局观测与一致性的全局观测

3.3　基于一致性的多机器人强化学习算法

学习速度缓慢是强化学习研究面临的首要难题,也是限制学习算法实际应用的瓶颈问题,其原因本质在于机器人团队需要遍历大量的可能策略,而在 DEC-POMDP 中研究强化学习,观测的局部性和不确定性更加剧了这个问题。本节提出一种基于一致性的多机器人强化学习算法(Multi-agent RL Consensus,MARL-CON),旨在保证每个成员的学习过程达成一致,减少由于重叠的局部观测生成的状态–联合行动对,提高团队的学习速度。

3.3.1　基于一致性的多机器人强化学习算法

局部观测是 DEC-POMDP 模型的主要特性之一,分享局部信息是求解该模型的有效途径。信息传播的本质是机器人针对观测信息的交互协商而最后涌现的一种协同现象[133],目的是令所有成员达成一个共同的交互目标。但是,DEC-POMDP 模型不确定性的存在,使得信息的交互过程也带有不确定性。为了减少不确定性对信息传播的影响,且提高成员对同一观测目标的一致性程度,本节首先引入一个观测的权重。

定义 3-3(观测的权重):观测的权重 $\beta_i(t)$ 表示机器人 i 在 t 时刻对自身观测的可信度判断,其是一个概率或概率分布。

观测的权重由当前学习步的观测环境决定,表示此刻机器人对观测信息的自我判断。当机器人之间存在重复的观测区域时,观测信息的重叠交互会影响机器人的策略选择。假设传感器的感知精度会随着距离的增大而下降,对于同一个观测目标,当低精度传感器更靠近观测目标时,来自它的观测信息可能会比高精度传感器采集的更准确。在这种情况下,低精度传感器的观测权重需要高于高精度传感器的。另外,由于不确定性的存在,观测可能存在错误的信息,观测的权重有助于在建立 Q 值表前,忽略错误或概率小的状态–行动对。比如说,高精度传感器因为与观测目标距离较远,因而获得了一个可信度较低的信息,此时该信息对应的策略可以被忽略。

考虑一个多机器人系统,假设在时刻 t 机器人 i 存在 N_i 个邻居机器人,其局部信息为 $p_i(t)$,$0 < \beta_i(t) < 1$ 为机器人 i 自身的观测权重。机器人 i 与其邻居机器人的离散一致性协议如下:

$$p_i(t+1) = p_i(t) + \sum_{v_j \in N_i} (\mu_{ij}) \cdot [p_j(t) - p_i(t)] \tag{3-1}$$

式中,$p_j(t)$ 为相邻的机器人 j 在 $t \in T$ 时刻的观测信息;$\mu_{ij} = a_{ij} + (\beta_i(t) - \beta_j(t))$,$0 \leqslant \mu_{ij} \leqslant 1$ 为可信度权重,a_{ij} 为机器人 i 对 j 通信权重,其取决于通信的信噪比;$\beta_i(t) - \beta_j(t)$ 表示对同一个观测目标的观测权重差值,a_{ij} 的值被这个差值所改善,且

$$
\begin{cases}
\mu_{ij} = 1, & [a_{ij} + (\beta_i(t) - \beta_j(t))] \geqslant 1 \\
\mu_{ij} = 0, & [a_{ij} + (\beta_i(t) - \beta_j(t))] \leqslant 0
\end{cases} \tag{3-2}
$$

当所有机器人的局部信息趋于相等时,即 $\| p_i - p_j \| \to 0, \forall i \neq j$,即对监测的环境或目标达成一致。观测权重差值可以对离散一致性算法中 a_{ij} 的值进行更新,但不影响收敛条件,离散一致性算法中的理论可以完全适用,收敛性证明与文献[1]相似。

当 DEC-POMDP 模型中的观测达成一致性后,第一,对于重叠的观测目标,达成共识意味着每一个机器人的状态空间包含的观测信息相同;第二,根据机器人观测的权重,一些错误或小概率的状态-联合动作对 $(s, \vec{a})$ 不被生成,因此在 $(s, \vec{a})$ 被遍历之前,Q 值表已经得到了简化。

决策树是表现强化学习中状态转移的一种方式,两种通信方式下的状态转移决策树示意图如图 3-4 和图 3-5 所示,其中假设每个机器人都有多个观测目标,树根和树枝分别表示状态和观测。图 3-4 所示为目前多数基于 DEC-POMDP 的强化学习算法,机器人间主要依靠广播式进行信息传播,这种方式下重复的观测可能会在每个学习步都将生成大量的 $(s, \vec{a})$,同时不确定性又增加了状态转移的数量;图 3-5 表示本章提出的算法,可以看出在团队达成一致性后,一部分树根和树枝将不生成(虚线表示),因此减少需要考虑的 $(s, \vec{a})$ 数量。

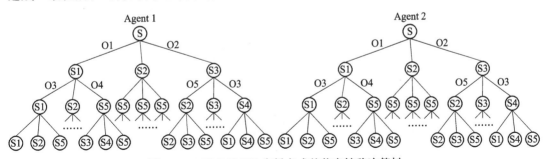

图 3-4 DEC-POMDP 广播方式的状态转移决策树

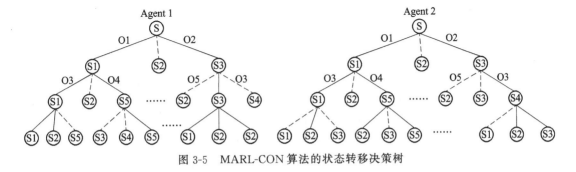

图 3-5 MARL-CON 算法的状态转移决策树

接下来,对算法的回报函数进行分析,单机器人在执行一个行动后立刻得到一个回报函数,通常这个行动的结果由环境直接给出。但是,多机器人获得回报函数的过程要复杂很

多,正如文献[2]指出了在基于 DEC-POMDP 模型的强化学习中,回报函数的获得对于分布式多机器人是一个难点,因为分布式环境中难以定义每一个机器人何时和怎样获取回报。比如文献[3]所提出的学习算法需要提前假设多机器人可以直接获得全部回报。在本章中,算法设定联合行动的结果不由环境直接给出,而是需要机器人在每一次行动结束后通过观测获得,比如说,在多机器人救火问题中,起火点存在两种结果,火被扑灭或者燃烧物被烧尽,但因为局部观测的关系,不是所有机器人都能观测到这个结果。所以,当有机器人观测到这个结果后,通过 Gossip 通信发布到全队,其他机器人收到信息后相应地更新信念空间。对于回报值函数,算法不考虑观测存在的不确定性,即只要能观测到结果,就一定是正确的,因为如果考虑一个联合行动的回报函数存在不确定性,那么就无法确保正确地更新 Q 值表。假设机器人 i 的邻居状态为

$$a_i(t+1)=\delta a_j(t)+(1-\delta)a_i(t),\{j\in N_i\} \tag{3-3}$$

式中,δ 为一个相邻机器人观测可信度系数,即

$$\begin{cases} \delta=1, & 相邻智能体可以观测到结果 \\ \delta=0, & 相邻智能体无法观测到结果 \end{cases} \tag{3-4}$$

Gossip 通信可以保证结果发送到全队并收敛到一致性状态[4,5],其中不考虑传统 Gossip 算法概率性地选择邻居机器人进行通信。因此,每一个机器人的信念空间都拥有相同的信息。MARL-CON 算法流程如图 3-6 所示。

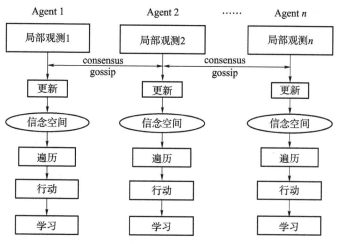

图 3-6 MARL-CON 算法流程

进一步地,对 DEC-POMDP 模型通信后的信息进行分析。机器人在 DEC-POMDP 中并不能直接得到完整的状态,而是状态的一个局部观测,这个观测不能直接等同于当前的状态,仅在一定程度上能反映出这个状态,同时还需要考虑到观察本身带有的不确定性。对于传统的协商方式,每一个机器人在通信后获得都是不相同或重复的局部信息,由此制定出的联合策略可能包含大量冗余的策略,只能通过多次试错的方式来找到最优策略。

当机器人通过广播分享自身的信息后,有学者认为此时 DEC-POMDP 已经退化到 M-MDP 模型,即每一个机器人都能独立地计算出一个相同的联合解,并执行解里包含的自身行动。但是,此时的联合解是存在误导的,因为可能不只存在一个联合解,或者是带有歧义

的联合解,所以更准确地说,广播式通信只能让 DEC-POMDP 问题退化为多机器人 POMDP (Multi-agent POMDP,M-POMDP)模型[137]。M-POMDP 和 DEC-POMDP 的区别在于机器人是否得到了完整的信息,M-POMDP 中的观测信息仍然是带有不确定性的。比如说,上一章提到的在多机器人珍宝–老虎问题中,两个机器人虽然利用广播式通信让对方了解自己的监听结果,但双方的监听结果可能是不相同的,因此结果是给每一个机器人带来更多的局部信息,使得单个行动存在歧义。而对于 MARL-CON 算法,当一致性状态达到时,每一个机器人对相同目标只有一个达成共识观测信息,不存在多余的观测,而对于整个环境相当于获得了全局观测。机器人此时的状态空间为$\langle I,S,\{A_i\},P,R\rangle$,即 DEC-POMDP 相当于被简化为 M-MDP,每个机器人的单个动作可以无歧义地确定一个联合策略,无歧义是指每一个机器人在状态 S 下找到一个的相同联合策略 $\bar{\pi}$,即

$$V(\bar{\pi},s)=E\left[\sum_{t=0}^{T-1}R(s^t,\vec{a}^t)\mid s\right] \tag{3-5}$$

式中,$R(s,\vec{a})$ 为回报函数,$\vec{a}$ 为联合策略下的联合行动,根据动态规划理论(Dynamic Programming theory,DP)[6],必然存在至少一个策略 π^* 满足

$$V^*(s_t)=V^{\pi^*}(s_t)=\max_{\vec{a}}\{R_t(s,\vec{a})+\gamma V^{\pi^*}(s_t)\} \tag{3-6}$$

用 Q^* 值表示 V^* 有

$$Q(s_t,\vec{a})=E\{R_t(s_t,\vec{a})+\gamma V(s_{t+1})\} \tag{3-7}$$

Q-学习的更新策略为

$$Q_t(s_t,\vec{a})=(1-\alpha)Q_{t-1}(s_t,\vec{a})+\alpha[R_t(s_t,\vec{a})+V(s_{t+1})] \tag{3-8}$$

式中:

$$V(s_{t+1})=\max_{\vec{a}}\{Q_{t-1}(s_{t+1},\vec{a})\} \tag{3-9}$$

策略选择规则为

$$\pi(s_t)=\begin{cases}\arg\max_{a_t}[Q_t(s_t,\vec{a}_t)], & 0<q<1 \\ \max_{a_t}[\vec{o}], & 0<p<1 \\ a_{\text{random}}, & \text{其他}\end{cases} \tag{3-10}$$

式(3-10)表示机器人团队在策略选择时将根据最大 Q 值、根据观测信息和随机三种方式进行选择。

综上所述,目前多数基于 DEC-POMDP 的在线求解方法均采用广播通信,尽管广播方式可以保证局部信息的分享,但每一个机器人得到的信息可能是不精确或多余的,尤其在有重叠的观测情况下。举例说明,假设被监测区域有 n 个机器人和 m 个监测目标,由于局部观测性,每一个机器人可以同时监测 $k(k\leqslant m)$ 个目标,其中 $k=k_1+k_2$,k_1 表示被机器人独立观测到的目标,k_2 表示与其他机器人共同监测的目标。在广播方式中,每一个学习步骤中每一个机器人将获得$(k_1+k_2)+(n-1)\times(k_1+k_2)$个观测信息,当参与的机器人数量或监测目标较多时,观测信息的数量也随之增大;进一步地,如果重复的监测目标 k_2 较多,那么这些观测信息中将含有大量的重复信息,总监测目标数量可能已经远大于被监测的目标数 m,而又将按排列组合方式生成大量的联合观测。

对于 MARL-CON 算法,所有机器人不仅是单纯的获得全局信息,而且对所有观测目标达成共识。在上述例子中,所有机器人在遍历状态–行动对前,已经对 m 个监测目标达成共

识，每一个机器人只有$(k_1+k_2)+(n-1)\times k_1$个观测信息，不再包含重复的信息，保证了每个成员计算出的联合策略相同。

3.3.2 基于一致性的策略化简

多机器人强化学习的 Q 值表也可以被表示为一个 lookup 表（见 3.4 节）。在查表过程中，每一个机器人需要遍历所有的状态-联合行动对$(s,\vec{a})$，但不是所有的$(s,\vec{a})$都是有意义的，不精确的观测可能带来错误的$(s,\vec{a})$。在前面的章节里定义了观测的权重$\beta_i(t)$，机器人 i 在 t 时刻的观测信息为$(o_i(t),\beta_i(t))$，同时观测的权重$\beta_i(t)$利用 Gossip 方式发送到全队。假设所有机器人都能观测到一个相同的目标，其联合观测为$\vec{o}=(o_1,o_2,\cdots,o_i)$，定义$O^c$ 是达成共识后的观测信息，其可信度权重为$\beta^c=\left(\displaystyle\sum_{i=1}^{n}\beta_i\right)/n$。当 β^c 低于设定的阈值 C 时，认为此时的 $\vec{o}$ 是不正确的，而其相对应的$(s,\vec{a})$也是无意义的，在 Q 值表中将不生成这个$(s,\vec{a})$。学习算法伪代码如算法 3-1 所示。

算法 3-1 基于一致性的多机器人强化学习算法

---

input:$a,\varepsilon,\gamma,a_{ij},\beta,r,C$

1: initialise $Q_t(s,a)$

   for each agent $i\in I$

2: **repeat**

   for each episode

3:    initialise S_t

4:    **repeat**

      for each step

5:      receives the local observation from environment o_t^i

6:      receives a weight coefficient of observation β_t^i

      repeat update joint belief space

7:      $o^c\leftarrow o_t^i$ by consensus

8:      r,β_t^i by gossip

9:      get average probability $\beta^c\leftarrow\beta_t^i$

10:     unify observation o^t

      until no improvement of observation

11:     an action from strategy $a_t^i\leftarrow\pi(\vec{a})$

12:     the joint action $\vec{a}_t=(a_i,\cdots a_n)$

13:     the joint action with weight coefficient $\vec{a}_t\leftarrow\beta^c$

14:     delete the false or small probability strategies

15:     $Q_t\leftarrow(s,\vec{a}_t)$

16:     $S_{t+1}\leftarrow S_t$

17:    **until** S_t is terminal

18: **until** stopping criterion is reached

3.4 收敛性分析

多机器人强化学习问题的收敛性指联合策略能否最终收敛到一个最优的学习策略。收敛性是多机器人强化学习的一个需要考虑的问题,因为 DEC-POMDP 模型下的强化学习不同于传统的强化学习,每一个机器人的学习行为都受其他机器人的影响,整个状态是不稳定的,因此也就无法保证和单机器人强化学习一样的收敛性。比如文献[7]讨论了在一个多机器人全合作模型中,每一个独立的学习机器人利用 Q-学习算法可以收敛到局部最优;文献[8-10]也研究了多机器人学习过程中每一个独立学习机器人的收敛问题。另外,一些学者利用联合学习(coupled)的概念研究了多机器人学习算法的收敛性,比如文献[11]基于一个联合行动空间,证明了多机器人 Q-学习可以收敛到最优策略。但是,上述收敛性研究必须假设在所有状态都可被每一个机器人获得的前提下。目前带有不确定性且仅有局部观测的多机器人强化学习收敛性尚未有学者讨论。基于前人的工作,本节讨论所提算法的收敛性。

(1) 多智能一致性协议可以保证所有机器人的局部信息收敛到一致[12]。如算法 3-1 所示,每一个机器人通过一致性通信分享自身观测信息到全队,然后利用达成一致后的信息更新自己的信念空间。在这种情况下,一致性协议保证了每个机器人制定的策略都是统一的。

(2) 强化学习算法的研究对象是一个状态和行为空间都离散的过程,状态的值函数可以利用表格的形式存储并进行迭代计算。在多机器人的 Q-学习中,Q 值被表示为一个状态-联合行动对 $(s, \vec{a})$ 对应的表格,联合行动 $\vec{a}$ 由每一个单机器人的行动组成,即 $\vec{a} = (a_1, a_2, \cdots, a_i)$,因此状态-联合行动对可以表示为 $(s, \vec{a}) = (s, (a_1, a_2, \cdots, a_i))$,与单机器人建立的 lookup 表类似,多机器人的状态-联合行动对同样可以用 lookup 表存储并表示,团队也可以无限次地对包含 $(s, \vec{a})$ 的 lookup 表进行遍历。

(3) 当现在的状态只取决于上一时刻的状态和动作时,认为此时的系统是一个马尔可夫过程。在多个机器人参与学习时,状态的转移由所有成员共同决定,当其他成员的策略未知时,机器人的转移函数就带有了不确定性,此时的系统具有非马尔可夫性。对于 MARL-CON 算法,机器人团队在一致性状态达成时,所有成员掌握着相同的观测信息,相当于每一个机器人都了解到其他成员可能采取的策略,DEC-POMDP 模型被简化为 M-MDP 模型,此时系统的下一刻状态可以完全由当前的状态和动作决定,因此可以被认为是一个马尔可夫过程。

定理 3-1 在基于 DEC-POMDP 模型的多机器人强化学习问题中,有 n 个机器人参与强化学习过程,团队采取一致性协议得到的联合策略为 π,此时团队可以被看作一个确定性 MDP 问题进行考虑。假设机器人存在有限的状态集合和行动集合,对任意的联合策略 $(s, \vec{a})$,存在有界的回报函数 $\exists r \in R$,且 $r_{min} \leqslant r(s, \vec{a}) \leqslant rr_{max}$,折扣因子 $0 \leqslant \gamma < 1$,对机器人团队而言,Q-学习更新规则为

$$Q(s, \vec{a}) = r_t(s, \vec{a}) + \gamma \max Q(s_{t+1}, \vec{a}) \tag{3-11}$$

当所有状态-联合行动对保证可以无限次遍历时,对所有 $s \in S$,Q 以概率 1 收敛到 Q^*。

证明:类似于文献[13]的证明过程,由于所有的状态-联合行动对可以保证无限次被访问,所以每一个状态-联合行动对的转化至少发生一次,令 $Q_n(s,\vec{a})$ 为机器人团队在第 n 次更新后 Q 值表的任意项,假设 ΔQ_n 表示 Q_n 和最优值 Q^* 之间的最大差值,即

$$\Delta Q_n = \max_{s,\vec{a}} |Q_n(s,\vec{a}) - Q^*(s,\vec{a})| \tag{3-12}$$

当团队在状态 S' 时,第 $n+1$ 次更新 $Q_n(s,\vec{a})$ 的值后,其与最优 Q^* 之间的最大差值为

$$|Q_{n+1}(s,\vec{a}) - Q^*(s,\vec{a})| = |(r + \gamma \max Q_n(s',\vec{a})) - (r + \gamma \max Q^*(s',\vec{a}))|$$
$$= \gamma |\max Q_n(s',\vec{a}) - \max Q^*(s',\vec{a})| \tag{3-13}$$

根据 Lipschitz 条件可得

$$|Q_{n+1}(s,\vec{a}) - Q^*(s,\vec{a})| \leqslant \gamma \max |Q_n(s',\vec{a}) - \max Q^*(s',\vec{a})| \tag{3-14}$$

此时在式(3-14)中考虑一个状态 s'',表示团队此状态下可体现出最大化的 Q 值,状态 s'' 遵循了 Q 值在学习过程中永远不会下降的特性,即

$$(\forall s,a,n)Q_{n+1}(s,a) \geqslant Q_n(s,a) \tag{3-15}$$

于是可得到以 ΔQ_n 表示误差的表达式

$$|Q_{n+1}(s,\vec{a}) - Q^*(s,\vec{a})| \leqslant \gamma \max |Q_n(s'',\vec{a}) - \max Q^*(s'',\vec{a})| \leqslant \gamma \Delta Q_n \tag{3-16}$$

由式(3-16)可以看出,第 $n+1$ 次更新后的误差是第 n 次的 γ 倍,因为已经假设了回报函数是有界的,所以对所有的状态 s,任意 $Q(s,\vec{a})$ 与最优 Q 值的误差也是有界的,假设第一次更新后的误差为 ΔQ_0。以此类推,当机器人团队在第 k 次更新后,误差最大为 $\gamma^k \Delta Q_0$,因此当机器人团队无限次遍历所有状态-联合行动对时有,$k \to 0$,$\gamma^k \Delta Q_0 \to 0$,意味着 Q 可以以概率 1 收敛到 Q^*,证毕。

3.5 仿真实验

本节基于 DEC-POMDP 模型中研究一个多机器人救火问题,该问题是对多机器人老虎问题的扩展。实验描述如下,如图 3-7 所示,六个机器人被散布在一个 15×15 的格子世界中,每个格子的长宽为一个单位。五个易燃火点分布在世界中,当实验开始后,其中有一个火点将开始燃烧,其余火点为疑似起火点,五个火点往复依次燃烧,即共起火 10 次,火势大小由一个 $200 \sim 300$ 随机数表示。机器人团队的任务是,通过对环境的监测,发现起火点并共同将其扑灭。假设每一个火点需要团队共同行动才能扑灭,团队在做出正确联合行动策略后火势直接被扑灭,不考虑机器人的灭火过程;只有在一次实验中所有火点都被扑灭,团队任务才算成功,如果有火点没被扑灭则认为此次任务失败。当机器人团队采用一个正确的联合行动时获得最大回报值 100,其余联合行动获得回报值 -50。

机器人通过局部感知来观测起火点,因为观测不确定性的存在,假设每一个机器人观测正确概率为 0.7,而当机器人不能正确观测时,其观测值为一个大小在 $0 \sim 300$ 间的随机生成数,且此时的观测可信度为一个大小在 $0 \sim 0.3$ 间的随机生成数。其次,考虑传感器的感知精度受限,其随着与火点的距离增大而下降,即机器人的观测可信度,假设初始可信度值为 99%,机器人与起火点之间的欧氏距离每增大一个单位,可信度下降 9%,同时意味着机器人

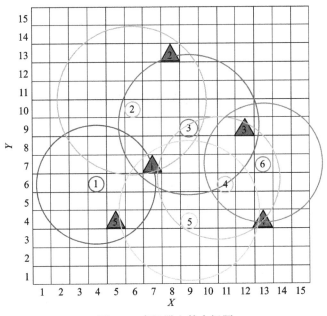

图 3-7 多机器人救火问题

的观测值也将随着距离的增大而下降,可信度阈值 C 取 0.4。另外,每个机器人感知范围不同,如图 3-7 中圆面积所示,因此每一个机器人只能观测到个别火点,并且机器人之间对同一起火点存在重复观测。定义学习率为 0.2,折扣因子为 0.3,每一学习步中随机探索率为 0.1,以观测值大小选择策略的概率为 0.4,团队在每一幕实验中学习 100 次。机器人每次监测区域需要消耗 5 点能量,观测信息包括火点的火势信息与回报信息,每发送一次信息消耗 1 点能量,能量的消耗与发送距离成正比,即能量乘以通信欧式距离,接收信息不消耗能量,通信的延迟情况不作考虑。一致性通信拓扑如图 3-8 所示,相邻机器人之间可以通信,且通信拓扑不变。

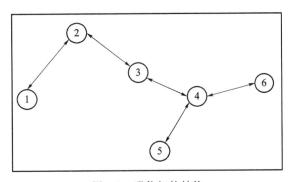

图 3-8 通信拓扑结构

本算法与文献[14,15]提出的 DEC-POMDP-COMM 算法、文献[15]提出的 ND-POMDP 算法,以及文献[16]提出的通信受限的多机器人在线算法(MAOP-COMM)三种算法结合强化学习进行对比。DEC-POMDP-COMM 算法中所有机器人之间采用广播式通信,每一个机器人将自身的观测广播到全队;ND-POMDP 算法中相邻机器人之间进行广播式通信;MAOP-COMM 算法中的所有机器人之间使用广播进行信息传播,但定义团队在一些时刻通信受限,即在这些时刻机器人无法广播信息,只能利用自身观测的局部观测去学习,实验中设定通信受限概率为 0.1。

首先从观测信息的传播方式比较,记录某一次实验数据,火点一起火,火势大小随机值为 277。由图 3-7 中可以看出,除去机器人 6,其余五个机器人都可以观测到火点一。图 3-9、图 3-10 和图 3-11 表现了三种通信方式下团队对于火点一的观测信息获取速度对比,图中纵坐标表示机器人的观测信息值,横坐标表示通信次数。可以看出,DEC-POMDP-COMM 算法中团队在一次通信后即获得火点一的信息;而 ND-POMDP 算法中,需要四次通信。因为是广播式通信方式,所以图 3-9 和图 3-11 中显示的各线条之间存在压盖的情况,且团队获得全局信息后就不再通信;MAOP-COMM 算法中此次通信为受限状态,所以每一个机器人在观测后无法进行通信,仅有自身局部观测信息,所以图 3-10 中以虚线表示各个观测值无法传播。

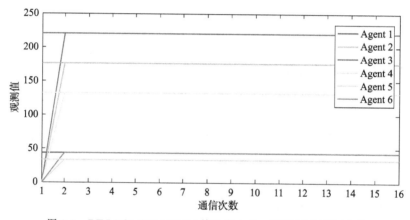

图 3-9 DEC-POMDP COMM 算法中火点一观测信息获取过程

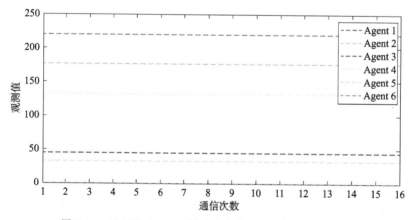

图 3-10 MAOP-COMM 算法中火点一观测信息获取过程

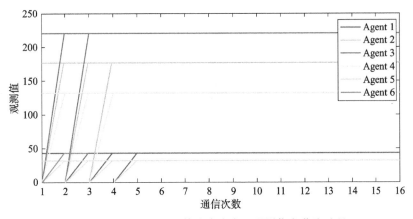

图 3-11 ND-POMDP 算法中火点一观测信息获取过程

图 3-12 说明在 ND-POMDP 和 DEC-POMDP COMM 算法中,每一个机器人在通信结束后,对于火点一的信息掌握情况,其中纵轴表示火势值大小,横轴表示六个机器人,柱形图中每一种颜色块对应一个观测值,比如绿色柱形图表示二号机器人采集的观测值,而每一个机器人都有六个柱形图,表示每一个机器人获得了由其他机器人采集的六个观测数据(六号机器人观测数据为 0)。可以看出,在以上两种算法中,机器人虽然将自己的局部信息分享到全队,但是火点一可以同时被五个机器人观测到,由于感知距离不同以及观测带有不确定性,所以五个机器人对火点一的观测信息是有差异的,在这种情况下,其实每个机器人对于火点一将获得了五个观测信息。图 3-13 所示为 MAOP-COMM 算法中机器人团队对火点一的信息掌握情况,由于此次通信受限,所以每个机器人获得的仅是自身的局部观测信息。

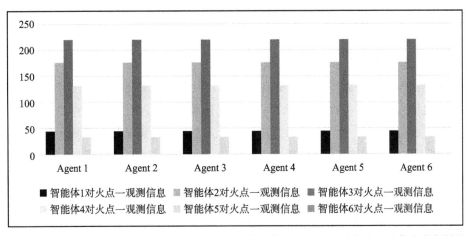

图 3-12 DEC-POMDP COMM 和 ND-POMDP 算法中机器人团队对火点一的信息掌握情况

图 3-14 所示为 MARL-CON 算法中机器人团队对火点一的观测信息获取速度情况,其中纵轴表示火势值大小,横轴表示通信次数。可以看出,在六次通信后,团队的观测值将逐渐收敛到一个基本稳定的值,即六个机器人对火点一的火势大小达成共识。

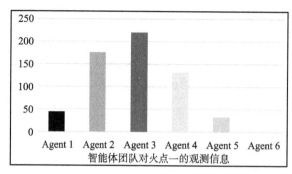

图 3-13　MAOP-COMM 算法中机器人团队对火点一的信息掌握情况

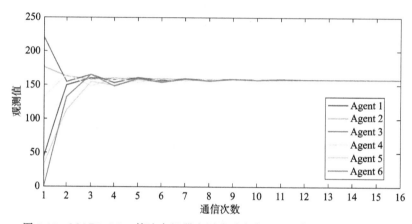

图 3-14　MARL-CON 算法中机器人团队对火点一观测信息获取速度情况

图 3-15 所示为此时 MARL-CON 算法中机器人团队对火点一的观测获取情况,其中纵轴表示火势值大小,横轴表示六个机器人,可以看出,每一个机器人对火点一的观测信息只有一个,且所有机器人都相同。与图 3-12 对比可以看出,DEC-POMDP COMM 和 ND-POMDP 算法在通信后,每一个机器人都有多个不一致观测值,MARL-CON 算法明显减少了因为局部观测和不确定性带来的重叠观测信息;与图 3-13 对比可以看出,MAOP-COMM 算法中五个机器人对火点一都有一个不一致的观测值,而 MARL-CON 算法只存在一个相同的观测值。类似地,在一个学习幕中,其余几个火点的观测情况与上述四种算法获取过程相同,当机器人完成对环境观测后,通过通信获得全局信息(或通信受限后),机器人更新状态空间,并根据策略选择规则寻找状态-联合行动对。

观测的权重表示机器人对自身观测的可信度判断,是对传统一致性通信方式中通信权重的改进,仿真实验中权重大小与机器人到起火点的欧式距离成反比。图 3-16 体现了观测权重对一致性程度的影响,对比图 3-14 可以看出,观测权重的加入提高了机器人团队对火点一的火势大小的一致程度,是其更接近与真实值。

其次,考虑到实际问题中机器人所携带的电池电量有限这个特性,越少的能量消耗意味着机器人可以延续更长的工作时间。实验对比了 DEC-POMDP COMM、MAOP-COMM、

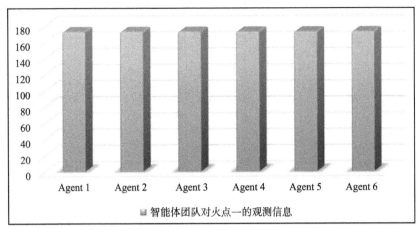

图 3-15　MARL-CON 算法中机器人团队对火点一的观测获取情况

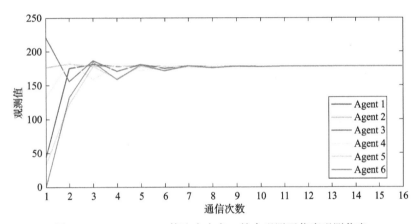

图 3-16　MARL-CON 算法中火点一结合观测可信度观测信息

ND-POMDP 和 MARL-CON 四种算法的能量消耗,其分为观测消耗和通信消耗两部分。图 3-17 对比了四种算法的消耗情况,可以看出 DEC-POMDP COMM 算法消耗最大,因为该算法本质是面向全队的广播式通信,每个机器人都将局部信息发送给所有队友,且距离越远的通信需要消耗更多能量;MAOP-COMM 算法消耗次之,该算法由于通信受限的缘故减少了通信次数,但其在通信时仍采用广播方式;MARL-CON 算法的消耗略高于 ND-POMDP 算法,因为 MARL-CON 算法在达到一致性过程中机器人之间需要相互交换数次数据,而 ND-POMDP 算法则是将自身观测广播给邻居机器人。

最后,对多机器人强化学习效果进行比较,将 DEC-POMDP COMM、MAOP-COMM 与 ND-POMDP 算法结合强化学习方法。图 3-18 比较四种算法的灭火成功率,可以看出随着学习幕数的增加,四种算法最终都趋于基本相同的成功率(每 20 个学习幕采样一次),因为四种算法都利用通信使所有成员获得了全局信息。但是,四种算法在学习速度上有明显区别,MARL-CON 算法的收敛速度较快,而使用广播式通信的 DEC-POMDP COMM 和 ND-POMDP 算法速度类似且较慢,MAOP-COMM 算法收敛速度最慢。在 DEC-POMDP

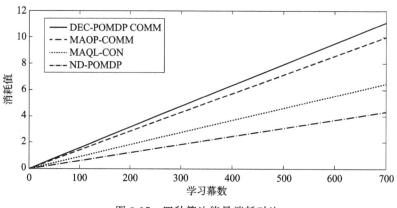

图 3-17　四种算法能量消耗对比

COMM 与 ND-POMDP 算法局部或全局的广播式通信中,重复和不确定的观测信息将生成大量的联合观测信息,增加了团队的遍历过程;MAOP-COMM 算法存在通信受限的情况,在一些学习步中,智能只能依靠自身的局部观测来计算一个联合策略,这种情况下要保证团队的协作是很困难的,所以该算法收敛速度最慢;MARL-CON 算法令团队对全局环境达成共识,剔除了重复观测生成的一部分策略,使团队得到更快的学习速度。表 3-1 比较了上述几种算法分别在 50、100、300 和 500 个学习幕中的 Q 值遍历次数情况,可以看出 MARL-CON 算法较其他几种算法减少了一定的策略遍历次数,节约了计算资源。

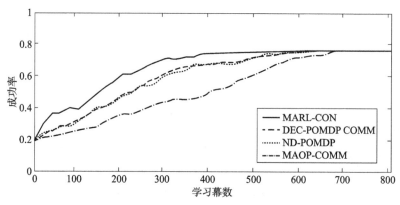

图 3-18　四种算法成功概率对比

表 3-1　多机器人学习策略遍历次数

幕数	DEC-POMDP-COMM	MAOP-COMM	ND-POMDP	MARL-CON
50	$\approx 2^{30.32}$	$\approx 2^{30.36}$	$\approx 2^{30.41}$	$\approx 2^{25.26}$
100	$\approx 2^{31.41}$	$\approx 2^{31.42}$	$\approx 2^{31.54}$	$\approx 2^{26.11}$
300	$\approx 2^{33.71}$	$\approx 2^{32.90}$	$\approx 2^{33.12}$	$\approx 2^{27.78}$
500	$\approx 2^{33.93}$	$\approx 2^{33.72}$	$\approx 2^{33.73}$	$\approx 2^{28.01}$

3.6 本章小结

本章在 DEC-POMDP 框架下研究多机器人强化学习问题,搭建一个带有观测局部性和不确定性的分布式学习环境,着重研究了由于重复观测信息交互带来的冗余策略。提出一种基于一致性协议的多机器人强化学习算法,旨在保证多个机器人在强化学习中策略协调,降低由于局部观测造成信息的不确定度。当每一个机器人获得自身的观测信息后,利用一致性协议使所有机器人维护相同的信念空间,剔除了重复观测生成的一部分策略,区别于现有算法多在大量策略生成后才进行处理,使团队避免遍历所有可能的状态-行动对,提高学习效率并减少计算资源的消耗。最后,对学习算法的收敛性进行了分析和论证。仿真实验表明,团队对分布式环境达成了共识,减小了由于重复观测带来的策略空间,同时加快了学习速度。进一步研究将基于所提算法,分析其通信复杂度、优化和设计一致性收敛条件下策略空间的化简和搜索方法等。进一步工作主要包括:第一,研究一致性协议下基于 DEC-POMDP 的多智能体强化学习问题;第二,分析算法通信复杂度、优化和设计一致性收敛条件下策略空间的化简和搜索方法。

本章参考文献

[1] Olfati-Saber R,Murray R M. Consensus problems in networks of agents with switching topology and time-delays[J]. IEEE Transactions on automatic control, 2004,49(9):1520-1533.

[2] Oliehoek F A,Amato C. The Decentralized POMDP Framework[M]//A Concise Introduction to Decentralized POMDPs. Springer International Publishing,2016: 11-32.

[3] Peshkin L,Kim K E.Learning to cooperate via policy search[C]//Proceedings of the Sixteenth conference on Uncertainty in artificial intelligence. Morgan Kaufmann Publishers Inc,2000:489-496.

[4] Aysal T C,Yildiz M E,Sarwate A D,et al.Broadcast gossip algorithms for consensus [J].IEEE Transactions on Signal Processing,2009,57(7):2748-2761.

[5] Moallemi C C,Van Roy B. Consensus propagation[J]. Information Theory,IEEE Transactions on,2006,52(11):4753-4766.

[6] Bellman R. The theory of dynamic programming[J]. Bulletin of the American Mathematical Society,1954,60(6):503-515.

[7] Claus C,Boutilier C. The dynamics of reinforcement learning in cooperative multiagent systems[C]. Proceedings of the National Conference on Artificial Intelligence,1998:746-752.

［8］ Tuyls K，Hoen P J T，Vanschoenwinkel B. An evolutionary dynamical analysis of multi-agent learning in iterated games［J］. Autonomous Agents and Multi-Agent Systems，2006，12（1）：115-153.

［9］ Kaisers M，Tuyls K. Frequency adjusted multi-agent Q-learning［C］//International Conference on Autonomous Agents and Multiagent Systems，2010：309-316.

［10］ Wunder M，Littman M L. Classes of multiagent q-learning dynamics with epsilon-greedy exploration［C］//Proceedings of the 27th International Conference on Machine Learning，2010：1167-1174.

［11］ Vlassis N. A concise introduction to multiagent systems and distributed artificial intelligence［J］.Synthesis Lectures on Artificial Intelligence and Machine Learning，2007，1（1）：1-71.

［12］ Cao Y，Yu W，Ren W，et al.An overview of recent progress in the study of distributed multi-agent coordination［J］.IEEE Transactions on Industrial informatics，2013，9（1）：427-438.

［13］ Mitchell T M.Machine learning［M］.McGraw-Hill，Maidenhead，U.K.，International Student Edition，1997.

［14］ Goldman C V，Zilberstein S.Optimizing information exchange in cooperative multi-agent systems［C］//Proceedings of the second international joint conference on Autonomous agents and multiagent systems.ACM，2003：137-144.

［15］ Zhang C，Lesser V R. Coordinated Multi-Agent Reinforcement Learning in Networked Distributed POMDPs［C］//Proceedings of the 25th AAAI Conference on Artificial Intelligence and the 23rd Innovative Applications of Artificial Intelligence Conference.2011：764-770.

［16］ Wu F，Zilberstein S，Chen X.Online planning for multi-agent systems with bounded communication［J］.Artificial Intelligence，2011，175（2）：487-511.

第 4 章

基于事件驱动的多机器人强化学习研究

4.1 引　言

　　分布式强化学习虽然可以保证团队最终学习到一个最优策略,但一个必要前提是机器人需要无限次地遍历 Q 值表,这必将消耗大量计算资源;同时,为了获得全局信息,团队需要在每一个学习步中进行通信,占用了一定的网络资源。于是,有这样的思考,是否团队在每一个学习步都有必要进行策略搜索与通信?对多机器人强化学习而言,从系统分析和设计的角度看,周期性的通信与策略遍历是最有效的方法,但从网络资源利用的角度看,周期性的方式有时就不再适合。假设在没有任何扰动或较小扰动施于学习系统的情况下,系统可以在较理想的状况下运行,如果还是周期性地执行通信与遍历,明显浪费了通信和计算资源。计算资源的消耗与能量的消耗成正比,越大的计算量意味着消耗更多的能量。例如,在机器人所搭载电量有限的情况下,更多的计算量将减少机器人的工作时间。同时,周期性的通信势必又增加了网络传输负载,浪费了一定的通信资源。因此,如果能减少多机器人遍历 Q 值表和通信的次数,那么将有利于降低计算和通信资源的消耗。

　　针对周期性的多机器人学习过程,本章提出一种基于事件驱动的多机器人强化学习算法,旨在减少学习过程中计算与通信资源的消耗。机器人团队在与环境的交互中,每一个学习步里机器人首先观测局部环境,然后利用通信使所有成员获得全局信息,最后制定出一个联合策略并进行学习,整个学习过程是周期进行的。而当学习环境相对较稳定时,周期性的通信和策略搜索势必消耗一些不必要的资源。所提算法通过观测信息的变化率来触发通信和学习过程,使通信和策略搜索间歇性地进行,将整个强化学习过程由周期性转变成非周期性。故在相同时间内,采用事件驱动可以降低机器人间观测信息的传输次数,节约通信资源;同时,机器人无须在每一个学习步骤进行试错和迭代,减少了计算资源消耗。最后,对事件驱动下的学习算法收敛性进行了论证,仿真结果表示事件驱动的方式可以减少一定的通信次数和策略遍历次数,缓解通信和计算资源消耗问题。

4.2　事件驱动原理

当一个系统在没有受到外部干扰或干扰较小时，系统一般能够按期望的状态平稳运行，此时如果仍然周期性地执行控制任务，可以认为是对计算资源和通信资源造成了一定的浪费，特别是在一个带宽和设备受限的网络中[1]。事件驱动（触发）控制（Event-Triggered Control，ETC）的方法正是为了缓解周期采样方法的缺点而提出[2]，其被认为是一种有效的可替代周期采样控制的方法。事件驱动基于一种非周期性的思想，假设一个闭环系统有一个较稳定的运行环境，其中可以预先设置一些所谓的事件，当事件触发条件成立时，控制任务随即被唤醒并执行，或者简单地说，就是系统的控制任务在满足一定的条件下，"按需求"地执行控制任务而非一直执行。在事件驱动过程中，被测量目标需要不间断地返回监测数据，当监测值超过预定的阈值时，触发中断程序，控制器将对系统的状态进行采样，并更新控制器数据。文献[3]结合了传统周期采样和事件驱动的间歇性采样，针对一般线性系统设计了周期性事件驱动控制策略。由于事件触发采样机制带来的很多益处，目前已经广泛被引入至各种系统，例如一般连续线性系统、离散系统、连续非线性系统、无源系统、网络控制系统、分布式网络系统、无线传感和执行网络，齐次控制系统，离散随机线性系统，线性量化控制系统等[4-6]。同时，与各种系统对应的建模、稳定性分析及事件触发条件设计等问题也得到研究。

目前事件驱动的研究主要集中在事件驱动控制和事件驱动状态估计两个方向。事件驱动控制是指，在一个闭环网络环境中，传统控制方法需要周期性地传递反馈控制信号，因此需要占用大量的网络资源。而对于一个事件驱动控制系统，当系统误差达到一个给定的阈值时，系统才传递一个反馈信号，这个阈值的设计需要满足避免系统不稳定的基本要求，同时还需要使系统达到一个期望的表现。因此，当系统达到控制要求时，传递的反馈信号和控制输入被减少，即反馈信号和控制输入由周期性变为非周期性，事件驱动的控制系统算法结构如图 4-1 所示。

目前，三种可论证表达的理论框架，即李雅普诺夫稳定理论（Lyapunov Stability Theory）、切换系统理论（Switched System Theory）和输入状态稳定理论（Input-to State Stability，ISS）都广泛应用和分析了事件驱动条件，例如在 ISS 框架中，事件驱动条件可以利用跟踪误差、控制器的更新误差等感兴趣的测量误差进行设计。文献[7]研究了一个带有事件驱动误差的输入状态稳定系统的事件驱动条件，在减少计算量的情况下确保系统渐进稳定；文献[8]针对未知非线性离散时间系统，设计了一种基于事件驱动的单输入单输出神经网络自适应控制器；文献[9]研究了基于事件驱动的状态和输入量化控制；文献[10]设计了一种基于事件驱动的动态输出控制器，分析了事件驱动机制的稳定性和鲁棒性。

事件驱动控制思想在多机器人系统也有研究，文献[11]首次在多机器人系统的协作中运用事件驱动的策略，并设计了基于事件驱动机制的状态反馈控制器；文献[12]通过推断邻居智能体的混合状态，提出一种分布式多机器人事件驱动迭代算法；文献[13]设计了一种基于事件驱动的多机器人采样数据传输策略；文献[14]在分布式二阶多机器人系统中研究基于事件驱动的一致性控制策略。在实际应用方面,事件驱动控制主要依靠零阶保持器(Zero-Order-Hold,ZOH)[15]进行实现,ZOH 可以维持上一次传递量和控制输入直到下一次传递。

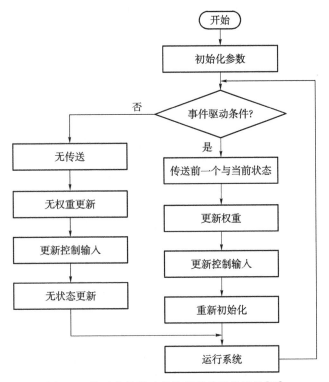

图 4-1　基于事件驱动的控制系统算法结构[154]

事件驱动状态估计是指,机器人间歇性地采样或进行状态估计,基于事件驱动的状态估计算法结构如图 4-2 所示。文献[16]研究了线性连续时间系统的事件驱动自适应状态估计采样问题;文献[17]研究了一个基于事件驱动的分级估计问题,并讨论了通信率的上下界;文献[18]为了缓解计算复杂度问题,设计了基于事件驱动的混合更新采样和状态估计器;文献[19]在多传感器信息融合问题中,研究了基于事件驱动的状态估计方法;文献[20]在一类带有噪声和随机发生不确定性事件的传感器网络中,研究了基于事件驱动的分布式状态估计问题;文献[21]研究了变时滞神经网络中的事件驱动采样数据状态估计问题;文献[22]在有限时间和有限传递次数的分布式多维状态估计中,研究了事件驱动的最优触发机制问题;文献[23]针对遥状态估计问题,提出基于开环和闭环的两种随机事件驱动的触发机制;文献[24]利用 sensor-to-estimator 的通信信道方式,设计了一种基于全局事件触发的状态估计策略;文献[25]提出了一种 send-on-area 触发机制,基于 Kalman filter 构建一个网络化估计器;文献[26]在数据包丢失情况下,研究了事件触发机制的网络化系统的状态估计问题。

"间歇性"是事件驱动最大的特点和优势,间歇性地通信也作为多机器人一致性的一个研究热点。在这个问题中,系统里每个机器人都将设置了一个事件触发函数,机器人实时地采集环境或状态信息,根据提前设置的触发阈值判断触发条件,如果事件被触发,机器人将当前状态发送给队友并更新自身状态,反之则不进行通信或直接更新状态。文献[28]研究了基于事件驱动的一阶积分器动态的多机器人系统;文献[29]在无向连接通信拓扑下,研究了针对一阶积分器网络的周期事件驱动一致性算法;文献[30]研究了一阶和二阶积分器的分布式事件驱动一致性算法;文献[31]研究了基于事件驱动的马尔可夫随机通信延时的多机器人系统。

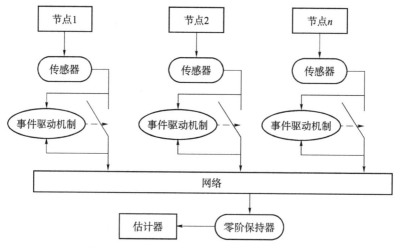

图 4-2　基于事件驱动的状态估计算法结构[27]

　　综上所述,从控制系统的角度看,当前研究主要集中在根据事件驱动调整反馈信号和控制输入;从网络系统的角度看,当前研究主要是从通信方式出发,减少网络延迟、丢包等非理想网络状况的发生。但是,从强化学习的角度对事件驱动的研究还很少见,文献[32]考虑计算机通信网络的控制问题,以及生产线的库存控制问题,以事件驱动的思想结合 MDP 模型,在 MDP 过程中设置一些固定的事件,当系统在运行中遇到这些事件时,系统转移到特定的状态上,以此来减少 Q-学习中不必要的状态转移;文献[33]研究了最优呼叫接入控制问题,在连续时间马尔可夫模型(Continuous-Time MDP,CT-MDP)中结合事件驱动的方法,定义"接受"和"拒绝"两个状态,对应着"业务到达"和"业务离开"两个事件,以 Q-学习算法计算两种状态下的最优策略。

　　由于机器人携带的通信设备和微处理器性能有限,在多机器人强化学习过程中,第一,机器人间的信息交互需占用较大的通信带宽;第二,在学习的试错和迭代过程中,需要消耗大量的计算资源,以上问题都将减少机器人的工作时间,或增加设计上的复杂性。因此,在给定机器人动作集的情况下,如果可以减少不必要的状态-动作对的遍历,就可以提高学习速度。以间歇性的状态更新来减少通信次数和计算量,这也正对应多机器人强化学习存在的问题,目前事件驱动和强化学习的结合相对还比较初步,仅仅是在学习过程中提前定义好一些可能事件,然后根据这些事件完成简单的状态转移,缺少灵活性,同时也较少考虑触发机制的设计,因此事件驱动的思想在学习策略层的应用还较薄弱,有必要进一步深入研究[34]。

4.3　强化学习的事件驱动模型与触发规则设计

多机器人强化学习算法中,团队在与环境交互中循环完成着观测环境、通信、策略搜索和 Q 值迭代这几个步骤,整个过程是一个离散和周期性的学习过程。而当学习环境较稳定时候,周期性的过程可能造成一些不必要的计算和通信资源消耗,本节基于事件驱动的思想对周期性的学习过程进行改进。

4.3.1　基于事件驱动的强化学习模型

在多机器人的强化学习过程中,从环境获得观测信息是机器人选择行动的必要条件,也就是说,观测信息(当前的状态)决定了机器人团队当前学习步骤的联合行动。在这种情况下,如果机器人在两个学习步骤的观测信息没有变化或者变化很小,那么通过通信获得的全局信息也将与前一刻类似。进一步地,如果观测信息的变化较小,团队制定的联合策略也可能与前一刻相同或者很类似。

本章通过一个 DEC-MDP 模型研究分布式强化学习问题,在这个模型中,每一个机器人获得环境信息的一部分,它们的观测交集构成了环境的全局信息。模型考虑一个完全通信的方式,即广播式通信,在通信结束后确保每一个机器人都获得全局环境信息,此时 DEC-MDP 可以被简化为 M-MDP 模型,将分布式形式转化为集中式的形式进行研究。

定义 4-1:基于事件驱动的多机器人马尔可夫模型(M-MDP Event-triggered),其由一个六元组 $\langle I, S, \{A_i\}, P, R, e \rangle$ 构成,其中 I 为机器人的个数;S 表示一个有限的系统状态集合;$\{A_i\}$ 表示机器人的联合行动集合;P 表示机器人团队的状态转移函数;R 表示行动的回报函数;e 表示事件触发函数,当机器人的触发函数大于阈值时,机器人被触发并发生状态转移,转移函数 $P = \Pr\{s_{t+1} \mid s_t, a, e\}$。

在经典的强化学习过程中,机器人对环境的观测,执行的行动,以及环境给予的回报,周期性地在每一个学习步骤完成一次,而基于事件驱动的强化学习算法不同,学习过程为间歇性地通信和状态更新,基于事件驱动的强化学习框架如图 4-3 所示。机器人团队对环境的观测仍然是周期的,在每一个学习步都会从环境获得状态,区别在于团

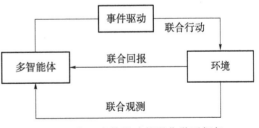

图 4-3　基于事件驱动的强化学习框架

队的行动由周期性转变为非周期性,其根据触发函数 e 选择是否被触发。需要注意的是,非周期的行动策略不是指机器人在有些学习步中不执行动作,而是不通过对 Q 值表进行策略搜索,直接延用上一个行动策略。相对应地,环境对机器人团队的回报也发生变化,此时的回报函数也可以定义为有周期性和非周期性的。周期性的回报指,即便机器人的行动是非

周期性的,机器人沿用了上一个学习步骤的行动,但环境依然根据当前学习步骤采取的行动对其给出一个新的回报函数。非周期性的回报指,如果团队沿用上一个行动策略,新的回报也将对应上一个策略的回报函数,机器人直接获得和上一个学习步骤一样的回报,本章的研究采取后一种回报方式。

当每一个机器人获得局部观测后,广播通信方式确保了所有机器人获得全局信息。考虑在两个学习步骤内观测目标可能没有明显区别,基于事件驱动的思想,定义机器人可以根据观测信息的变化率,选择是否触发通信行为。如果通信,机器人团队更新当前学习步骤的全局观测信息,如果不通信,团队则维持上一个学习步骤的全局观测信息。多机器人之间基于事件驱动的通信框架如图 4-4 所示。

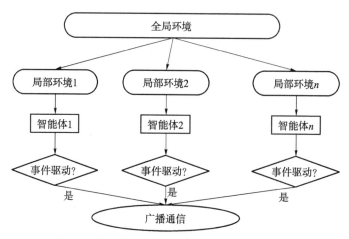

图 4-4　多机器人之间基于事件驱动的通信框架

4.3.2　触发规则设计

事件触发的关键在于设计触发函数,在事件驱动思想中,需要考虑一个触发机制的制定,即如何判断事件是否被驱动。对于多机器人的强化学习问题,触发函数应该从两个方面进行设计,第一,在通信层,机器人把从环境得到的观测误差作为评判标准,当它超过一个预设的阈值时通信事件被触发,机器人发送自身观测到全队,团队更新观测信息;第二,在学习层,机器人根据全局信息的变化来触发学习过程,查找联合策略并更新 Q 值表。事件触发流程图如图 4-5 所示。

1. 自事件触发设计

在 DEC-MDP 模型中,每一个机器人通过独立

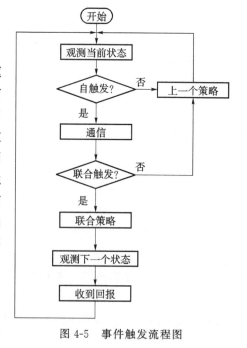

图 4-5　事件触发流程图

观测获取局部信息,并通过广播方式分享至全队。基于事件驱动的网络化控制思路,首先设计单个机器人的自触发过程,假设在时刻 t,当每一个机器人观测结束后,其可以根据上一刻观测与当前观测的变化率,进行一次自触发过程,来决定是否需要广播自身的观测。机器人 i 从 $t-1$ 时刻到 t 时刻的观测变化率定义为

$$e_i(t) = \frac{|o_i(t) - o_i(t-1)|}{o_i(t-1)} \tag{4-1}$$

式中,$o_i(t)$ 为机器人在 t 时刻的观测值。定义实数 K 为自事件触发函数阈值,且 $0 \leqslant K \leqslant 1$,当机器人 i 在两个学习步骤的观测变化率 $e_i(t)$ 达到阈值 K 时,认为机器人的观测信息出现了较大的差异,机器人需要广播自身的观测信息。比如,对基于格子世界的多机器人覆盖任务,观测信息可以定义为格子的状态,即观测范围中的格子是否被覆盖过。自触发过程中,不一定所有的机器人都被驱动,没有新观测信息的机器人仅接收信息,并以接收的信息更新自己的观测。因此,在自事件触发过程,机器人团队无须实时地进行通信,以此减少机器人的通信消耗。

2. 联合事件触发设计

当通信过程完成后,团队从环境获得了全局观测(状态)。如图 4-5 所示,团队进入强化学习阶段,考虑是否有必要进行一次查表,还是直接采取上一学习步的行动。此时设定一个联合触发函数,触发的对象是机器人团队,考虑的是一个联合观测的变化情况。假设在时刻 t 团队获得当前的联合观测为

$$O(t) = (o_1(t), o_2(t), \cdots, o_n(t)) \tag{4-2}$$

此时,团队从 $t-1$ 时刻到 t 时刻的联合观测变化率定义为

$$E(t) = (e_1(t), e_2(t), \cdots, e_n(t)) \tag{4-3}$$

式中:

$$e_i(t) = \frac{|o_i(t) - o_i(t-1)|}{o_i(t-1)}$$

利用方差计算两个时刻的误差偏移程度,令联合观测变化率期望为

$$F(t) = \sum_{i=1}^{n} \frac{e_i(t)}{n} \tag{4-4}$$

方差为

$$D(t) = \sum_{i=1}^{n} [e_i(t) - F(t)]^2 \cdot p \tag{4-5}$$

式中,$p = 1/n$ 为 $e_i(t)$ 的分布律,令

$$H(t) = \frac{|D(t) - F(t)|}{F(t)} \tag{4-6}$$

定义实数 G 为团队的联合事件触发函数阈值,且 $0 \leqslant G \leqslant 1$,当 $H(t)$ 达到阈值 G 时,团队的状态被认为发生较大改变,需要通过查表计算一个新的联合策略,利用新的值更新 Q 值表,否则直接延用上一个学习步骤的联合策略。在强化学习过程中,最主要计算资源都是消耗在对 Q 值表的查找和遍历中,减少 Q 值表的查找次数,就可以减少一些不必要的计算资源消耗。

在基于事件驱动的多机器人强化学习模型中,自事件触发和联合事件触发都是根据观测的变化率被驱动,其区别在于:

第一,自事件触发,是通过机器人的独立观测变化率被触发的,被触发后的行动是进行广播式通信,目的是为了减少通信资源;而联合事件触发考虑的是机器人团队的联合观测变化率,触发后的行动是计算联合策略,目的在于减少计算资源。

第二,当单个机器人的独立观测变化率被触发时,并不一定导致团队的联合观测变化率发生较大改变。因为当环境整体发生变化时,虽然每一个机器人的观测都发生了变化,但对联合观测来说,所有机器人在两个时刻可能是相对无变化的,所以制定的联合策略也可能无明显变化,此时也认为机器人不需要被驱动。比如在机器人足球问题中,$t-1$时刻机器人团队的联合策略为:机器人甲带球行动且其他队友跑位行动。到t时刻后,机器人甲以及其他机器人的观测(双方机器人的站位和距离)都发生较大变化,在通过广播获得全局观测信息后,两个时刻双方机器人的相对站位和相对距离无大变化。此时,如果团队计算新的联合策略,也将是机器人甲带球且其他队友跑位,与$t-1$时刻的联合策略相同。所以,认为团队在t时刻无须计算新的联合策略,可以直接使用上一刻的策略。

4.4　基于事件驱动的强化学习

本节介绍了所提出的基于事件驱动的强化学习算法,根据 M-MDP 模型建立多机器人 Q-学习过程,通过触发函数的引入,机器人团队的状态转移由周期性转变为非周期性。最后,对事件驱动下计算资源消耗进行了分析,并对算法的收敛性进行论证。

4.4.1　基于事件驱动的强化学习设计

在 M-MDP 模型中研究强化学习问题与在传统 MDP 模型下类似,基于事件驱动的 Q-学习过程与经典 Q-学习相同。区别在于,经典 Q-学习中,机器人在每一个时刻都需要对 Q 值进行查表和更新,而基于事件驱动的 Q-学习,仅在机器人团队被驱动的情况下才进行计算。此时,定义 Q 函数为状态 s_t 时触发事件并执行联合动作 $\vec{a}_t$ 时的值,即

$$Q_{t+1}(s_t,\vec{a}_t,e)=r_t \cdot \max_{a_t}\{Q_{t+1}(s_t,\vec{a}_t,e)|\vec{a}_t \in A\} \tag{4-7}$$

对于任意一个策略和下一个状态存在如下关系

$$Q^*=E\{r_{t+1}+\gamma \cdot Q_{t+1}(s_t,\vec{a},e)|s_t=s,\vec{a}_t=\vec{a}_t,e_t=e\} \tag{4-8}$$

式(4-8)为贝尔曼公式,它表示了状态 s 和其后继状态 s' 之间的联系。回溯关系是表现强化学习中状态转移的一种方式,图 4-6 所示为学习算法中 Q 值迭代与状态转移的回溯关系,图中每一个实心点表示一个状态-联合动作对 $(s,\vec{a})$,每一个空心点表示一个状态 s,树枝表示回报函数 r。图 4-6(a)所示为传统的多机器人强化学习状态转移过程,团队从一个状态-联合动作对 $(s,\vec{a})$ 出发,到达下一个状态 s',整个过程周期性地进行,直到团队达到最终状态;图 4-6(b)所示为事件驱动方式下的状态转移过程,机器人在 s' 状态下得到策略 (s',a),如果

此时机器人团队被事件触发,团队将按照传统的学习过程进行,但是如果机器人团队没有被事件触发,则团队直接延续上一时刻的最优策略(s',a),状态不发生转移。

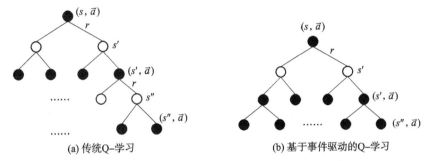

(a) 传统Q-学习　　　　　　　　　　　(b) 基于事件驱动的Q-学习

图 4-6　两种学习方式回溯图

根据贝尔曼迭代,Q 值逐渐收敛到一个最优值,在经典的强化学习中,机器人在每一学习步骤都需要通过查表找到最大的 Q 值,或通过试错来尝试一个策略。基于事件驱动的强化学习区别在于,当机器人团队被事件触发时,Q 值表在更新时选用上一个 Q 值作为当前的 Q 值,基于事件驱动的 Q-学习迭代过程为

$$Q_t(s_t,\vec{a}_t,e)=Q_t(s_t,\vec{a}_t,e)+\alpha[r_t+\gamma \max_{\vec{a}\in A}Q_t(s_{t+1},\vec{a}_t,e)-Q_t(s_t,\vec{a}_t,e)]$$

$$=(1-\alpha)Q_t(s_t,\vec{a}_t,e)+\alpha[r_t+\gamma \max_{\vec{a}\in A}Q_t(s_{t+1},\vec{a}_t,e)] \tag{4-9}$$

算法伪代码如算法 4-1 所示。

算法 4-1　基于事件驱动多机器人强化学习算法

---

input：a,ϵ,γ,K,G,R

1：initialise $Q_t(s,\vec{a})$

　　for each agent $i\in I$

2：**repeat**

　　for each episode

3：　initialise S_t

4：　　**repeat**

5：　　　for each step

6：　　　　receives the local observation o_t^i

7：　　　　compare the o_t^{i-1}

8：　　　　**if** self$-$triggering **then**

9：　　　　　broadcast $\vec{o}\leftarrow o_t^i$

10：　　　　　**if** joint triggering **then**

11：　　　　　look up table $Q_t\leftarrow(s,\vec{a}_t)$

12：　　　　　the joint action $\vec{a}_t=\arg\max_{\vec{a}}Q(s,\vec{a})$

13：　　　　　　the joint strategy $\hat{\pi}_t(\vec{a}_t)$

14：　　　　　　update Q

15：　　　　　**else** return to the previous strateg $\vec{\pi}_{t-1}$

16：　　　　**else** return to the previous strateg $\vec{\pi}_{t-1}$

17：　　**until** S_t is terminal

18：**until** stopping criterion is reached

4.4.2 计算资源消耗分析

Q-学习算法的计算资源主要消耗在对策略的无限次试错和策略搜索过程中,这也是限制多机器人强化学习在实际系统应用的主要问题。多智能系统考虑的是一个联合观测 $\vec{o} = (o_1, o_2, \cdots, o_3)$,联合观测是一个全排列的组合形式,每一种组合形式对应一个或多个联合行动 $\vec{a}$,而团队根据联合行动转移到下一个状态 s_{t+1},即 $\{s_{t+1} \leftarrow s_t \mid (\vec{o}, \vec{a})\}$。 Q 值表的实现形式通常采用一个 Lookup 表格来表示 $Q(s, \vec{a})$,其中 $s \in S$ 和 $\vec{a} \in \vec{A}$ 为有限集合,表的大小等于 $S \times \vec{A}$ 的笛卡儿乘积中的元素的个数,团队在每一个学习步需要根据表中 Q 值的大小选择行动,在机器人数量、动作和状态集合较大时,查表过程需要占用大量的计算资源。举例说明,假设存在 i 个机器人,每一个机器人有 m 个动作,每一时刻有 n 个状态,在第 t 步,机器人共需遍历 $(n^i \times m^i) \times t$ 个 Q 值。

在基于事件驱动的学习过程中,依然需要通过遍历 Q 值表的方式查找策略,不同点在于,团队无须在每一个学习步都对 Q 值表进行查找。如果考虑一个基于事件驱动的决策树,在机器人不被驱动的树层中,下一刻状态将直接等于当前状态,即 $s_{t+1} = s_t$,其状态转移概率为

$$P^{\vec{a}}_{s_t s_{t+1}} = \Pr\{s_{t+1} = s_t \mid \vec{a}_{t+1} = \vec{a}_t\} = 1 \tag{4-10}$$

状态转移概率为 1 意味着此时整棵决策树中,不被事件驱动的树层中不生成树枝,减少下一层中树枝对应的树根。同理,不生成新的树枝,机器人也无须对当前树层里所有的 Q 值进行查表计算。因此,在每一个学习幕中事件不被驱动的学习步骤,意味着的计算资源不被消耗,在上面的例子中,假设在一幕中学习进行到第 t 步,其中存在 k 次不被驱动,那么遍历 Q 值的数量为 $(n^i \times m^i) \times (t-k)$ 个。

4.4.3 算法收敛性分析

对于强化学习问题,机器人的每一步都是从前一个策略的值函数开始策略迭代(评估),收敛性指通过多次迭代后的联合策略能否收敛到一个稳定的值。在事件驱动的强化学习中,团队只有在联合观测信息变化情况下,才更新信念空间并进行策略评估,否则直接使用上一刻的策略。假设在 t 时刻,机器人没有被事件所触发,那么机器人在 t 时刻不参与式(4-9)的迭代,直接使用上一刻迭代所得的策略,用上一刻的 Q 值更新当前行动的 Q 值。此时,在达到最优策略的过程中,Q 值的迭代次数由每个时刻都迭代,减少到被事件触发时刻才迭代。

$$\pi_0 \to Q^{\pi_0} \to \pi_1 \to Q^{\pi_1} \to \pi_2 \to Q^{\pi_2} \to \pi_3 \to Q^{\pi_3} \to \cdots \pi^* \tag{4-11}$$

$$\pi_0 \to Q^{\pi_0} \to \pi_1 \to Q^{\pi_1} \to \pi_2 \to Q^{\pi_2} \to \pi_2 \to Q^{\pi_2} \to \cdots \pi^* \tag{4-12}$$

经典 Q-学习的收敛过程示意图如图 4-7(a)和式(4-11)所示,机器人从初始策略 π_0 开始迭代,直到获得最优策略 π^*,其中每一个策略 π 对应一个 Q 值,从初始状态到最终状态逐渐接近最优值 Q^*,是一个渐进收敛的过程;基于事件驱动的 Q-学习收敛过程示意图如图 4-7(b)和

式(4-12)所示,与经典 Q-学习不同,机器人在不被驱动的情况下,Q 值不进行迭代,直接延用上一个值。如图 4-7(b)所示,机器人在 t 状态时直接使用 $t-1$ 时的 Q 值,此时的箭头为直线,而经典 Q-学习(图 4-7(a))中,在 $t-1$ 到 t 状态时的 Q 值箭头为折线,折线可以理解为 Q 值是逐渐向最优 Q 值在逼近,而直线意味着两个状态的 Q 值相等,对应式(4-12),可以看出机器人在两个状态有相同的策略和 Q 值。

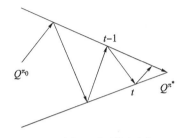 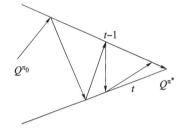

(a) 经典的Q-学习策略迭代　　　　　　(b) 基于事件驱动的Q-学习策略迭代

图 4-7　两种学习算法策略迭代

推论 4-1:基于事件驱动的 Q-学习算法,不会影响算法的收敛性。

引理 4-1:(收敛引理[35])令 χ 为一个任意的集合,假设 B 是 χ 中一个空间有界的集合 $B(\chi)$,比如 $T:B(\chi)\to B(\chi)$,假设 v^* 为 T 的一个固定点,对于来自 $F_0(v^*)$ 的初值 $\tau=(T_0,T_1,\cdots)$,τ 在 v^* 点逼近 T,假设 F_0 为 τ 中一个不变量,令 $V_0\in F_0(v^*)$,定义 $V_{t+1}=T_t(V_t,V_t)$。如果存在随机函数 $0\leqslant F_t(x)\leqslant 1$ 和 $0\leqslant G_t(x)\leqslant 1$ 以概率 1 满足以下条件,那么在 $B(\chi)$ 中 V_t 以概率 1 收敛到 v^*。

(1) 对所有的 U_1 和 $U_2\in F_0$,对所有的 $x\in\chi$,有
$$|T_t(U_1,v^*)(x)-T_t(U_2,V)(x)|\leqslant G_t(x)|U_1(x)-U_2(x)| \tag{4-13}$$

(2) 对所有的 U 和 $V\in F_0$,对所有的 $x\in\chi$,有
$$|T_t(U,v^*)(x)-T_t(U,V)(x)|\leqslant F_t(x)(\|v^*-V\|+\lambda_t) \tag{4-14}$$
式中,当 $t\to\infty$ 时,$\lambda_t\to 0$ 以概率 1 收敛到 0。

(3) 对所有的 $k>0$,当 $t\to\infty$,$\prod_{t=k}^{n}G_t(x)$ 均匀的收敛到 0。

(4) 当 $t\to\infty$ 时,对所有的 $x\in X$,存在 $0\leqslant\gamma<1$,有
$$F_t(x)\leqslant\gamma(1-G_t(x)) \tag{4-15}$$

上述条件 1 和条件 2 为 Lipschitz 条件,条件(3)为学习率的正确选择,条件(4)为折扣因子对学习过程的影响。

证明:在事件驱动的强化学习中,令 $T=(T_0,T_1,\cdots T_k,T_{k+1}=T_k,T_t,\cdots)$ 为一个动作序列,表示机器人执行行动后从当前状态到下一个状态的映射,其中($\cdots T_k,T_{k+1}\cdots$)指当机器人在没有被事件驱动的情况下,机器人的 T_{k+1} 个行动等于第 T_k 个行动,同时,迭代过程为
$$f_{t+2}=T_{k+1}(f_{t+1},f_{t+1})=T_k(f_t,f_t) \tag{4-16}$$

令 $V,U_0,V_0\in B(\chi)$,$U_{t+1}=T_t(U_t,V)$,$V_{t+1}=T_t(V_t,v^*)$,和 $\delta_t(x)=|U_t(x)-V_t(x)|$,$\Delta_t(x)=|v^*-U_t(x)|$,根据收敛引理有

$$
\begin{aligned}
\delta_{t+1}(x) &= |U_{t+1}(x) - V_{t+1}(x)| \\
&= |T_t(U_t, v^*)(x) - T_t(V_t, V_t)(x)| \\
&\leqslant |T_t(U_t, v^*)(x) - T_t(V_t, v^*)(x)| + |T_t(V_t, v^*)(x) - T_t(V_t, V)(x)| \\
&\leqslant G_t(x)|U_t(x) - V_t(x)| + F_t(x)(\|v^* - V_t\| + \lambda_t) \\
&= G_t(x)\delta_t(x) + F_t(x)(\|v^* - V_t\| + \lambda_t) \\
&\leqslant G_t(x)\delta_t(x) + F_t(x)(\|v^* - U_t\| + \|U_t - V_t\| + \lambda_t) \\
&= G_t(x)\delta_t(x) + F_t(x)(\|\delta_t\| + \|\Delta_t\| + \lambda_t)
\end{aligned}
\tag{4-17}
$$

在满足上述条件的情况下,虽然基于事件驱动的动作序列中有相同的动作 $T_k = T_{k+1}$,但仍然满足 Lipschitz 条件,所以不会影响 Q-学习的收敛,证毕。

4.5 仿真实验

覆盖问题对研究多机器人协调控制有着重要的理论和应用价值,在服务保障、灾后搜救、资源勘察等方面都有着广阔的应用前景[36]。覆盖问题大体上可分为静态与动态覆盖两类,静态覆盖主要关注传感器位置分布的优化;动态覆盖则要求移动机器人或固定传感器,在物理接触或传感器感知范围内遍历目标环境区域,并尽可能地满足时间短、重复路径少和未遍历区域小的优化目标[37,38]。

本节考虑用多机器人覆盖问题来验证所提出的算法,覆盖问题描述如下:2 个机器人随机分布在一个 10×10 的格子世界中,如图4-8所示。每一个机器人拥有上下左右 4 个行动,每步行动为一格,观测范围为自身周围共 8 个格子(灰色区域),观测到的格子分为"没走过""走过"和"障碍物"3 个状态,分别对应着 30、-5 和 -10 的回报值,回报由环境给出,世界的边界被机器人视作障碍物;每一个机器人可以进行广播式通信,通信的信息为观测到的格子状态及位置。需要指出的是,为了更符合机器人的性能和对未知环境的覆盖要求,本实验仍然设定每一个机器人获得的是一个局部信息,当它们进行广播通信后,两个机器人共享彼此的观测范围,但是此时的观测范围对整个世界而言,获得的仍然一个局部的观测。因为考虑到对整个世界的全局观测需要极大的计算量为 $(3^{100})^2$,所以认为每一时刻当两个机器人通信后获得的信息对它们而言是一个全局观测。

机器人团队的任务为尽快完成对格子世界的覆盖,当走过的格子超过 90% 以上,认为此次覆盖任务成功,当机器人在 600 步仍不能完成 90% 的覆盖时,认为此次任务失败。其中定义学习率为 0.6,折扣因子为 0.2。机器人根据观测范围里格子状态的变化率判断事件触发条件,定义自触发阈值 $K = 0.1$,联合触发阈值 G 分别等于 0.1、0.2、0.3 和 0.4。

图 4-9 比较了基于事件驱动的 Q-学习与传统 Q-学习算法的覆盖成功率,其中横坐标表示了机器人团队学习的幕数,纵坐标表示完成覆盖任务的成功率,每 5 个学习幕进行一次统计,由从图中看出两种算法成功率在 400 幕之后基本保持一致,因为它们都遍历所有的可能性,直到 Q 值表不发生变化。区别在于,基于事件驱动 Q-学习收敛速度较之传统的 Q-学习慢,原因在于 Q 值迭代是根据事件被触发的,相同的学习幕数中迭代次数将少于传统 Q-学习算法。

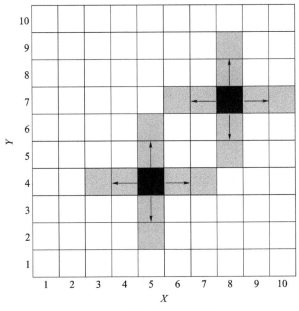

图 4-8 多机器人覆盖问题

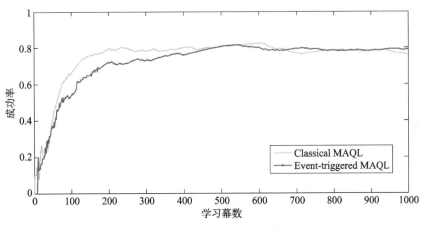

图 4-9 事件驱动与传统 Q-学习的成功率

图 4-10 所示为联合触发阈值 G 与算法收敛速度的关系,阈值 G 分别取 0.1、0.2、0.3 和 0.4,联合触发函数选取越大,表现为学习过程中联合观测的变化率越大。曲线显示出随着阈值 G 的增大,学习算法收敛性变慢,比如 $G=0.1$ 时,算法在 200 幕左右就基本收敛,表现为曲线在完成上升阶段后,基本已经处于平稳波动;$G=0.2$ 时,算法在 300 幕左右基本收敛;$G=0.4$ 时,算法需要 600 幕左右达到基本收敛。最终四条曲线在 600 幕左右都会收敛较稳定的成功率。因为联合触发函数越大,事件触发的次数就越少,导致学习到一个最优值的收敛速度变慢。

基于事件驱动的 Q-学习算法主要优点在于减少了通信资源和计算资源,也就是说,算法是以降低学习收敛速度为代价,节省了一些不必要的通信资源和计算资源。表 4-1 和表 4-2 所示为学习过程中一个学习幕里机器人的通信资源和计算资源情况。

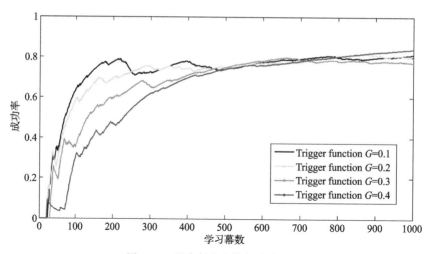

图 4-10　联合触发函数与收敛速度

表 4-1　事件驱动传统 Q-学习遍历次数

步数	Q-学习	事件驱动 Q-学习	减少总遍历次数
50	$\approx 2^{29.3} \times 50$	$\approx 2^{29.3} \times 18$	$\approx 2^{34.3}$
100	$\approx 2^{29.3} \times 100$	$\approx 2^{29.3} \times 41$	$\approx 2^{35.2}$
200	$\approx 2^{29.3} \times 200$	$\approx 2^{29.3} \times 116$	$\approx 2^{35.7}$
300	$\approx 2^{29.3} \times 300$	$\approx 2^{29.3} \times 208$	$\approx 2^{35.9}$
500	$\approx 2^{29.3} \times 500$	$\approx 2^{29.3} \times 376$	$\approx 2^{36.2}$

　　如表 4-1 所示,学习过程每一个机器人可以观测到的格子为 8 个,每个格子有三种情况,机器人有 4 个行动,团队由 2 个机器人组成,所以机器人团队在一幕中每一步需要遍历的 Q 值为 $(3^8 \times 4)^2 \approx 2^{29.3}$ 个。取 $G = 0.2$,从表中可以看出,随着学习步数的增加,传统 Q-学习需要周期性地遍历 Q 值表,其计算量增长迅速。相比较而言,事件驱动 Q-学习算法是非周期性地遍历 Q 值表,所以大量减少 Q 值表的遍历次数,缓解了计算资源占用,相比较传统的 Q-学习存在明显的优势。因此,对一些收敛速度要求不高的强化学习问题,以收敛速度为代价来减少通信和计算资源的消耗是可取的思路。

表 4-2　事件驱动与传统 Q-学习通信次数

步数	Q-学习	事件驱动 Q-学习	减少总遍历通信次数
50	50	23	27
100	100	51	49
200	200	137	63
300	300	224	76
500	500	413	87

表 4-2 比较了在一个学习幕中事件驱动与传统 Q-学习的通信次数,事件驱动方式减少了机器人间的通信次数。同时,比较表 4-1,可以看出自事件触发和联合事件触发次数的区别。

实验二,首先在实验一的基础上进行扩展,考虑一个有障碍物的覆盖环境,如图 4-11 所示,格子世界大小为 15×15,其中存在多处障碍物,两个机器人对环境进行覆盖,其观测范围为周身 8 个格子,其余设定同实验一,机器人在 1 600 步没有达到覆盖要求,认为此次任务失败,当机器人撞到障碍物时,也认为此次任务失败。

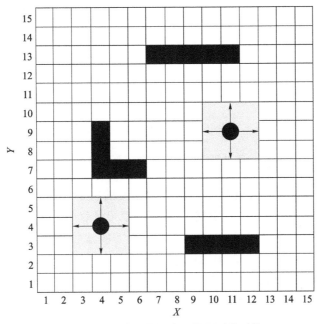

图 4-11　有障碍物的多机器人覆盖环境

其次,实验二考虑一个基于 DEC-POMDP 的多机器人强化学习框架,在这个框架中,每一个机器人观测到的格子的状态是存在不确定性的,比如机器人观测到的信息是一个没有走过的格子,但实际情况是一个障碍物。机器人之间使用广播通信方式,假设正确的观测概率为 0.8,当机器人观测出现错误时,观测信息为随机出现格子的状态。当 DEC-POMDP 模型通过广播共享信息后,机器人获得的是含有不确定因素的观测信息,理论上被简化成一个 M-POMDP 模型,但是对于强化学习问题,尽管获得的观测带有不确定性,但机器人团队仍然被简化为集中式模型,所以也可以当作 M-MDP 模型进行考虑。与实验一类似,如果考虑到对整个世界的全局观测需要极大的计算量为 $(3^{255})^2$,所以实验二设定每一时刻当两个机器人通信后获得的信息对它们而言是一个全局观测。

图 4-12 比较了事件驱动与传统 Q-学习算法的覆盖成功率,其中横坐标表示了机器人团队学习的幕数,纵坐标表示完成覆盖任务的成功率,可以图中看出两种算法成功率在 900 幕之后基本保持一致。与实验一类似,事件驱动 Q-学习收敛速度较之传统 Q-学习稍慢,原因在于 Q 值迭代是根据事件被触发的,经过相同数量学习幕后迭代次数将少于传统 Q-学习算法。但是,在两种算法中,机器人都需要遍历所有的可能性,直到 Q 值函数不发生变化,所

以两种算法都能保证收敛。与实验一不同处在于,因为 DEC-POMDP 模型中观测信息的不确定性存在,可能存在一部分不正确的联合策略,因此机器人团队需要遍历更多的可能策略,所以收敛慢于实验一中的收敛速度,且成功率也低于实验一。

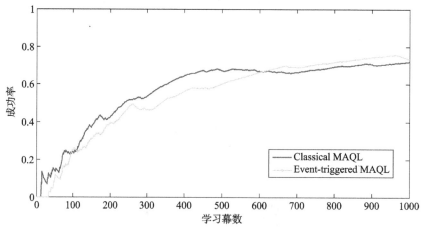

图 4-12　事件驱动与传统 Q-学习算法的覆盖成功率

图 4-13 所示为联合触发阈值 G 与算法收敛速度的关系,图中联合触发阈值 G 分别取 0.1、0.2、0.3 和 0.4,联合触发函数选取越大,表现为学习过程中随着联合观测的变化率越大。从图中曲线可以看出,着联合触发阈值 G 的增大,学习算法收敛性变慢,比如 $G=0.1$ 时,算法在 600 幕左右就基本收敛,表现为曲线在完成上升阶段后,基本已经处于平稳波动;而 $G=0.4$ 时,算法需要 1 000 幕左右达到基本收敛。尽管触发阈值不同,但算法都遍历所有的策略,所以最终都会收敛到稳定的成功率(1 000 幕左右)。

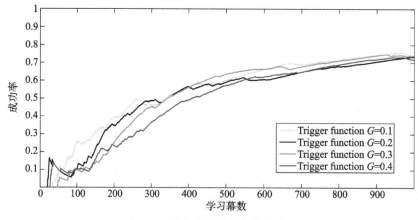

图 4-13　联合触发函数与收敛速度

事件驱动的 Q-学习算法主要优点在将周期性的学习过程转变为非周期性的,也就是说,算法以学习收敛速度为代价,减少了一些不必要的通信和计算资源的消耗。表 4-3 和表 4-4 所示为学习过程中一个学习幕里机器人的通信资源和计算资源情况。

表 4-3　事件驱动传统 Q-学习遍历次数

步数	Q-学习	事件驱动 Q-学习	减少总遍历次数
300	$\approx 2^{29.3} \times 300$	$\approx 2^{29.3} \times 197$	$\approx 2^{36}$
500	$\approx 2^{29.3} \times 500$	$\approx 2^{29.3} \times 306$	$\approx 2^{36.9}$
700	$\approx 2^{29.3} \times 700$	$\approx 2^{29.3} \times 462$	$\approx 2^{37.2}$
900	$\approx 2^{29.3} \times 900$	$\approx 2^{29.3} \times 577$	$\approx 2^{37.6}$
1 200	$\approx 2^{29.3} \times 1\,200$	$\approx 2^{29.3} \times 837$	$\approx 2^{37.8}$
1 500	$\approx 2^{29.3} \times 1\,500$	$\approx 2^{29.3} \times 1\,082$	$\approx 2^{38}$

与实验一类似,在学习过程中,每一个机器人可以观测到的格子为 8 个,每个格子有三种情况,机器人有 4 个行动,团队由 2 个机器人组成,所以机器人团队在一幕中每一步需要遍历的 Q 值仍为 $(3^8 \times 4)^2 \approx 2^{29.3}$ 个,但是由于环境考虑的是一个 DEC-POMDP 模型,机器人的观测信息带有不确定性,所以对一个学习幕而言,机器人需要遍历的策略数量,要大于 M-MDP 模型中的策略数量。取 $G=0.2$,由表 4-3 可以看出,随着学习步数的增加,传统 Q-学习算法需要周期性的遍历 Q 值表,其计算量增长迅速。基于事件驱动 Q-学习算法是非周期性地遍历 Q 值表,所以大量减少 Q 值表的遍历次数,缓解了计算资源占用,相比较传统的 Q-学习存在明显的优势。

因此,对于求解基于 DEC-POMDP 的强化学习问题,当收敛速度要求不高时,可以以收敛速度为代价来减少通信和计算资源的消耗。

表 4-4　事件驱动与传统 Q-学习通信次数

步数	Q-学习	事件驱动 Q-学习	减少总遍历通信次数
100	100	57	43
300	300	213	97
500	500	346	154
700	700	492	208
900	900	647	253

表 4-4 比较了在一个学习幕中事件驱动与传统 Q-学习的通信次数,事件驱动方式减少了机器人间的通信次数。同时,比较表 4-3,可以看出自事件触发和联合事件触发次数的区别。

4.6　本章小结

针对多机器人强化学习过程中计算资源与通信资源消耗问题,本章提出一种基于事件驱动的多机器人强化学习算法。当机器人在与环境的交互中,算法通过观测信息的变化率来触发通信和学习过程,使通信和策略搜索间歇性地进行,将整个强化学习过程由周期性转变成非周期性。最后,对事件驱动下的学习算法收敛性进行了论证。仿真实验表明,事件驱动的方式可以减少通信和策略遍历次数,降低了部分不必要的通信和计算资源消耗,对一些收敛速度要求不高的学习问题,以收敛速度为代价来减少通信和计算资源的消耗是可取的思路。进一步工作主要包括:第一,基于现有的工作,将事件驱动的思想应用于不同类型的强化学习方法中,比如 Sarsa、TD 算法等;第二,结合事件驱动的特点设计更合理的触发函数,以便更有效地减少计算资源消耗。

本章参考文献

[1] 杨大鹏.多智能体系统的事件驱动一致性控制与多 Lagrangian 系统的分布式协同[D].北京理工大学,2015.

[2] Bernhardsson B,Åström K J.Comparison of periodic and event based sampling for first-order stochastic systems[C].Proceedings of 14th IFAC world congress,1999.

[3] Heemels W,Donkers M C F,Teel A R.Periodic event-triggered control for linear systems[J].IEEE Transactions on Automatic Control,2013,58(4):847-861.

[4] Li H,Shi Y.Event-triggered robust model predictive control of continuous-time nonlinear systems[J].Automatica,2014,50(5):1507-1513.

[5] Yu H,Antsaklis P J.Output synchronization of networked passive systems with event-driven communication[J].IEEE Transactions on Automatic Control,2014,59(3):750-756.

[6] Ding D,Wang Z,Shen B,et al.Event-triggered consensus control for discrete-time stochastic multi-agent systems:the input-to-state stability in probability[J].Automatica,2015,62:284-291.

[7] Qu F L,Guan Z H,He D X,et al.Event-triggered control for networked control systems with quantization and packet losses[J].Journal of the Franklin Institute,2015,352(3):974-986.

[8] Sahoo A,Xu H,Jagannathan S.Adaptive Neural Network-Based Event-Triggered Control of Single-Input Single-Output Nonlinear Discrete-Time Systems[J].IEEE Transactions on Neural Networks and Learning Systems,2016,27(1):151-164.

[9] Hu S,Yue D.Event-triggered control design of linear networked systems with quantizations[J].ISA Transactions,2012,51(1):153-162.

[10] Donkers M C F.Output-based event-triggered control with guaranteed-gain and improved and decentralized event-triggering[J].IEEE Transactions on Automatic Control,2012,57(6):1362-1376.

[11] Dimarogonas D V,Frazzoli E,Johansson K H.Distributed event-triggered control for multi-agent systems[J].IEEE Transactions on Automatic Control,2012,57(5):1291-1297.

[12] Fan Y,Feng G,Wang Y,et al.Distributed event-triggered control of multi-agent systems with combinational measurements[J].Automatica,2013,49(2):671-675.

[13] Guo G, Ding L, Han Q L. A distributed event-triggered transmission strategy for sampled-data consensus of multi-agent systems [J]. Automatica, 2014, 50（5）: 1489-1496.

[14] Yan H, Shen Y, Zhang H, et al. Decentralized event-triggered consensus control for second-order multi-agent systems[J]. Neurocomputing, 2014, 133: 18-24.

[15] Heemels W, Donkers M C F. Model-based periodic event-triggered control for linear systems[J]. Automatica, 2013, 49(3): 698-711.

[16] Rabi M, Moustakides G V, Baras J S. Adaptive sampling for linear state estimation [J]. SIAM Journal on Control and Optimization, 2012, 50(2): 672-702.

[17] Shi D, Chen T, Shi L. Event-triggered maximum likelihood state estimation[J]. Automatica, 2014, 50(1): 247-254.

[18] Sijs J, Lazar M. Event based state estimation with time synchronous updates[J]. IEEE Transactions on Automatic Control, 2012, 57(10): 2650-2655.

[19] Shi D, Chen T, Shi L. An event-triggered approach to state estimation with multiple point-and set-valued measurements[J]. Automatica, 2014, 50(6): 1641-1648.

[20] Dong H, Wang Z. Event-triggered robust distributed state estimation for sensor networks with state-dependent noises[J]. International Journal of General Systems, 2015, 44(2): 254-266.

[21] Li H. Event-Triggered State Estimation for a Class of Delayed Recurrent Neural Networks with Sampled-Data Information[J]. Abstract & Applied Analysis, 2012, 2012(3): 358-366.

[22] Li L, Lemmon M, Wang X. Event-triggered state estimation in vector linear processes [C]. Proceedings of the American control conference. IEEE, 2010: 2138-2143.

[23] Han D, Mo Y, Wu J, et al. Stochastic event-triggered sensor schedule for remote state estimation [J]. IEEE Transactions on Automatic Control, 2015, 60（10）: 2661-2675.

[24] Weimer J, Araújo J, Johansson K H. Distributed event-triggered estimation in networked systems[J]. IFAC Proceedings Volumes, 2012, 45(9): 178-185.

[25] Nguyen V H, Suh Y S. Networked estimation with an area-triggered transmission method[J]. Sensors, 2008, 8(2): 897-909.

[26] Nguyen V H, Suh Y S. Networked estimation for event-based sampling systems with packet dropouts[J]. Sensors, 2009, 9(4): 3078-3089.

[27] Zou L, Wang Z, et al. Event-triggered state estimation for complex networks with mixed time delays via sampled data information: the continuous-time case[J], IEEE Transactions on Cybernetics, 2015, 45(12): 2804-2815.

[28] Dimarogonas D V, Johansson K H. Event-triggered control for multi-agent systems [C]. International Conference on Decision and Control. IEEE, 2009: 7131-7136.

[29] Meng X,Chen T.Event based agreement protocols for multi-agent networks[J]. Automatica,2013,49(7):2125-2132.

[30] Seyboth G S,Dimarogonas D V,Johansson K H.Event-based broadcasting for multi-agent average consensus[J].Automatica,2013,49(1):245-252.

[31] Yin X, Yue D. Event-triggered tracking control for heterogeneous multi-agent systems with Markov communication delays[J].Journal of the Franklin Institute, 2013,350(5):1312-1334.

[32] 王利存.一类事件驱动马氏决策过程的 Q 学习[J].系统工程与电子技术,2001,23 (4):80-82.

[33] 任付彪,周雷,马学森,等.事件驱动 Q 学习在呼叫接入控制中的应用[J].合肥工业大学学报(自然科学版),2011,34(1):76-79.

[34] 张文旭,马磊,王晓东.基于事件驱动的多智能体强化学习研究[J].智能系统学报, 2017,12(1):82-87.

[35] Szepesvári C,Littman M L.A unified analysis of value-function-based reinforcement-learning algorithms[J].Neural computation,1999,11(8):2017-2060.

[36] 张文旭,马磊,贺荟霖,等.基于强化学习的地-空异构多智能体覆盖研究[J].智能系统学报,2018,13(2):202-207.

[37] 蔡自兴,崔益安.多机器人覆盖技术研究进展[J].控制与决策,2008 ,23(5):481-486.

[38] Mahboubi H,Moezzi K,Aghdam A G,et al.Distributed deployment algorithms for improved coverage in a network of wireless mobile sensors[J].IEEE Transactions on Industrial Informatics,2014,10(1):163-174.

第5章
基于事件驱动的启发式强化学习研究

5.1 引　言

经典的强化学习建立在对状态-动作对的搜索过程上,从搜索本质上讲采用的是盲目搜索方式,机器人通过遍历所有状态-动作对的手段来寻找解,虽然保证找到问题的最优解,但计算空间复杂度和时间复杂度较高,导致学习速度较慢、计算资源消耗较大等问题。相对于盲目搜索方式,启发式搜索方法通过与问题相关的先验知识指导搜索方向,达到更快获得问题解的目的。启发式方法作为加速强化学习的一种重要手段,改进了经典强化学习的盲目搜索方式,减少了需要遍历的状态-动作对数量。启发式强化学习往往需要利用先验知识对某些行动给予附加回报,或者作为状态-动作对搜索的约束条件。但是,启发式学习也存在弊端,比如附加回报可能使某一策略被不断加强而错过原本最优的策略,或者机器人在启发信息的约束下无法保证获得最优策略。因此,启发式强化学习往往以减少搜索范围为代价来提高搜索效率,有必要进一步研究学习速度与最优学习策略之间的平衡关系。另外,启发式学习所需要的先验知识,通常有根据经验直接设定和从自身的经历获取两种途径,对后者而言,先验知识的优劣往往直接决定了搜索的速度与解的好坏,而如何判断先验知识获取的准确性也是一个需要考虑的问题。

针对以上问题,本章提出一类基于事件驱动的启发式强化学习算法,利用事件驱动的思想平衡学习速度与最优策略的关系,并研究了启发式函数的先验知识获取程度问题,分别对HAQL、HASB-QL 和 CB-HAQL 三种算法进行改进。机器人在与环境的交互中,当其利用自身的经历作为启发信息时,如果它还没有充分对环境进行了解,以此时的知识作为启发信息可能会给学习过程带来波动。所提算法基于事件驱动设计了判断机制,使机器人更有效地从自身经历中获取先验知识,并灵活地决定进入启发式学习的时机。同时,当外界先验知识作为启发信息时,往往以约束策略范围为代价提高收敛速度,本算法通过观测信息的变化率设计触发函数,使启发信息间断性按需求地被引入,在保证一定收敛速度的同时提高了策略搜索范围,使启发式强化学习算法获得的策略更接近于最优策略。

5.2 启发式加速强化学习方法

利用先验知识设计启发函数是启发式学习的关键,启发式函数没有固定的设定方式,可以从问题的背景知识中寻找,或根据人为经验直接设定,也可以从当前的学习过程中动态提取和优化。作为铺垫,本节首先介绍 HAQL、HASB-QL 和 CB-HAQL 三种启发式学习算法的原理及研究现状,并分析了它们的先验知识来源、启发函数和启发方式的优势和局限性。

5.2.1 启发式加速 Q-学习

为了加速 Q-学习的学习过程,文献[1]首次提出了一种启发式加速强化学习算法(Heuristically Accelerated Q-Learning,HAQL),该算法在传统 Q-学习中引入启发过程,且机器人从自身的学习经历中获得先验知识。启发学习过程被分解为两个阶段,如图 5-1 所示,第一阶段机器人利用自身的 Q-学习迭代积累知识,建立起一个不完全的 Q 值表,第二阶段以先验知识作为启发信息对学习进行加速。

图 5-1　HAQL 算法两阶段

在启发式学习阶段,机器人基于前一阶段获得的知识,定义启发式函数 $H_t(s_t,a_t)$,通过 H 函数来反映机器人在状态 S_t 时动作 a_t 的重要性,以此为依据指导动作的选择。算法框架如图 5-2 所示,对于一个被启发的行动,HAQL 算法在策略搜索时,将在其原有的 Q 值上附加启发值进行搜索。

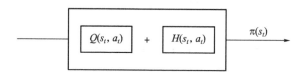

图 5-2　HAQL 算法启发式学习框架

HAQL 算法同时采用启发式和随机两种策略进行动作选择:

$$\pi(s_t)=\begin{cases}\arg\max_{s_t}[Q(s_t,a_t)+\zeta H_t(s_t,a_t)], & \text{if } q\leqslant\epsilon \\ a_{\text{random}}, & \text{其他}\end{cases} \tag{5-1}$$

式中,ζ 为权重因子(一般情况下取 1),q 为[0,1]间的随机值,$0\leqslant\epsilon\leqslant1$ 为探索系数,a_{ramdom} 为状态 s_t 时随机选择的可能动作,其算法伪代码如算法 5-1 所示。

算法 5-1　HAQL 算法

input：$\alpha, \varepsilon, \gamma, \xi, \eta, R$

1：initialise $Q_t(s,a)$ and $H_t(s,a)$

2：**repeat**

　　for each episode

3：　initialise S_t

4：　　**repeat**

　　　　for each step

5：　　　　select an action by the rules

$$a_t = \begin{cases} \arg\max_{at}[Q_t(s,a) + \xi H_t(s,a)], & \text{if } q \leqslant \varepsilon \\ a_{\text{random}}, & \text{其他} \end{cases}$$

6：　　　　execute the action a_t

7：　　　　observe $r(s_t, a_t), S_{t+1}$

8：　　　　$Q_t(s,a) \leftarrow Q_t(s,a) + \alpha[r + \gamma \max_{a_{t+1}} Q(s_{t+1}, a_{t+1}) - Q(s_t, a_t)]$

9：　　　　$S_{t+1} \leftarrow S_t$

10：　　**until** is S_t terminal

11：**until** stopping criterion is reached

HAQL 算法利用结构提取获得的先验知识，可以大幅度提高学习速度，但也存在其局限性[2]，因为结构提取阶段的长度完全根据人为经验制定，即机器人需要利用传统 Q-学习算法迭代指定的幕数。在这种设定中，如果在机器人还没有获取足够的知识前就停止结构提取，以当前的知识指导动作选择，可能会对强化学习过程带来扰动，比如可能使收敛速度变慢，或者无法收敛；如果机器人以大量的遍历来获取先验知识，结构提取阶段就等同于传统的 Q-学习，这样既无法体现出启发式学习的优势，也将造成一定的计算资源浪费。因此，人为去定义一个先验知识获取长度，只能使算法适用于特定问题，而当问题环境改变时算法可能无法得到好的效果。

5.2.2　基于状态回溯代价分析启发式 Q-学习

为了克服 HARL 算法在结构提取阶段需要大量遍历的缺点，文献[3]在 HARL 算法的基础上对其进行了改进，提出一种状态回溯启发式 Q-学习（Heuristically Accelerated State Backtracking Q-Learning，HASB-QL）。算法选择用外部经验作为先验知识构建启发函数，当学习过程开始后，机器人每执行一步行动都记录一个状态的转移和这个转移对应的代价，通过这种方式建立起一个类似 Q 值表的代价值表，在此后的每一步学习中以总代价最小的行动计算启发式函数 H 并引导 Q 值搜索，算法框架如图 5-3 所示。

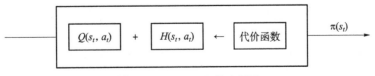

图 5-3　HASB-QL 算法框架

HASB-QL 的启发式函数定义为

$$H_t(s_t,a_t)=\begin{cases}\max_a Q(s_t,a)-Q(s_t,a_t)+\eta, & \text{if } a_t=\pi^{pl}(s_t)\\ 0, & \text{其他}\end{cases} \tag{5-2}$$

式中,$\pi^{pl}(s_t)=\min_a pl(s_t,a)$ 表示在状态 s_t 下选取总代价最小的动作,用代价值作为先验知识来指导行动,η 为启发系数(一般取一个很小的值),算法伪代码如算法 5-2 所示。

算法 5-2　HASB-QL 算法

---

input: $\alpha,\varepsilon,\gamma,\xi,\eta,c,R$

1: initialise $Q_t(s,a)$, $H_t(s,a)$ and $pl(s,a)$

2: **repeat**

　　for each episode

3:　initialise S_t

4:　　**repeat**

　　　for each step

5:　　　select an action by the rules

$$a_t=\begin{cases}\arg\max_{at}[Q_t(s,a)+\xi H_t(s,a)], & \text{if } q\leqslant\varepsilon\\ a_{\text{random}} & \text{其他}\end{cases}$$

6:　　　execute the action a_t

　　　　add(s,a) to pl

7:　　　observe $r(s_t,a_t)$, S_{t+1}

8:　　　update the $H_t(s,a)$ by equation(5-2)

8:　　　$Q_t(s,a)\leftarrow Q_t(s,a)+\alpha[r+\gamma\max_{a_{t+1}}Q(s_{t+1},a_{t+1})-Q(s_t,a_t)]$

9:　　　update $S_{t+1}\leftarrow S_t$

10:　　　update $pl(s,a)$

11:　　**until** is S_t terminal

12: **until** stopping criterion is reached

　　HASB-QL 算法可以使机器人快速进入启发式学习阶段,但其局限性来自外部经验对于策略引导的约束。当代价作为引导行动选择的因素时,默认为总代价小的行动将优于总代价大的行动,但总代价小其实只能作为判断行动优劣的条件之一,所以 HASB-QL 算法虽然加速了学习过程,但令搜索过程带有了主观性。

5.2.3　基于 Case Based Reasoning 的多机器人启发式加速 Q-学习

　　人类的记忆和思维过程是大脑对外部信息的学习和认知的过程,大脑对接收的信息如何表达和处理是当前的科学前沿问题[4],从模仿人类大脑运行的角度出发,寻求更符合逻辑、更智能的方法是人工智能领域的一个研究热点[5]。人类大脑在认知和学习的过程中,其思维过程可以抽象为逻辑思维、形象思维和创造思维三种形式。三种思维形式往往不是独立存在的,案例推理(Case-Based Reasoning,CBR)就是它们在人脑中一种综合表现形式[6],其思想主要来自动态记忆理论(Theory of Dynamic Memory),是认知科学对人类推理和学习机制的探索。

CBR 算法通过检索和重用过去的经验,来推理、适应和解决当前问题,其融合了记忆、理解、经验和学习的过程,CBR 算法框架如图 5-4 所示。对于一个新问题,CBR 算法可以检索类似问题的解决方案并作为参考,调整并应用于新问题中,而不是从零开始尝试,因此可以更有效率的解决新问题。同时,新问题和新解决方案将合成一个新案例,这个新案例又被存储在案例库作为以后重用的参考。目前,CBR 已经得到机器学习领域的广泛关注,并作为非常活跃的研究方向之一,在模式识别、决策支持、计算机辅助设计、疾病诊治、故障诊断、回归预测、环境预测、产品设计等领域得到大量的研究和应用[7-11]。

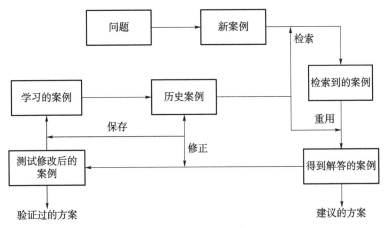

图 5-4　CBR 算法框架

CBR 弥补了专家推理系统在知识获取和组合推理等方面的不足。但是,CBR 对案例的定义和检索要求较高,需要将案例尽可能准确地认知和描述,并设计尽可能合理的检索和重用机制。重用方式主要有两种方式[12]:(1)多数案例重用,即在检索得到的所有相似的历史案例中,选择占多数案例的解决方案进行重用;(2)最高相似度案例重用,即直接重用检索到具有最高相似度案例的解决方案。但是遗憾的是,目前以上这两种重用机制都缺乏理论支持,可能会导致重用结果的不可信[13]。

当前,CBR 和强化学习已经有一定的结合,并成功应用于图像识别、机器博弈和RoboCup 机器人足球等多个领域[14,15]。文献[16]在强化学习中以 CBR 作为函数逼近器,同时强化学习也作为 CBR 的修正算法;文献[17]利用强化学习来训练环境反馈回报的相似性度量;文献[18]基于 CBR 机制,设计了使机器人快速适应环境变化的学习算法;文献[19]在移动网络中研究了基于 CBR 强化学习的分布式频波分配问题;文献[20]在供应链管理机制中,提出了一种基于 CBR 强化学习的多机器人动态库存控制算法;文献[21]提出一种基于 CBR 强化学习的动态频谱接入(Dynamic Spectrum Access,DSA)算法,以改善和稳定动态拓扑移动通信网络的性能。

基于知识迁移的思想,文献[22,23]将 CBR 机制引入 HAQL 算法中,提出一种基于案件推理的启发式加速 Q-学习算法(Case Based-HAQL,CB-HAQL),利用机器人的类似经历获取先验知识,并将先验知识通过案例的形式进行体现。但是,CB-HAQL 算法的先验知识并不是在经历中获取,而是来自外部的经验,比如机器人自身或其他机器人之前一次较好的实验,或在类似环境中得到的策略等。相对于传统的 HAQL 算法,CB-HAQL 算法无须结构提取阶段,也无须每次从零开始学习,在每一步都利用 CBR 方式检索历史的策略,如果有类似的策略,就将这个策略作为启发式函数指导当前的策略选择。CB-HAQL 算法框架如图 5-5 所示。

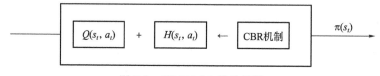

图 5-5　CB-HAQL 算法框架

CB-HAQL 算法伪代码如算法 5-3 所示。

算法 5-3　CB-HAQL 算法

input:α,ϵ,γ,ξ,η,R,Case

1：initialise $Q_t(s,a)$ and $H_t(s,a)$

2：**repeat**

　　for each episode

3：　initialise S_t

4：　　**repeat**

　　　for each step

5：　　　compute similarity between the current state and all the states in the case base,

6：　　　retrieve the case that is most similar to the current problem

7：　　　**if** the retrieve case is similar to the corrent state **then**

8：　　　　compute $H_t(s,a)$ with the actions suggested by the case selected

10：　　　　select an action by the rules

$$a_t = \begin{cases} \arg\max_{at}[Q_t(s,a)+\xi H_t(s,a)], & \text{if } q \leqslant \epsilon \\ a_{random}, & \text{其他} \end{cases}$$

11：　　　　execute the action a_t

12：　　　　observe $r(s_t,a_t)$,S_{t+1}

13：　　　　$Q_t(s,a) \leftarrow Q_t(s,a)+\alpha[r+\gamma \max_{a_{t+1}} Q(s_{t+1},a_{t+1})-Q(s_t,a_t)]$

14：　　　　$S_{t+1} \leftarrow S_t$

15：　　**until** is S_t terminal

16：**until** stopping criterion is reached

以 CBR 机制获得的先验知识作为启发函数,如果检索到的历史策略适合当前状态,那么重用这个历史策略会使求解过程变得快捷和高效;反之,则会导致求解过程的复杂和低效,因为如果以不适合的策略作为启发式函数,可能对机器人的行动做出不恰当的引导,使机器人在学习中偏离较好的学习策略。同时,CBR 机制使机器人缺少了对环境的适应能力,因为先验知识可能并不是来自当前的环境中,所以它包含的案例不一定能完全适应当前问题。

5.3 基于事件驱动的启发式 Q-学习设计

针对 5.2 节所介绍的 HAQL 及其扩展算法的不足,本节利用事件驱动的思想,分别对 HAQL 算法、HASB-QL 算法和 CB-HAQL 算法进行改进。对于 HAQL 算法,事件驱动的方式可以让机器人自行判断结构提取阶段的结束点,更有效地获取先验知识;对于 HASB-QL 算法,事件驱动的方式可以使学习过程选择性地加入启发式学习,扩大策略搜索范围,提高学习策略的最优性;对于 CB-HAQL 算法,结合前两种算法中事件驱动机制的优点,使机器人从自身经历中获得先验知识,且平衡了搜索范围与学习速度的关系。

5.3.1 基于事件驱动的 HAQL 算法

HAQL 算法采用的分阶段学习结构中,结构提取阶段获得的知识将直接影响到启发式阶段的学习效果,不充足的先验知识可能使启发过程出现波动,而过量的知识无法体现出启发式学习的优势,也造成了一定的计算资源浪费。所以,有必要研究第一阶段的先验知识获取结束时机问题。本节提出一种基于事件驱动的 HAQL 算法,机器人可以根据先验知识的掌握情况,灵活地决定是否进入启发式学习阶段。

1. 触发函数设计

结构提取阶段的目的是初步获取环境的先验信息,使机器人可以粗略地估计出一个状态转移函数 $P_t(s_t, a_t, s_{t+1})$。HAQL 算法中给定了一个固定的迭代幕数,作为第一阶段结构提取的结束点。但是,这种方式只能在主观上以经验来判断知识的获取情况,当所遇到的问题较复杂或者环境改变时,固定的幕数可能就不再适合。HAQL 算法在结构提取阶段的迭代次数示意图如图 5-6 所示。

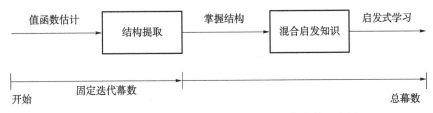

图 5-6 HAQL 算法在结构提取阶段的迭代次数示意图

对于一个 Q-学习过程,通常情况下机器人的表现会随着学习幕数的增加而逐渐趋于稳定,比如在机器人路径规划任务中,随着强化学习的加强作用,机器人的表现将越来越好,具体体现为行动步数的减少,并最终寻得一条最短路径。所以,机器人在每一幕所用步数可以在一定程度上反映出对知识的掌握情况。本节根据机器人步数的变化率来定义为触发函数。首先,记录机器人在每完成一幕时所用的步数,比如在第一次完成一幕时,所用的步数记为 $\text{step}(1)_{t=1}$,当机器人完成 $t=k$ 幕时,所用步数记为 $\text{step}(k)_{t=k}$。此时,通过定义两个变化率来反映所用步数的变化,描述知识的掌握情况。

（1）机器人在第一幕所用步数与当前幕所用步数的变化率,机器人从 $t=1$ 幕到 $t=k$ 幕的步数变化率定义为

$$U(k)=\text{step}\_e\,(k)_{t=k}=\frac{|\text{step}(k)-\text{step}(1)|}{\text{step}(1)} \tag{5-3}$$

（2）求得机器人在 $t=k$ 幕之前 5 幕平均所用步数 $\text{step}(k-5,k-1)$,其与当前幕所用步数的变化率定义为

$$V(k)=\text{step}\_e\,(k-5,k-1)_{t=k}=\frac{|\text{step}(k)-\text{step}(k-5,k-1)|}{\text{step}(k-5,k-1)} \tag{5-4}$$

定义触发函数阈值 F_1 和 F_2,用来描述机器人行动步数的变化率,即机器人对知识的获取情况,F_1 表示变化率 U 的触发阈值,F_2 表示变化率 V 的触发阈值。假设在第 k 幕,当机器人步数变化率 $U(k)$ 大于 F_1,且同时 $V(k)$ 小于 F_2 时,表示机器人已经获得足够的知识,可以结束第一阶段并进入下一阶段。此时,HAQL 算法中的结构提取步数由一个固定的值,改进为可自行调整的值,启发式策略选择规则为

$$\begin{cases} Q_t(s,a)=\arg\max_{a_L}[Q(s_t,a_t)+H_t(s_t,a_t)], & \text{if } U(k)>F_1 \,\&\, V(k)<F_2 \\ Q_t(s,a)=\arg\max_{a_i}[Q(s_t,a_t)], & \text{其他} \end{cases} \tag{5-5}$$

因此,先验知识的获取过程由固定方式转变为灵活的方式,算法在结构提取阶段的迭代次数示意图如图 5-7 所示。

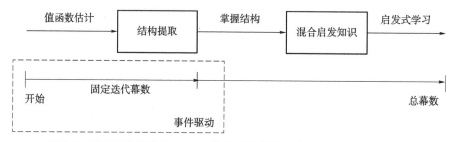

图 5-7　基于事件驱动的 HAQL 算法在结构提取阶段的迭代次数示意图

2. 基于事件驱动的 HAQL 设计

在结构提取阶段,机器人从遍历过程中获取基本的环境信息,使用经典的 Q-学习算法:

$$Q^*(s,a)=Q_t(s,a)+\alpha[r+\gamma\max_{a_{t+1}}Q(s_{t+1},a_{t+1})-Q(s_t,a_t)] \tag{5-6}$$

在学习过程中记录机器人的每一个行动回报,获得粗略的转移概率函数 $P(s,a,s')$。比如,在机器人路径规划任务中,动作 a 为一步移动,执行行动 a 后如果机器人撞墙或撞障碍物则表示此行动失败,相应的概率 $P(s,a,s')=0$,以此方式可以获得环境的障碍物和边界信息。同时,当每一幕完成后记录所用步数 $\text{step}(t)$,利用式(5-3)和式(5-4)定义的触发函数进行计算,如果满足触发条件时,则停止提取阶段转入下一个阶段;反之,则继续进行 Q-学习过程。

在启发式学习阶段,机器人利用先验知识对行动进行引导。在前一个阶段,因为机器人已经了解到目标的位置,并粗略掌握了地图边界和障碍物的分布位置,此时根据这些知识构建起一个反向传播(Back Propagation)过程,即机器人从目标点位置开始,通过逐步倒推的

方式,建立起一个针对已探索区域的行动策略矩阵,矩阵中的每一个元素表示机器人在当前位置应采取的行动策略。这个学习阶段中,在当前的状态 s_t 下,用前一阶段获得的知识来对 s_t 时可能采取的行动进行建议,用 $\pi^H(s_t)$ 表示在状态 s_t 下启发式信息建议的策略为 π,行动 a_t 为策略 π 中执行的动作,η 为启发系数,启发式函数 $H_t(s_t,a_t)$ 定义为

$$H_t(s_t,a_t)=\begin{cases} \max_a Q(s_t,a)-Q(s_t,a_t)+\eta, & \text{if } a_t=\pi^H(s_t) \\ 0, & \text{其他} \end{cases} \tag{5-7}$$

当启发式函数 $H_t(s_t,a_t)$ 的值被计算后,机器人根据 $Q+H$ 的值选择策略,有

$$\pi(s_t)=\begin{cases} \arg\max_{s_t}[Q(s_t,a_t)+\zeta H_t(s_t,a_t)], & \text{if } q\leqslant\varepsilon \\ a_{\text{ramdom}}, & \text{其他} \end{cases} \tag{5-8}$$

Event-triggered HAQL 算法伪代码如算法 5-4 所示,其与 HAQL 算法的唯一区别在于,第一阶段结构提取的结束时间点不同,由固定的学习幕数变为灵活可调的学习幕数,机器人将根据先验知识的掌握情况作为触发条件来结束第一阶段。因此,HAQL 算法的理论完全可以用于 Event-triggered HAQL 算法中。

定理 5-1 在一个确定性 MDP 模型中考虑 Event-triggered HAQL 算法,假设参与学习的机器人存在有限的状态集合和行动集合,对任意的策略 (s,a),存在有界的回报函数 $\exists r\in R$,且 $r_{\min}\leqslant r(s,a)\leqslant r_{\max}$,折扣因子 $0\leqslant\gamma\leqslant1$,有界的启发式函数 $H_{\min}\leqslant H(s_t,a_t)\leqslant H_{\max}$,有界的触发阈值 $0<F_1<1,0<F_2<1$ 时,对这个机器人而言,当每一个状态-行动对保证可以无限次遍历时,对所有状态 $s\in S$,Q 以概率 1 收敛到 Q^*。

证明:类似于文献[24]的证明思路,在 Event-triggered HAQL 算法中,Q 函数的更新不取决于启发式函数的值,基于事件驱动的结构提取仅关注机器人在此阶段学习的幕数,不影响机器人的先验知识获取条件。但需要注意的是,由于学习过程中机器人的行动选择方式受启发式函数引导,所以 Q-学习收敛的必要条件将受到 Event-triggered HAQL 算法的影响。

根据强化学习的 V 值函数,有

$$V^\pi(s_t)=r_t+\gamma r_{t+1}+\gamma^2 r_{t+2}+\cdots+\gamma^i r_{t+i} \tag{5-9}$$

用 Q 值表示 V 值可得

$$\begin{aligned} Q^*(s_t,a_t)&=r_t+\gamma V^*(s_{t+1}) \\ &=r_t+\gamma r_{t+1}+\gamma^2 r_{t+2}+\cdots+\gamma^i r_{t+i} \\ &=\sum_{i=0}^{\infty}\gamma^i r_{t+1} \end{aligned} \tag{5-10}$$

考虑一个最好的情况,即机器人在所有学习步都获得最大的 Q 值,Q 值可以表示为

$$\begin{aligned} \max Q(s_t,a_t)&=r_{\max}+\gamma r_{\max}+\cdots+\gamma^i r_{\max} \\ &=\sum_{i=0}^{\infty}\gamma^i r_{\max} \end{aligned} \tag{5-11}$$

当 $n\to\infty$ 时,有

$$\begin{aligned} \max Q(s_t,a_t)&=\lim_{n\to\infty}\sum_{i=0}^{\infty}\gamma^i r_{\max} \\ &=\frac{r_{\max}}{1-\gamma} \end{aligned} \tag{5-12}$$

当机器人收敛到最终状态时,对任意的(s_t,a_t),有$\max Q(s_t,a_t)\leqslant r_{\max}$,假设此时的策略为机器人的最优策略$\pi^*$。

同理,对一个被启发而得到的策略π^H,它在每一步获得的回报值为r_H,同时可以考虑将其作为一个获得最坏策略的情况,即机器人在到达最终状态之前的每一步都获得最小的Q值,即$r_H=r_{\min}$,只在最后一步获得最大回报,Q值可以表示为

$$\min Q(s_t,a_t)=Q(s_t,a_t)_H=r_H+\gamma r_H+\cdots+\gamma^{n-1}r_H+\gamma^n r_{\max}$$
$$=\sum_{i=0}^{n-1}\gamma^i r_H+\gamma^n r_{\max} \tag{5-13}$$

其中事件驱动过程不影响先验知识对策略π^H的指导作用,当$n\to\infty$时,有

$$Q(s_t,a_t)_H=\min Q(s_t,a_t)=\lim_{n\to\infty}\left[\sum_{i=0}^{n-1}\gamma^i r_H+\gamma^n r_{\max}\right]$$
$$=r_H\left[\lim_{n\to\infty}\sum_{i=0}^{n-1}\gamma^i\right]$$
$$=\frac{r_H}{1-\gamma} \tag{5-14}$$

对于一个启发式强化学习系统,定义S_t状态下最优策略的Q值与启发式指导的策略的Q值的差值为

$$\Delta Q_H(s_t)=Q(s_t,\pi^*)-Q(s_t,\pi^H) \tag{5-15}$$

对于在一个学习幕中的状态S_t,启发函数H取值为

$$\begin{cases} H_{\min}(s_t,a)=0, & \text{if } a_t\neq\pi^H(s_t) \\ H_{\max}(s_t,a)=\max_a Q(s_t,a)-Q(s_t,a_t)+\eta, & \text{if } a_t=\pi^H(s_t) \end{cases} \tag{5-16}$$

根据式(5-7),有

$$\pi(s_t)=\begin{cases} \operatorname{argmax}_{at}[Q(s_t,a_t)+\zeta H_t(s_t,a_t)], & \text{if } q\leqslant\varepsilon \\ a_{\text{random}}, & \text{其他} \end{cases} \tag{5-17}$$

对任意的$s\in S$,假设在状态$z\in S$下式(5-15)中机器人存在最大的差值$\Delta Q_H(z)$。在此状态下考虑一个最优策略$a=\pi^*(z)$,以及一个被启发获得的策略$b=\pi^H(z)$,其中a和b为策略对应的行动。式(5-17)也表示了机器人在$Q+H$的策略原则之外利用了随机搜索方式,保证了机器人可以无限次地遍历所有策略。假设用被启发得到的行动b去替换最优行动a,因此被启发策略和最优策略存在以下的关系

$$Q(z,a)+\zeta H_t(z,a)\leqslant Q(z,b)+\zeta H_t(z,b) \tag{5-18}$$

调整不等式后有

$$Q(z,a)-Q(z,b)\leqslant\zeta H_t(z,b)-\zeta H_t(z,a)\leqslant\zeta[H_t(z,b)-H_t(z,a)] \tag{5-19}$$

在 Event-triggered HAQL 算法中$\Delta Q_H(z)$的值为

$$\Delta Q_H(z)=Q(z,\pi^*)-Q(z,\pi^H)=Q(z,a)-Q(z,b) \tag{5-20}$$

代入式(5-19)有

$$\Delta Q_H(z)\leqslant\zeta[H_t(z,\pi^H)-H_t(z,\pi^*)] \tag{5-21}$$

根据式(5-16)可知,最大的启发值$H_{\max}$为最大的Q值与最小的Q值之差,最小的启发值$H_{\min}$为零,因此根据式(5-12)和式(5-14)有

$$H_{\max} = \frac{r_{\max}}{1-\gamma} - \frac{r_H}{1-\gamma} + \eta \tag{5-22}$$

代入式(5-21)有

$$\Delta Q_H(z) \leqslant \zeta[H_{\max} - H_{\min}] \leqslant \zeta\left[\frac{r_{\max}}{1-\gamma} - \frac{r_H}{1-\gamma} + \eta - 0\right] \leqslant \zeta\left[\frac{r_{\max} - r_H}{1-\gamma} + \eta\right] \tag{5-23}$$

当机器人可以无限次地对所有状态-行动对进行遍历时,即机器人可以完全掌握环境信息,因此反向递推所建立的倒推过程可以保证正确,有 $r_{\max} = r_H$,即至少有一个被启发得到策略可以保证和最优策略一样好,于是有 $\Delta Q_H(z) \rightarrow 0$,即启发式指导的策略与最优策略相同,因此 Event-triggered HAQL 算法确保收敛,证毕。

算法 5-4　基于事件驱动的 HAQL 算法

---

input:$\alpha, \varepsilon, \gamma, \xi, \eta, R, F$

1:initialise $Q_t(s,a)$ and $H_t(s,a)$

2:**repeat**

　　for each episode

3:　　initialise S_t

4:　　**repeat**

　　　　for each step

5:　　　　the stage of structure extraction

6:　　　　classical Q-learning and select an action using the modified ε-Greedy rule

7:　　　　record steps

8:　　　　**if** while the threshold value F reaches its upper limit

9:　　　　　enter the stage of heuristics composition

10:　　　　　compute$H_t(s_t,a_t)$

11:　　　　　select an action by the rules

$$a_t = \begin{cases} \arg\max_{at}[Q_t(s,a) + \xi H_t(s,a)], & \text{if } q \leqslant \varepsilon \\ a_{\text{random}}, & \text{其他} \end{cases}$$

12:　　　　　execute the action a_t

13:　　　　　observe $r(s_t, a_t), S_{t+1}$

14:　　　　　$Q_t(s,a) \leftarrow Q_t(s,a) + \alpha[r + \gamma \max_{a_{t+1}} Q(s_{t+1}, a_{t+1}) - Q(s_t, a_t)]$

15:　　　　　$S_{t+1} \leftarrow S_t$

　　　　else return step(5)

16:　　**until** S_t is terminal

17:**until** stopping criterion is reached

---

3. 仿真实验

路径规划是自主移动机器人研究中的重要课题,涵盖了定位技术、环境感知、路径规划、避障等多个内容。路径规划过程包括自主性、可达性、安全性和高效性四个方面的要求,要求机器人利用感知到的全局或部分环境信息,自行制定运动轨迹并躲避障碍物,最终尽可能安全地、高效地抵达指定地点,或遍历一系列的目标位置[25]。

本节考虑用路径规划问题验证所提出的算法,问题描述如下,如图 5-8 所示,在一个存在障碍物的 30×30 的格子世界中,一个机器人需要从初始点找到一条安全路径到达目标点位置,机器人有上下左右 4 个行动,每步行动为一格,机器人到达目标点的回报值为 10,其余格子的回报值都为−1,回报值由环境所给出,世界的边界被机器人视作障碍物,机器人的初始位置固定。

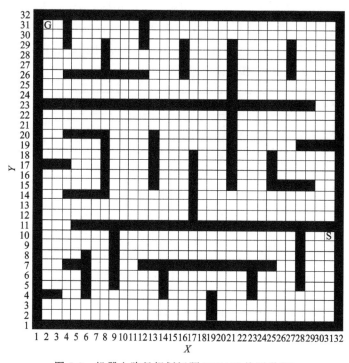

图 5-8　机器人路径规划问题(30×30 格子世界)

机器人通过启发式强化学习的方式完成路径规划任务,在每一幕实验中机器人以行动 10 000 步为上限,如果超过 10 000 步还未到达目标点则重新开始新一幕实验,定义学习率为 0.3,折扣因子为 0.5。在结构提取阶段,因为机器人需要扩大探索范围,所以随机探索系数取 0.8;而在启发式学习阶段,机器人无须再以大随机概率探索地图,故探索系数取 0.1。启发系数 $\eta=0.01$,事件驱动阈值 F_1 和 F_2 分别取(0.1,0.3)、(0.1,0.2)、(0.15,0.2)和(0.2,0.15)四组阈值。

图 5-9 说明了在结构提取阶段机器人对环境的掌握情况,图 5-9(a)表示机器人开始探索地图时对地图的信息一无所知,即格子世界中每一格完全空白,机器人初始坐标为(31,10),以字母 S 标识;图 b 展示了机器人在某次实验中经过 10 个标准 Q-学习幕后对环境的掌握情况,10 个标准 Q-学习幕的设定源自文献[2],其中机器人探索过的区域以黑色格子表示,白色格子表示探索过程中发现的障碍物和边界。由图 5-9(b)中可以看出,经历 10 个学习幕后,机器人尚未到达目标点位置,对已探索区域的障碍物没有完全探明,且地图存在大量未探索到的区域。因此,在结构提取阶段,对于 HAQL 算法而言,机器人以固定的学习幕数获取先验知识,可能无法保证较好地适应环境变化,比如环境信息变复杂时,固定的学习幕数无法保证获取足够的先验知识,而环境信息变简单时,固定的学习幕数可能又造成不必要的浪费。

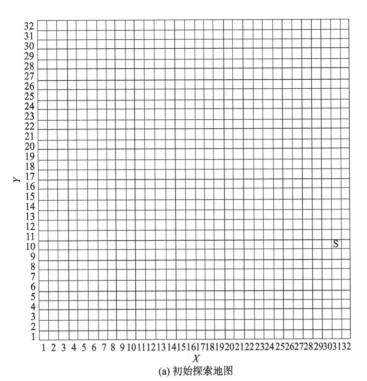

(a) 初始探索地图

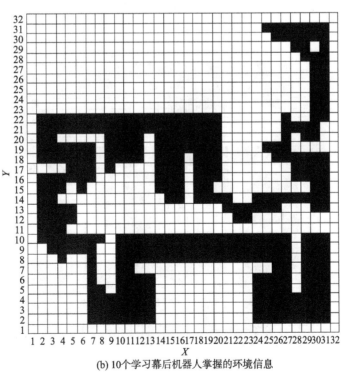

(b) 10个学习幕后机器人掌握的环境信息

图 5-9 结构提取阶段机器人掌握的环境信息

　　由以上分析可知,在结构提取阶段,机器人所用的学习幕数对地图信息的掌握起着决定性作用,本算法以触发阈值来判断结构提取阶段的结束点。图 5-10 说明了在结构提取阶段中,不同的触发阈值下机器人对环境的掌握情况,从图中可以看出随着阈值 F_1 的增大和

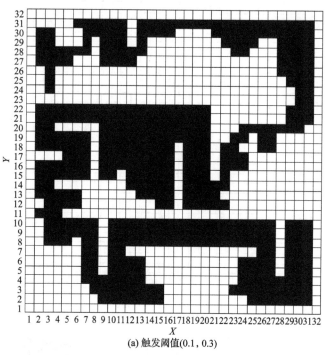

(a) 触发阈值(0.1, 0.3)

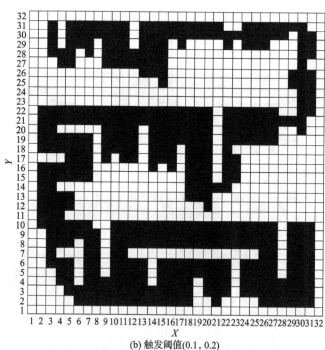

(b) 触发阈值(0.1, 0.2)

图 5-10　机器人对环境的掌握情况与触发阈值的关系

F_2 的减少,结构提取的结束时刻被延长,机器人在此阶段延续了更多的学习幕数,对应地可以看出,随着触发阈值的变化,机器人对地图信息的掌握程度也逐渐增长。

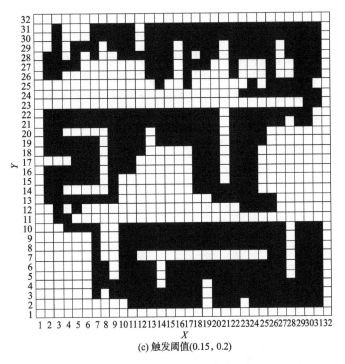

(c) 触发阈值(0.15, 0.2)

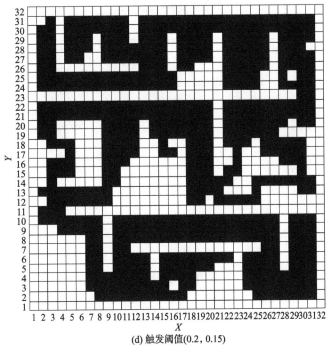

(d) 触发阈值(0.2, 0.15)

图 5-10　机器人对环境的掌握情况与触发阈值的关系(续)

对应图 5-10 中触发阈值与先验知识的关系,图 5-11 和 5-12 所示为触发阈值与学习算法收敛速度的关系。图 5-11 反映了机器人完成任务时所用实际步数,为了更清晰地显示曲线之间的关系,图 5-12 为图 5-11 的曲线拟合图,其中横坐标表示了机器人团队学习的幕数,纵坐标表示完成任务的步数,图中触发阈值 F 分别取$(0.1,0.3)$、$(0.1,0.2)$、$(0.15,0.2)$ 和 $(0.2,0.15)$四组。可以看出,随着触发阈值选取的变化,机器人停留在结构提取阶段的学习幕数随之改变,表现为机器人可以获得更多的先验知识。直到启发阶段开始,机器人完成任务所需步数骤然下降。从图 5-12 曲线可以看出,对于越早被触发的学习过程,其学习算法收敛性越快,但到达终点的步数也更多;反之,越晚被触发的学习过程,机器人有更多的时间对环境进行了解,因此有更多的机会探索到更好的路径,表现为机器人完成任务所需要的步数更少。

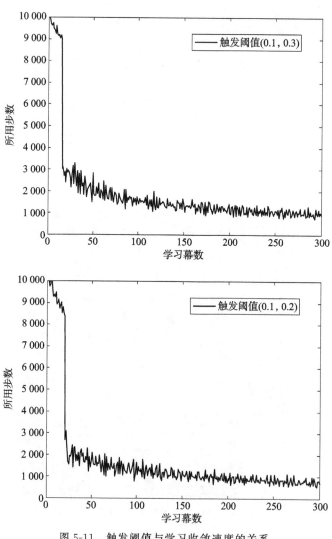

图 5-11　触发阈值与学习收敛速度的关系

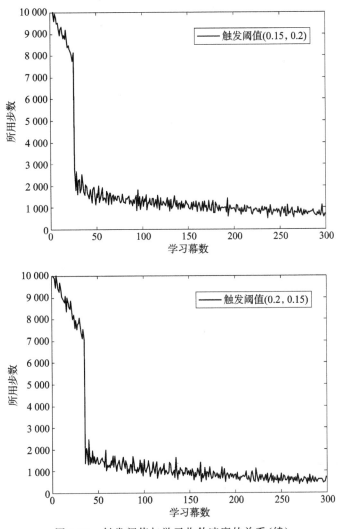

图 5-11　触发阈值与学习收敛速度的关系(续)

　　图 5-13 比较了传统 Q-学习、传统 HAQL 和基于事件驱动的 HAQL 三种算法,由图中可以看出三种算法都可以收敛到较稳定的步数,其中通过传统 Q-学习算法得到路径步数最少,但整个学习过程收敛较慢;在 HAQL 算法中,当机器人结束 10 个学习幕的提取阶段后,就开始利用反向递推建立起的启发过程进行加速,使学习过程得到快速收敛,但由于对环境的先验知识掌握并不完整,因此所需的步数最多;对于事件驱动的 HAQL 算法,取触发阈值(0.2,0.15),机器人自行判断先验知识获取程度,在经过 33 个学习幕后进入启发学习阶段,此时机器人已经基本掌握环境的信息,因此收敛得到的步数与 Q-学习得到的相差无几。与 HAQL 算法相比,基于事件驱动的 HAQL 算法进入启发式学习的时刻较晚,导致了收敛速度较前者稍慢,但机器人获得的路径会更优;与传统 Q-学习算法相比,基于事件驱动的 HAQL 算法的学习速度仍存在较大优势,同时获得的路径也更接近于传统 Q-学习。

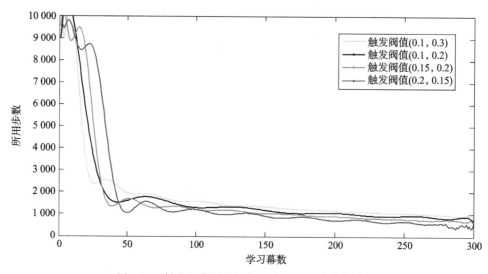

图 5-12　触发阈值与学习收敛速度的关系曲线拟合

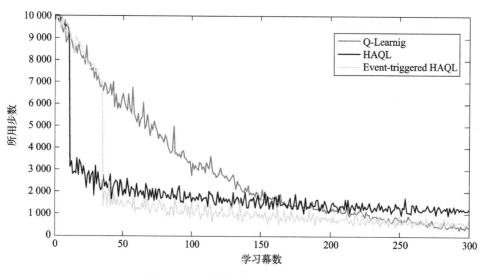

图 5-13　三种学习算法所用步数比较

5.3.2　基于事件驱动的 HASB-QL 算法

HAQL 算法需要在结构提取阶段通过大量的遍历以获取先验知识，HASB-QL 算法对其进行改进。在机器人每一个学习幕的每一步行动中，都定义此行动的代价并记录之，在以后的学习幕中，引入之前学习幕中行动代价和值作为先验知识，指导新的学习步中的行动选择。但是，行动的代价存在有很大的局限性，有些状态中代价最小的行动即较好的行动，有些状态下可能完全相反。针对这个问题，本节提出一种基于事件驱动的 HASB-QL 算法。

1. 触发函数设计

对于 HASB-QL 算法,机器人利用之前行动的总代价对当前行动进行引导。但是,行动代价来自外部设定,在机器人需要考虑更多策略的时刻,比如在路径规划问题中,机器人的避障行动可能存在多种路径选择,代价函数可以引导机器人执行一个之前总代价小的行动,但总代价小仅是对行动的一个主观判断,不能完全描述为最优的路径,所以这种引导可能使机器人错过原本最优的路径选择。事件驱动的方式可以使得启发式函数从周期性地指导行动选择,转变为非周期性地根据环境的需要来间断性地进行启发学习,更有利于平衡策略搜索范围与收敛速度的关系。

在事件驱动思想中,机器人把从环境得到的观测误差作为评判标准,当它达到一个预设的阈值时事件被触发。考虑机器人的学习过程,机器人首先在每一个时刻从环境获得观测信息,定义观测的变化率为事件触发条件,目的为通过判断环境的变化,以增加机器人搜索的策略范围。假设在时刻 t,当机器人观测结束后,根据上一刻观测与当前观测的变化率,进行一次触发过程,来决定是否需要在本次搜索中利用代价启发函数引导行动。机器人从 $t-1$ 时刻到 t 时刻的观测变化率定义为

$$e(t) = |o(t) - o(t-1)| / o(t-1) \tag{5-24}$$

式中,$o(t)$ 为在 t 时刻的观测值。定义 $0 < E < 1$ 为触发函数阈值,当机器人观测变化率 $e(t)$ 小于 E 时加入代价启发函数。此时,不是所有的学习步中引入启发函数,当观测变化率超过阈值时,意味着机器人在当前时刻可能遇到更多新状态,需要扩大策略搜索范围,不引入代价启发函数,而使用传统的策略搜索方式,即根据 Q 值搜索和随机搜索;当观测变化率小于阈值时,则意味着机器人周围的环境较稳定,引入代价函数以减少盲目搜索过程。

对于一个路径规划问题,本章定义观测值为机器人观测范围内空格与障碍物的数量,机器人将根据空格和障碍物的变化情况作为环境的变化依据。首先根据观测范围建立一个观测矩阵,分别在矩阵中用 0 和 1 表示空格和障碍物,当机器人在行进过程中观测信息发生变化后,矩阵中的元素也将跟着发生变化,此时统计观测矩阵中发生变化的元素数量,并求得与前一时刻观测矩阵的变化率。需要指出的是,机器人在路径规划过程中,并不是依靠观测信息来对格子世界进行探索,格子世界的信息仍然需要机器人以每次行动一格的方式进行探索,也就是说,在任务开始时刻,机器人对于格子世界的信息是完全一无所知的,它在一步一步试探中了解地图信息,并逐渐确认边界和障碍物的位置,观测信息仅针对机器人已经探索过的区域,通过对这个区域内空格与障碍物的获取,来判断机器人在两个学习步中周围环境的变化情况。

2. 基于事件驱动的 HASB-QL 算法设计

启发式强化学习的目的在于,利用启发函数来说明机器人在状态 S_t 时行动 a_t 的重要性,求解该问题需要找到一个策略使机器人最终获得尽可能大的奖励信号。不同于传统的 HASB-QL 算法,基于事件驱动的 HASB-QL 框架如图 5-14 所示,机器人在学习过程中需要

根据事件的触发,选择是否利用代价启发函数对行动策略进行指导,定义启发函数为 $H(c_{a_t}, s_t, a_t, s_{t+1}, e)$,表示机器人在 s_t 状态时,如果事件触发函数 e 被触发,则机器人利用代价函数 c_{a_t} 计算启发式函数 H,指导机器人行动 a_t,并转移到 s_{t+1} 状态。

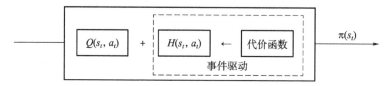

图 5-14 基于事件驱动的 HASB-QL 框架

类似文献[185],首先定义一个代价函数 $c(s_t, a_t, s_{t+1})$,表示机器人执行行动 a_t 后,环境从状态 s_t 转移到 s_{t+1} 的代价,且 $c(s_t, a_t, s_{t+1}) \geqslant 0$,其值由经验给出,作为启发式约束条件。基于每一步行动的代价,当机器人从初始状态 S_0 到达最终状态 s_f,累计一幕中任意状态 s_t 到最终状态的代价和,利用这些代价和值建立起一个代价值表 C。表中定义 $c: S \times A \rightarrow R$ 为状态-动作转移消耗,$c(s_t, a_t, s_f)$ 表示机器人在状态 s_t 下采取行动 a_t,到最终状态 s_f 的总代价。在每一幕学习中 $c(s_t, a_t, s_f)$ 将根据总代价值进行更新,更新公式为

$$c(s_t, a_t, s_f) = \min\left[c(s_t, a_t, s_f), \sum_{k=t}^{f-1} c(s_t, a_t, s_{t+1}) \right] \tag{5-25}$$

HASB-QL 的迭代中,代价启发函数被每幕合计最小代价的行动序列进行修正,并作为启发函数 H 来指导 $Q(s_t, a_t)$ 的选择。但是,最小代价的行动无法保证是 $Q(s_t, a_t)$ 值最大的行动,也就是说,代价函数 c 作为约束条件可能使得机器人放弃一部分需要考虑的策略。所以,考虑事件触发函数 e_t 情况下的约束条件,策略选择规则为

$$\pi(s_t) = \begin{cases} \{\arg\max_{a_t}[Q_t(s_t, a_t) + H_t(s_t, a_t)], \arg\min_{a_t}[c(s_t, a_t)] | e_t \}, & \text{if } q \leqslant \varepsilon \ \& \ e_t \\ \arg\max_{a_t}[Q_t(s_t, a_t)], & \text{if } q \leqslant \varepsilon \\ a_{\text{random}}, & \text{其他} \end{cases}$$

$$\tag{5-26}$$

式中,$\pi(s_t)$ 表示在状态 s_t 下,如果触发函数不被触发,算法按照传统 Q-学习进行查找策略;如果触发函数被触发,则利用总代价最小的行动指导当前的行动选择,计算启发函数 H,并选取启发式 $Q+H$ 值最大的行动执行,H 更新公式如下:

$$H_t(s_t, a_t) = \begin{cases} \max_a Q(s_t, a) - Q(s_t, a_t) + \eta, & \text{if } a_t = [\pi^c(s_t), e_t = E] \\ 0, & \text{其他} \end{cases} \tag{5-27}$$

$a_t = [\pi^c(s_t), e_t = E]$ 表示机器人在状态 s_t 下事件被触发,机器人根据代价值表 C 决定 a_t 是需要被启发的行动,$H_t(s_t, a_t)$ 为根据被启发的行动 a_t 计算得到的启发式函数,η 为启发系数。当事件被驱动时,代价启发函数对 Q 值有指导作用;当事件不被驱动时,代价启发函数不对 Q 值作用。在所有状态下,MDP 模型中 Q-学习的迭代公式为

$$Q(s_t, a) = Q(s_t, a) + \alpha[r(s_t, a) + \gamma \max_{a'} Q(s_{t+1}, a') - Q(s_t, a)] \tag{5-28}$$

算法伪代码如算法 5-5 所示。

算法 5-5　基于事件驱动的 HASB-QL 算法

---

input$:\alpha,\epsilon,\gamma,\xi,\eta,E,c$

1：initialise $Q_t(s,a),H_t(s,a),$ and $C(s,a)$

2：**repeat**

　　for each episode

3：　initialise S_t

4：　　**repeat**

　　　　for each step

　　　　compute observation information between the current state and the previous state

5：　　　**if** the threshold E is not reached

6：　　　　the classic Q-learning

7：　　　　generating cost value of actions

　　　　else

8：　　　　compute $H_t(s_t,a_t)$ by $C(s,a)$

9：　　　　select an action using by the rules

$$a_t=\begin{cases}\arg\max a_t[Q_t(s,a)+\xi H_t(s,a)], & \text{if } q\leqslant\epsilon\\ a_{\text{random}}, & \text{其他}\end{cases}$$

10：　　　execute the action a_t

　　　　　generating cost value of a_t

11：　　　observe $r(s_t,a_t),S_{t+1}$

12：　　　update the $H_t(s,a)$ by equation(5-12)

13：　　　$Q_t(s,a)\leftarrow Q_t(s,a)+\alpha[r+\gamma\max a_{t+1}Q(s_{t+1},a_{t+1})-Q(s_t,a_t)]$

14：　　　update $S_{t+1}\leftarrow S_t$

15：　　　update $C(s,a)$

16：　　**until** S_t is terminal

17：**until**　stopping criterion is reached

---

3. 启发式函数分析

启发式函数的目的在于，当机器人选择策略时对其进行指导或协助动作选择。HASB-QL 利用行动代价作为启发函数，无须 HAQL 算法的第一阶段，在累积代价知识的同时，就开始利用代价对 Q 值进行指导。但是，HAQL 和 HASB-QL 两种算法的先验知识来源是不同的，HAQL 算法的知识来源自身学习过程，而 HASB-QL 算法的知识来自学习系统外部，在启发过程中也约束了机器人的策略搜索范围。所以，有必要考虑代价作为启发式函数对策略搜索的影响。

举例说明，如图 5-15 所示，假设机器人在状态 s_t 时有上下左右 4 个可能采取的行动，即 $[a_1,a_2,a_3,a_4]$，其分别对应 4 个行动的 Q 值为 $Q(s_t,a_1)=1.1,Q(s_t,a_2)=1.2,Q(s_t,a_3)=1.3,Q(s_t,a_4)=0.9$，启发系数 $\eta=0.01$。此时，对于 HASB-QL 算法而言，假设在代价表 C 中 a_4 有最小的行动代价和值，即 a_4 是需要被启发的行动，根据式（5-12）可以计算得到启发函数 $H(s_t,a_4)=0.41$，然后通过式（5-11）得到状态 S_t 时 4 个动作对应的 $Q+H$ 值为 $[1.1,1.2,1.3,1.31]$，即机器人会在状态 S_t 时将选择行动 a_4，Q 值表也相应进行更新。可以

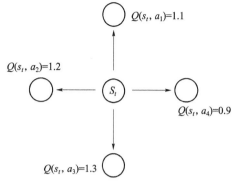

图 5-15 启发式算法 Q 值示意图

看出,代价作为启发式函数,虽然可以对行动进行指导并加快收敛过程,但可能使机器人错过原本最优的行动,使学习陷入局部最优。对于基于事件驱动的 HASB-QL 算法,在这种情况下,假设当前环境与上一个时刻的环境变化较大,机器人将被事件触发,那么机器人在此时不采用启发式的搜索方式,而采用传统的 Q-学习搜索策略,根据式(5-11)可知,机器人将选择 a_3 为执行的策略,因此机器人可以选择出该时刻最好的策略。

启发式学习的集中性和疏散性体现了求解过程中搜索范围和最优解的相对关系。假设传统 HASB-QL 算法和基于事件驱动的 HASB-QL 算法的决策树示意图如图 5-16 所示,根节点表示每一个时刻的 Q 值,其中 $F(s,a)$ 表示约束条件,实线圆圈表示实际搜索了的 Q 值,虚线圆圈表示放弃搜索的 Q 值,如图 5-16(a)所示,在传统 HASB-QL 算法中,代价启发函数对 Q 值的指导过程中也约束了搜索范围,可能使机器人放弃搜索一些原本最优的 Q 值,令算法的集中性更突出;如图 5-16(b)所示,在基于事件驱动的 HASB-QL 算法中,机器人无须在每一时刻加入代价启发函数,扩大了策略搜索范围,提高了算法的疏散性,使机器人有更多的机会获得更好的策略。

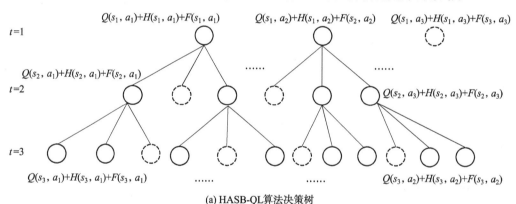

(a) HASB-QL算法决策树

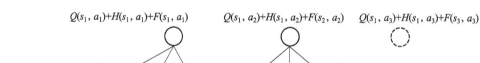

(b) 基于事件驱动的HASB-QL算法决策树

图 5-16 两种启发式算法决策树

定理 5-2　在一个确定性 MDP 模型中考虑 Event-triggered HASB-QL 算法,参与学习的机器人存在有限的状态集合和行动集合,有界的回报函数 $\exists c \in \mathfrak{R}$;$(\forall s, a)$,$|R(s, a)| < c$,$0 \leqslant \gamma \leqslant 1$。对任意的 (s_t, a_t),其启发式函数值存在上下界 $H_{\min} \leqslant H(s_t, a_t) \leqslant H_{\max}$,行动存在有界的代价值 $c_{\min} \leqslant c(s_t, a_t) \leqslant c_{\max}$,触发阈值 $0 < E < 1$。对这个机器人而言,当每一个状态–行动对保证可以无限次遍历时,对所有状态 $s \in S$,Q 值可以保证收敛。

证明:在第 n 个学习幕中,假设机器人的初始状态为 s_0,终止状态为 s_f,机器人从 (s_0, a_0) 到 (s_f, a_f) 建立起一个状态转移过程,每一个 (s_t, a_t) 对应一个代价值,在一幕结束后机器人根据状态转移,并得到一个代价和值 $c(s_f, s_0)_n$。在第 $n+m$ 个学习幕中,机器人的代价和值为 $c(s_f, s_0)_{n+m}$,因为机器人只以更小的代价和值去更新之前的值,即 $c(s_f, s_0)_{n+m} \leqslant c(s_f, s_0)_n$。假设在第 $n+k$ 个学习幕,机器人被事件驱动而采用传统 Q-学习选择策略,当执行行动 a 后,有 $c(s_f, s_0)_{n+k} \leqslant c(s_f, s_0)_n$。所以,当机器人可以无限次遍历所有的状态–行动对时,可以保证机器人收敛到一个最小的代价和值 $c(s_f, s_0)_{\min}$。

类似于定理 5-1 的证明,对任意的 $s \in S$,假设在状态 $z \in S$ 下,机器人存在最大的差值 $\Delta Q_H(z)$。在这个状态下,考虑一个最优策略 $a = \pi^*(z)$,以及一个被代价函数启发的策略 $b = \pi^c(z)$,其中 a 和 b 为策略对应的行动,两个策略间最大的差值 $\Delta Q_H(z)$ 为

$$\begin{aligned}
\Delta Q_H(z) = Q(z, \pi^*) - Q(z, \pi^c) &= Q(z, a) - Q(z, b) \\
&\leqslant \zeta[H_{\max} - H_C] \\
&\leqslant \zeta\left[\frac{r_{\max}}{1-\gamma} - \frac{r_C}{1-\gamma} + \eta - 0\right] \\
&\leqslant \zeta\left[\frac{r_{\max} - r_C}{1-\gamma} + \eta\right]
\end{aligned} \tag{5-29}$$

令行动 b 在所有状态 $s \in S$ 下有代价和值最小的 $c(s_f, s_0)_{\min}$,即 $b = [\pi^c(z), c(s_f, s_0)_{\min}]$。但是,因为代价函数不能作为指导最优行动的标准,假设 $b = \pi^c(z)$ 此时的回报值为 r_C,根据式(5-11)和式(5-13),有 $r_{\min} < r_C < r_{\max}$,因此 $Q(z, \pi^*) - Q(z, \pi^c) \to d$,$d \in R$,可以保证算法的收敛性,证毕。

4. 仿真实验

本节考虑用机器人导航问题来验证所提算法,问题描述如下,如图 5-17 所示,在一个规模为 30×30 的存在障碍物的格子世界中,一个机器人需要从起点找到一条路径安全到达终点,起点和终点的坐标固定,分别位于在地图的右下角和右上角,以字母 S 和 G 表示。

图中圆点表示机器人,其拥有上下左右 4 个行动,每步行动为一格,观测范围为自身周围共 20 个格子(灰色区域),机器人观测到的格子分为'空格'和'障碍物'两个状态,到达目标点回报值为 100,其余位置回报值为 −1,回报值由环境给出,世界的边界对机器人作为障碍物。机器人在每一幕实验中以行动 10 000 步为上限,如果超过 10 000 步还未到达终点则重新开始新一幕实验;阈值 E 分别取 0.2、0.25、0.3 和 0.4;初始退火系数 0.8,且退火系数会学习幕数增加线性下降至 0.1;启发系数 $\eta = 0.01$,启发函数折扣 $\xi = 1$,强化学习学习率 0.6,折扣因子 0.4,机器人每一步行动的代价值为 0～100 间的随机生成数。

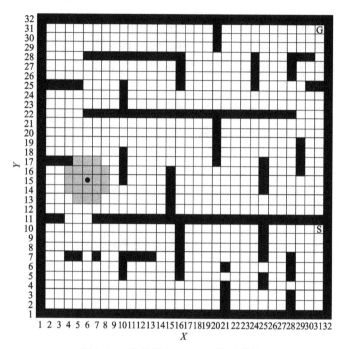

图 5-17 路径规划 30×30 格子世界

图 5-18 和图 5-19 所示为触发阈值与算法收敛速度的关系，图 5-18 为机器人完成任务时所用实际步数，为了更清晰地显示曲线之间的关系，5-19 为其曲线拟合图。图中横坐标表示了团队学习的幕数，纵坐标表示完成任务的步数，触发阈值 E 分别取 0.2、0.25、0.3 和 0.4，触发阈值选取越大，表示两个时刻机器人的观测信息变化率越大，对应着机器人被事件触发次数越少。从图中曲线可以看出，随着触发阈值的增大，代价启发式作用增强，学习算法收敛性更快，但机器人到达终点的步数也将增多；反之，当触发阈值减小时，机器人有更多的机会采用 Q-学习算法进行策略搜索，因此机器人的收敛速度降低，但所需要的步数也更少。

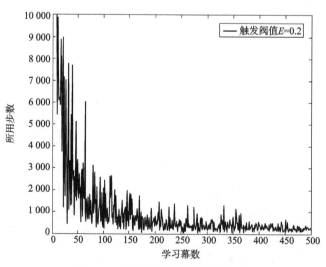

图 5-18 触发阈值与所用步数关系

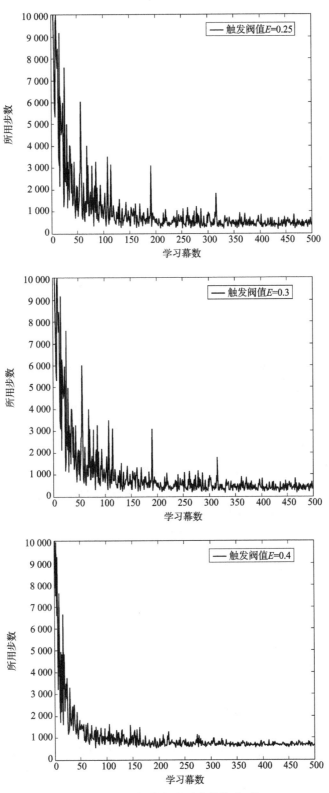

图 5-18　触发阈值与所用步数关系(续)

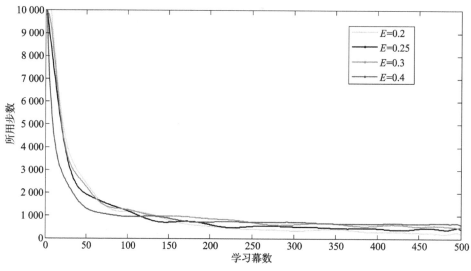

图 5-19　触发阈值与所用步数曲线拟合

图 5-20 比较了传统 Q-学习、传统 HASB-QL 和基于事件驱动的 HASB-QL 三种算法中机器人到达目标点时所用的步数，其中触发阈值 E 取 0.25。由图中可以看出三种算法都将收敛到较稳定的步数，其中通过传统 Q-学习算法得到路径步数最少，但整个学习过程收敛较慢，在经过 240 个学习幕后基本收敛；在 HASB-QL 算法中，当机器人了解到终点位置后，就开始利用代价函数进行加速，使学习过程可以快速收敛（70 幕左右），但缺点在于减少了探索范围，所用路径的步数较多；基于事件驱动的 HASB-QL 算法增加了机器人的策略搜索范围，机器人在经过 150 个幕学习后基本收敛。与传统 HASB-QL 算法相比，基于事件驱动的 HASB-QL 算法扩大搜索范围，导致了收敛速度较前者慢，且学习过程存在波动，但获得的路径会更优；与传统 Q-学习算法相比，基于事件驱动的 HASB-QL 算法的学习速度和前者相比仍有较大优势，同时获得的路径也更接近传统 Q-学习。

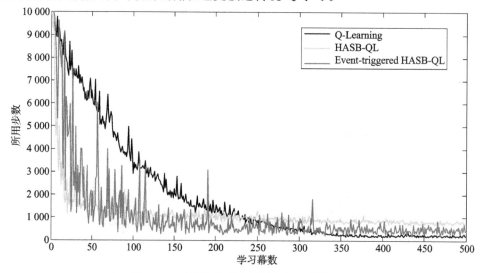

图 5-20　三种算法到达目标点所用步数对比

基于事件驱动的 HASB-QL 算法优势在于将启发式过程由周期性变为非周期性,表 5-1 所示为事件触发机制与完成任务所用步数的关系,实验取机器人需要 9 000、7 000、5 000、3 000 和 1 000 步左右完成任务的 20 个学习幕,其中分别定义触发阈值 E 等于 0.2、0.25、0.3 和 0.4,表中显示了机器人在每一学习幕中事件触发的次数,对应图 5-19 也可以看出,事件驱动的学习步随着触发阈值 E 的增大而减少。

表 5-1 事件驱动机制触发次数

所用步数\触发阈值	0.2	0.25	0.3	0.4
9 000	5 081	3 167	1 839	721
7 000	3 392	1 935	1 202	521
5 000	2 683	1 216	9 38	369
3 000	1 671	805	674	232
1 000	437	273	132	79

5.3.3 基于事件驱动的 CB-HAQL 算法

Case Based-HAQL 算法利用基于案例的推理方法对 HAQL 算法进行改进,机器人在当前状态下使用与历史相似的策略来引导机器人的行动。CB-HAQL 算法需要对一个案例进行准确的描述后才适合查找与重用,而对于从外部引入的先验知识,机器人缺少了对复杂且变化环境的适应能力,可能引起重用的偏差。本节设计机器人从自身的经历获得先验知识并建立案例,引入带事件驱动的先验知识获取阶段,并将 Case Based Reasoning 算法的推理过程由实时地转变为有选择性地。

1. 触发函数设计

在传统的 CB-HAQL 算法中,机器人基于 CBR 机制直接检索并重用之前的策略,这个过程需要参考外部引入的知识。结合上两节中启发式函数的设计过程,本节对 CB-HAQL 算法进行改进。如图 5-21 所示,首先,设计机器人从自身的经历中获得学习经验,类似于 HAQL 算法,建立起一个结构提取阶段,机器人通过传统 Q-学习算法累计先验知识;其次,考虑到在先验知识尚未完全掌握或掌握不准确的情况下,重用一个策略来指导行动可能不恰当,为了能更好地检索和重用,利用事件驱动的思想来判断先验知识的获取程度。

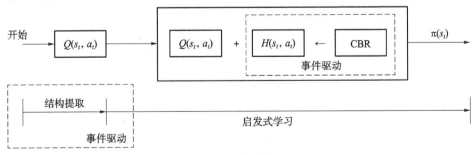

图 5-21 基于事件驱动的 CB-HAQL

在先验知识获取阶段设计触发函数,不同于 5.3.1 节的判断机制,本节基于 Frobenius 范数来判断机器人对先验知识的获取程度。对于一个 Q-学习过程,随着算法的逐渐收敛,Q 值表也将逐渐趋于稳定,当收敛到最优策略时,Q 值表里的每一个元素也不再变化。因此,可以通过每一个学习幕结束后 Q 值表的变化情况,反映出机器人对环境的掌握程度。定义第 k 个学习幕后 Q 值表的 F 范数为

$$\| Q(k) \|_F = \left(\sum_{i=1}^{m} \sum_{j=1}^{n} |q_{ij}|^2 \right)^{\frac{1}{2}} \tag{5-30}$$

式中,q_{ij} 表示 Q 值表中的每一个元素,当 $k>5$ 时,取 $k-5$ 至 $k-1$ 五个学习幕的 Q 值表的 F 范数的平均值 $\bar{Q}(k)_F$。因此,第 k 个学习幕后 Q 值表的 F 范数与之前五幕的变化率为

$$X = \frac{\left| \| Q(k) \|_F - \| \bar{Q}(k) \|_F \right|}{\| \bar{Q}(k) \|_F} \tag{5-31}$$

取触发阈值函数 $0<Y<1$,当 $Y \leqslant X$ 时认为机器人已经掌握足够的先验知识,学习过程也将进入下一个阶段。

最后,在启发式学习阶段,机器人需要在每一步行动前都检索之前类似的策略,如果有类似的,则利用之前的策略指导当前的行动选择,类似 5.3.2 节,本节也定义机器人根据观测的信息变化率来触发 CBR 检索和重用。此时,机器人可以在第一阶段先获取先验知识,较好地对案例进行描述,然后在第二阶段,根据环境的变化情况选择性地通过 CBR 启发方式来指导行动选择。

2. 案例设计

CBR 系统利用检索和重用案例来解决当前问题,通常包含四个步骤[26]:

(1) 检索历史案例库,发现一个最类似的案例;

(2) 在新案例中采用这个重用案例的解决方案;

(3) 评估所采用的策略;

(4) 从新的案例中学习经验,更新案例库。

设计一个基于 CBR 系统的机器人学习问题,需要处理以下几个问题:

(1) 建立一个案例库结构或者案例图书馆结构(Case Library Structure);

(2) 在案列库结构中,如何通过现有的信息去描述一个问题;

(3) 在检索过程中,如何评估新问题和案例之间的相似性;

(4) 如何提取旧的解决方案来解决新的问题;

(5) 如何评估解决方案的成功与否;

(6) 如何从新的解决方案中学习经验。比如,如何处理缺失信息的案例,如何将连续问题进行离散化地描述等。

CBR 机制在机器人路径规划和导航问题中得到广泛运用,可以用于静态环境中,也可以用于动态环境中[27]。本节提出的基于事件驱动的 CB-HAQL 算法也关注一个路径规划应用。在这个问题中,首先建立起一个案例库,包含路径规划中的动态信息和静态信息,由一个三元组组成:

$$case = (P, A, D) \tag{5-32}$$

式中，P 表示对问题的描述，当机器人需要重用或搜索策略时，P 对应着一个旧案例的状态，在路径规划问题中，P 包含机器人、障碍物和目标点的位置信息，即

$$P = \{x_a, y_a, x_g, y_g, x_{o_1}, y_{o_1}, x_{o_2}, y_{o_2}, \cdots, x_{o_n}, y_{o_n}\} \tag{5-33}$$

式中，(x_a, y_a) 表示机器人的位置坐标、(x_g, y_g) 和 (x_{o_n}, y_{o_n}) 分别表示目标点和障碍物的坐标；A 表示一个机器人的行动集合，也是问题的解决方案，即 $A = \{a_1, a_2, \cdots, a_n\}$，其中 a_n 表示机器人的一个行动策略；D 表示一个距离信息集合，包含了机器人与目标点和障碍物的欧氏距离信息，即 $D = \{d_t, d_{o_1}, \cdots, d_{o_n}\}$，其中 d_t 表示机器人到目标点的欧式距离，其中 d_{o_n} 表示机器人到某一个障碍物的欧式距离。

3. 算法设计

在 CBR 系统定义了案例后，检索过程需要通过相似度函数来判断旧案例是否适合于新问题。对于路径规划问题，距离信息是判断相似度的基本依据，首先，用距离函数 $\mathrm{desc}(a(t))$ 对案例 case 进行描述：

$$\mathrm{desc}(a(t)) = \mathrm{dist}(a(t)^c, a^i) + \mathrm{dist}(a(t)^c, g) + \mathrm{dist}(a(t)^c, o) \tag{5-34}$$

式中，$\mathrm{dist}(a^c, a^i)$ 表示机器人当前位置与初始位置的欧式距离，$a = (a_x, a_y)$ 为机器人的位置坐标；$\mathrm{dist}(a(t)^c, g)$ 表示机器人的位置与目标点的欧式距离；$\mathrm{dist}(a(t)^c, o)$ 表示机器人观测范围内与每一个障碍物坐标的欧式距离和，即 $\sum\limits_{i=1}^{n} \sqrt{(a_x - o_x^i)^2 + (a_y - o_y^i)^2}$。

其次，描述旧案例与新问题的类似程度，定义相似度函数为 $\mathrm{sim}(current, case)$，其为一个概率函数：

$$\mathrm{sim}(current, case_i) = \frac{|current - case_i|}{case_i} \tag{5-35}$$

式中，$case_i$ 表示第 i 个案例，定义 $0 \leqslant S \leqslant 1$ 为相似度阈值；另外定义 $0 \leqslant \tau \leqslant 1$ 作为无相似阈值，当 $S \leqslant \tau$ 时，相似度函数 $\mathrm{sim}(p, c) = 0$，即两个案例完全不相似。当观测环境变化触发事件驱动时，CBR 机制检索之前的案例，如果有相似的策略时，机器人以这个旧策略所执行的行动来指导当前行动，启发式学习过程与 5.3.1 节类似，算法伪代码如算法 5-6 所示。算法的收敛性类似理论 5-3 的证明过程，因为在无限次地遍历中，至少有一个 case 可以保证机器人达到目标点，且事件驱动机制不影响算法结构提取阶段本身的性质。

算法 5-6　基于事件驱动的 CB-HAQL 算法

input：$\alpha, \epsilon, \gamma, \xi, \eta, X, H, \tau, S,$ Case

1：initialise $Q_t(s, a)$ and $H_t(s, a)$

2：**repeat**

　　for each episode

3：　initialise S_t

4：　　**repeat**

　　　　for each step

算法 5-6	基于事件驱动的 CB-HAQL 算法

5：   the stage of structure extraction

6：   classical Q-learning and select an action using the modified ε-Greedy rule

7：   record Q value

8：   **if** while the threshold X reaches its upper limit **then**

9：   enter the stage of heuristics composition

10：   **if** the threshold H is not reached

11：   the classic Q-learning

12：   **else**

13：   compute similarity between the current state and all the states in the cases

14：   retrieve the case that is most similar to the current problem

15：   **if** the retrieve case is similar to the corrent state **then**

16：   compute $H_t(s,a)$

17：   select an action by the rules

$$a_t = \begin{cases} \arg \max_{at}[Q_t(s,a) + \xi H_t(s,a)], & \text{if } q \leqslant \varepsilon \\ a_{\text{random}}, & 其他 \end{cases}$$

18：   execute the action a_t

19：   observe $r(s_t,a_t), s_{t+1}$

20： $Q_t(s,a) \leftarrow Q_t(s,a) + a[r + \gamma \max_{a_{t+1}} Q(s_{t+1},a_{t+1}) - Q(s_t,a_t)]$

21： $s_{t+1} \leftarrow s_t$

       end

22：   **else** ruturn setp(5)

23：   **until** s_t is terminal

24：**until** stopping criterion is reached

4. 仿真实验

本节也考虑用机器人导航问题来验证所提算法,问题描述如下,如图 5-22 所示,在一个规模为 40×40 的存在障碍物的格子世界中,一个机器人需要从起点找到一条路径安全到达终点,起点和目标点的坐标固定,其分别在地图的右边和左上角,以字母 S 和 G 表示。

图中以圆点表示机器人,其拥有上下左右 4 个行动,每步行动为一格,观测范围为自身周围共 20 个格子(图中灰色区域),机器人观测到的格子分为"空格"和"障碍物"两个状态,机器人到达目标点位置的回报值为 100,其余位置回报值为−5,回报值由环境给出,世界的边界作为障碍物对待。机器人在每一幕实验中以行动 10 000 步为上限,如果超过 10 000 步还未到达目标点则重新开始新一幕实验,触发阈值 H 分别取 0.2、0.25、0.3 和 0.4,触发阈值 X 分别取 0.15、0.2 和 0.3;案例 desc($a(t)$)取小数点后 4 位;相似度函数 sim 取小数点后 4 位,定义 $\tau=0.5, s=0.95$,即当相似度超过 0.95 时,认为是相似的策略,如果检索后有多个案例符合要求时,取相似度最高的一个策略;结构提取阶段的探索系数取 0.8,启发式阶段探索系数取 0.1,学习率取 0.3,折扣因子取 0.6。

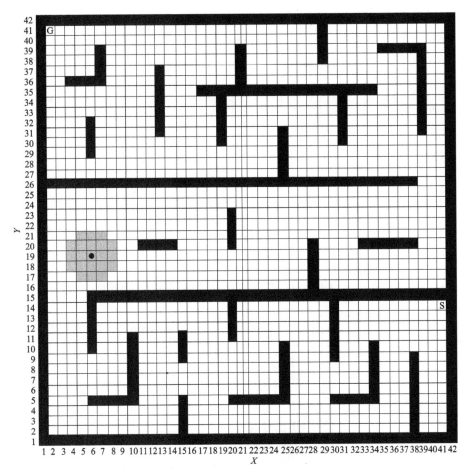

图 5-22　40×40 格子世界

图 5-23 比较了传统 CB-HAQL 算法和在 CBR 启发过程中独立引入事件驱动机制的 CB-HAQL 算法,其中由先验知识定义的案例来自类似于图 5-22 的另一张地图(调整部分障碍物位置)。可以看出在传统 CB-HAQL 算法的启发过程中,由于对案例的重用通常都难以保证完全准确,且由类似地图生成的案例也无法确保适应性,因此案例作为启发式函数不能在每一步都对行动进行正确指导,导致机器人到达终点的路径步数较多,且学习过程波动较大;而当在启发过程中引入事件驱动机制后,在观测环境变化大时增加策略的搜索范围,机器人利用传统 Q-学习进行策略选择,而非周期性地利用 CBR 机制对行动进行指导,因此机器人获得的策略优于传统 CB-HAQL 算法。

在启发学习过程中,以观测信息的变化率作为触发 Q-学习的依据,图 5-24 和 5-25 表现了 Event-triggered CB-HAQL 算法中触发阈值 H 与 CBR 过程的关系,图 5-24 为机器人完成任务时的步数图,图 5-25 为其拟合图。从图中可以看出随着触发阈值的增大,即观测信息的变化率增大,机器人被事件驱动的次数逐渐减少,机器人更多使用 CBR 启发方式指导行动选择,使机器人的策略搜索范围减少,尽管可以得到更快地收敛速度,但完成任务时需要的步数增多。

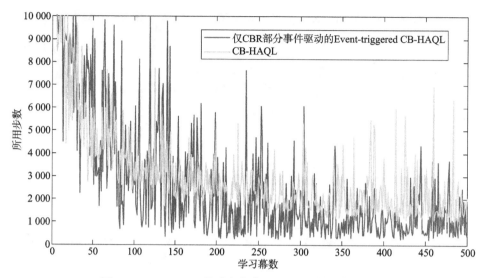

图 5-23　CB-HAQL 算法与仅在 CBR 过程加入事件驱动

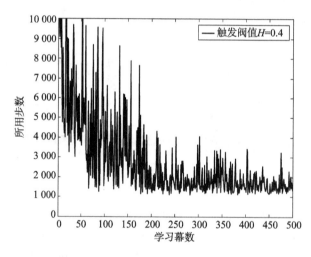

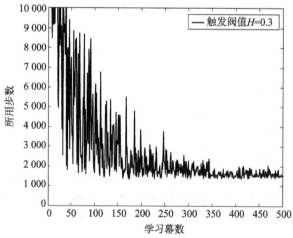

图 5-24　触发系数与 CBR 驱动过程关系所用步数

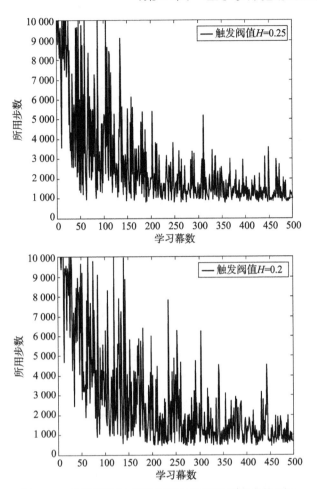

图 5-24　触发系数与 CBR 驱动过程关系所用步数（续）

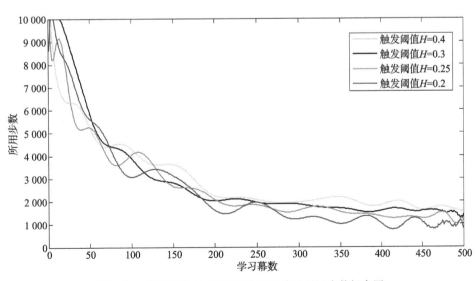

图 5-25　触发系数与 CBR 驱动过程关系所用步数拟合图

表 5-2 所示为事件触发机制与完成任务所用步数的关系,实验取机器人需要 9 000、7 000、5 000、3 000 和 2 000 步左右完成任务的 20 个学习幕,其中分别定义触发阈值 H 等于 0.2、0.25、0.3 和 0.4,表中显示了机器人在每一学习幕中事件触发的次数,对应图 5-25 可以看出,事件驱动的学习步随着触发阈值 H 的增大而减少。

表 5-2 事件驱动机制触发次数

所用步数\触发阈值	0.2	0.25	0.3	0.4
9 000	6 733	4 973	3 521	1 737
7 000	4 970	4 018	2 642	1 510
5 000	3 891	2 832	1 852	1 219
3 000	2 356	713	983	773
2 000	1 135	872	527	435

先验知识的准确度将直接影响 CBR 机制对案例的描述,图 5-26 比较了传统 CB-HAQL 算法和独立引入先验知识获取阶段的 CB-HAQL 算法。从图中可以看出,在传统 CB-HAQL 算法中,机器人在第一个学习幕就开始利用 CBR 进行启发,虽然加速了学习过程,但通过外部知识建立起案例无法保证适应新环境;而引入先验知识获取阶段后,利用 Q-学习过程使机器人对环境进行一定的了解,对 CBR 阶段的案例描述和重用提供更准确的知识,因此对整个学习过程而言,机器人获得的策略也优于传统 CB-HAQL 算法。

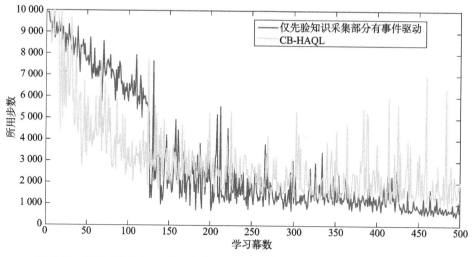

图 5-26 传统 CB-HAQL 算法和独立引入先验知识获取阶段的 CB-HAQL 算法

在机器人获取先验知识的过程中,事件驱动机制被用来判断先验知识的获取程度。图 5-27 说明了事件驱动机制和先验知识获取程度的关系,前三张图为机器人完成任务时的实际步数,第四张为步数曲线拟合图,触发函数 X 分别取 0.3、0.2 和 0.15,从图中可以看出随着触发函数的减小,Q-学习持续的幕数增多,机器人进入启发式学习的时机越晚,但机器人获取的先验知识增多,因此对 CBR 案例的描述准确度也得到提升,在启发式学习阶段可以获得更优的路径。

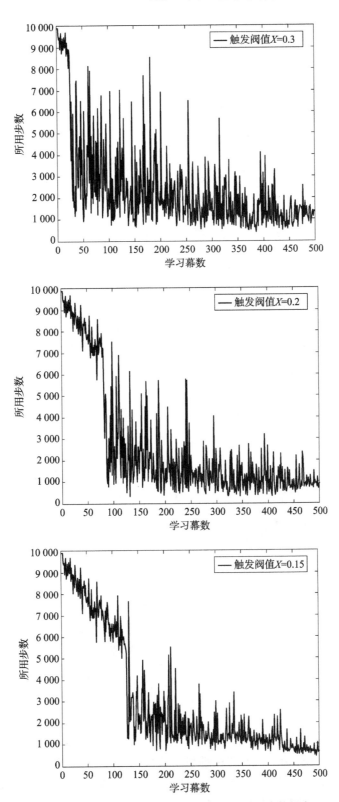

图 5-27 触发系数与 CBR 驱动过程关系所用步数拟合

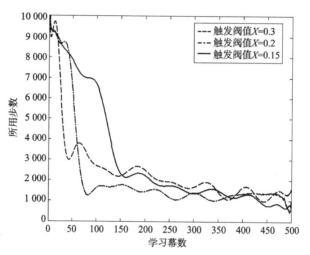

图 5-27 触发系数与 CBR 驱动过程关系所用步数拟合(续)

图 5-28 和图 5-29 比较了 Q-学习、传统 CB-HAQL 和 Event-triggered CB-HAQL 三种算法完成任务时所用步数,其中图 5-29 为实际所用步数图,图 5-28 为其拟合图,可以看出 Q-学习算法所用步数随学习幕数的增加逐渐平稳下降,并最后收敛到最短路径,但算法收敛速度较慢;CB-HAQL 算法从第一个学习幕开始,机器人就开始根据 CBR 机制对动作选择进行指导,但 CBR 机制只有在对案例能进行较准确的描述时,重用才能对学习进行正确的指导,因此 CB-HAQL 算法尽管收敛速度快,但学习波动大且需要的路径步数较多。

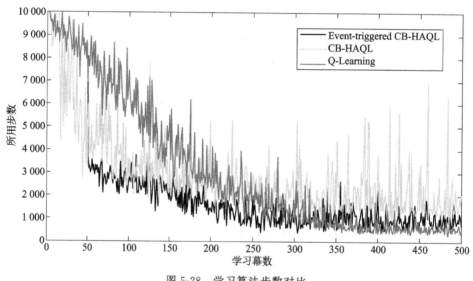

图 5-28 学习算法步数对比

Event-triggered CB-HAQL 算法在 CB-HAQL 基础上引入两个事件驱动过程,第一个过程目的是获取环境先验信息,为 CBR 机制储备知识,这一过程等同于 Q-学习算法,由图中可以看出这一部分 Event-triggered CB-HAQL 算法与 Q-学习重合。同时,机器人通过事件驱动的方式判断先验知识的获取情况,触发函数 X 取 0.2,H 取 0.25,由图中可以看出机器

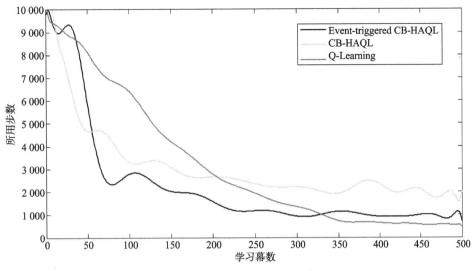

图 5-29　学习算法步数对比拟合图

人在 50 个学习幕左右自行进入启发式学习阶段,表现为曲线的突然下降;第二个过程利用事件驱动的方式增加机器人的策略搜索范围,使 CBR 启发机制由周期性变为非周期性。由图中可以看出,Event-triggered CB-HAQL 算法收敛速度慢于传统 CB-HAQL 算法,但相比Q-学习仍然存在收敛速度上的优势,且获得的策略要更接近于 Q-学习算法。

5.4　本章小结

本章提出一类基于事件驱动的启发式强化学习算法,利用事件驱动的思想平衡学习速度与最优策略的关系,并研究了启发式函数的先验知识获取程度问题,分别对 HAQL、HASB-QL 和 CB-HAQL 三种算法进行改进。机器人在与环境的交互中,当机器人利用自身的经历作为启发信息时,如果它还没有充分对环境进行了解,以此时的知识作为启发信息可能会给学习过程带来波动,算法基于事件驱动设计判断机制,使机器人更有效地从自身经历中获取先验知识,并灵活地决定进入启发式学习的时机。同时,当外界先验知识作为启发信息时,往往以约束策略范围为代价提高收敛速度,算法通过观测信息的变化率设计触发函数,使启发信息间断性按需求地被引入,在保证一定收敛速度的同时提高了策略搜索范围,使启发式强化学习算法获得的策略更接近于最优策略。进一步工作主要包括:第一,基于所提算法,将学习过程扩展至多个机器人参与的情况,并由全合作方式转变为博弈方式;第二,研究基于事件驱动的知识迁移强化学习算法等。

本章参考文献

[1] Bianchi R A C, Ribeiro C H C, Costa A H R. Heuristically Accelerated Q-Learning：a new approach to speed up Reinforcement Learning [C]. Brazilian Symposium on Artificial Intelligence. Springer Berlin Heidelberg, 2004：245-254.

[2] Bianchi R A C, Ribeiro C H C, Costa A H R. Accelerating autonomous learning by using heuristic selection of actions[J]. Journal of Heuristics, 2008, 14(2)：135-168.

[3] Fang M, Li H, Zhang X. A heuristic reinforcement learning based on state backtracking method[C]. International Conference on Web Intelligence. IEEE, 2012, 1：673-678.

[4] 《国家中长期科学和技术发展规划纲要(2006—2020 年)》.中华人民共和国国务院, 2006.

[5] The handbook of artificial intelligence[M]. Butterworth-Heinemann, 2014.

[6] Schank R C, Abelson R P. Scripts, plans, goals, and understanding：an inquiry into human knowledge structures[M]. Lawrence Erlbaum Associates, distributed by the Halsted Press Division of John Wiley and Sons, 1977.

[7] Shokouhi S V, Skalle P, Aamodt A. An overview of case-based reasoning applications in drilling engineering[J]. Artificial Intelligence Review, 2014, 41(3)：317-329.

[8] Zhao K, Yu X. A case based reasoning approach on supplier selection in petroleum enterprises[J]. Expert Systems with Applications, 2011, 38(6)：6839-6847.

[9] Marling C, Montani S, Bichindaritz I, et al. Synergistic case-based reasoning in medical domains[J]. Expert systems with applications, 2014, 41(2)：249-259.

[10] Cho S, Hong H, Ha B C. A hybrid approach based on the combination of variable selection using decision trees and case-based reasoning using the Mahalanobis distance：For bankruptcy prediction[J]. Expert Systems with Applications, 2010, 37(4)：3482-3488.

[11] Changchien S W, Lin M C. Design and implementation of a case-based reasoning system for marketing plans[J]. Expert systems with applications, 2005, 28(1)：43-53.

[12] Kolodner J. Case-based reasoning[M]. Morgan Kaufmann, 2014.

[13] 赵辉, 严爱军.提高案例推理分类器的可靠性研究[J].自动化学报, 2014, 40(9)：2029-2036.

[14] Ros R, Arcos J L, De Mantaras R L, et al. A case-based approach for coordinated action selection in robot soccer[J]. Artificial Intelligence, 2009, 173(9)：1014-1039.

[15] Rashedi E, Nezamabadi-Pour H, Saryazdi S. Long term learning in image retrieval systems using case based reasoning [J]. Engineering Applications of Artificial Intelligence, 2014, 35：26-37.

[16] Sharma M, Holmes M P. Transfer Learning in Real-Time Strategy Games Using Hybrid CBR/RL [C]. International Conference on Artificial Intelligence. AAAI, 2007, 7：1041-1046.

[17] Juell P, Paulson P. Using reinforcement learning for similarity assessment in case-based systems[J]. IEEE Intelligent Systems, 2003, 18(4): 60-67.

[18] Auslander B, Lee-Urban S, Hogg C, et al. Recognizing the enemy: Combining reinforcement learning with strategy selection using case-based reasoning[C]. European Conference on Case-Based Reasoning. Springer Berlin Heidelberg, 2008: 59-73.

[19] Morozs N, Grace D, Clarke T. Case-based reinforcement learning for cognitive spectrum assignment in cellular networks with dynamic topologies[C]. Military Communications and Information Systems Conference, 2013: 1-6.

[20] Jiang C, Sheng Z. Case-based reinforcement learning for dynamic inventory control in a multi-agent supply-chain system[J]. Expert Systems with Applications, 2009, 36 (3): 6520-6526.

[21] Morozs N. Cognitive spectrum management in dynamic cellular environments: A case-based Q-learning approach[J]. Engineering Applications of Artificial Intelligence, 2016, 55: 239-249.

[22] Bianchi R A C, Ros R. Improving reinforcement learning by using case based heuristics[C]. International Conference on Case-Based Reasoning. Springer Berlin Heidelberg, 2009: 75-89.

[23] Bianchi R A C, Celiberto L A, Santos P E, et al. Transferring knowledge as heuristics in reinforcement learning: A case-based approach[J]. Artificial Intelligence, 2015, 226: 102-121.

[24] Bianchi R A C, Ribeiro C H C, Costa A H R. Heuristically accelerated reinforcement learning: Theoretical and experimental results[C]. European Conference on Artificial Intelligence. IOS Press, 2012: 169-174.

[25] Konar A, Chakraborty I G A deterministic improved Q-learning for path planning of a mobile robot[J]. IEEE Transactions on Systems, Man, and Cybernetics: Systems, 2013, 43(5): 1141-1153.

[26] Urdiales C, Perez E J, Vázquez-Salceda J, et al. A purely reactive navigation scheme for dynamic environments using Case-Based Reasoning[J]. Autonomous Robots, 2006, 21(1): 65-78.

[27] Peula J M, Urdiales C, Herrero I, et al. Case-based reasoning emulation of persons for wheelchair navigation[J]. Artificial Intelligence in Medicine, 2012, 56 (2): 109-121.

第6章
基于启发式强化学习的多机器人覆盖问题研究

6.1 引 言

随着自主移动机器人的迅猛发展,其在自动驾驶、环境监控与清扫、安保巡逻、灾害救援、外星探索等领域具有广泛的应用前景[1]。以上的应用可归结为自主移动机器人动态覆盖问题,目标是驱动一个(或多个)移动机器人高效、快速地完成对覆盖区域内各目标的(多重)遍历,而被覆盖区域环境可能具有较高的复杂性和不确定性,涉及实时环境感知、状态估计、机器决策和运动控制等机器人系统的热点和难点研究,使覆盖问题的求解算法面临实时性要求强、计算复杂度高的矛盾,比如,探测器在月球表面进行自主探索,就是一个覆盖问题的典型现实应用。其中,外界环境的未知性与不确定性对上述应用是一个极大地挑战[2],而强化学习算法的无模型学习方式,可以为机器人的知识获取、环境适应、自主学习等提供解决途径。

本章围绕多机器人系统在覆盖路径规划中的应用,构建了由分布式马尔可夫决策模型描述的完全通信的同构多机器人系统,采用事件驱动的思想改进启发式强化学习算法以更好地解决多机器人路径规划存在的覆盖速度慢,计算量大的问题。首先,研究了启发式强化学习的策略搜索范围与学习速度的关系,采用事件驱动的机制分别对三种不同启发函数定义方式下的启发式强化学习进行算法改进,并基于多机器人覆盖问题进行验证;其次,基于事件驱动的 HAQL 算法、基于事件驱动的 HASB-QL 算法、基于事件驱动的 CB-HAQL 算法,研究了单机器人和多机器人的覆盖问题,并对实验结果进行了对比分析。

6.2 基于 HAQL 的多机器人覆盖算法设计

在学习的初始阶段如何定义启发函数是启发式强化学习需要考虑的主要问题,总的来说启发函数的定义方式可以分为两大类:一类利用自身学习过程中得到的信息构造启发函数,另一类利用外部先验知识作为启发信息构造启发函数。

6.2.1 启发式加速 Q-学习机制

启发加速 Q-学习算法构造启发函数的过程分为两个阶段[3]，如图 6-1 所示。

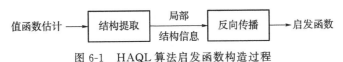

图 6-1　HAQL 算法启发函数构造过程

第一阶段称为结构提取阶段，机器人按照普通 Q-学习的方式进行值函数的迭代得到环境的部分结构信息，即通过记录机器人执行的每个动作得到的结果对状态转移概率进行粗略的估计。以移动机器人为例，机器人每执行一个动作，成功或失败的记录（是否有障碍物阻挡移动）将随着时间的推移逐步反映所处的环境结构。

第二阶段称为反向传播阶段，该阶段采用的是反向传播的方式根据第一阶段得到的结构信息通过推理在线自动生成启发函数。其基本思想是从一组终态出发，以反向推理的方式找到导向这些状态的正确的决策。例如在单目标问题中，一旦达到终点，即定义启发为从之前的状态开始导向终点的一组动作，该启发递归地从已定义启发的状态到该状态的前一状态进行传播，直到所有的状态的启发均得到定义。

反向传播式启发是基于传统动态规划[4]的一种应用，从最终状态到初始状态逐步定义决策和转移的代价。如果环境中所有的状态和转移概率都是已知的，那么反向传播式启发作用于整个环境。如果只有部分环境结构是已知的，那么反向传播式启发只作用于已被访问过的状态。在机器人自主导航中通过探索可以逐渐形成环境模型（即一幅地图）。在这种情况下，反向传播式启发可以作用在已知环境的地图上。

HAQL 算法是 Q-学习算法的一种基于启发式搜索的扩展。为了实现 HAQL 算法，将启发函数与 Q-学习的 ε-贪婪策略相结合，在式(6-1)的基础上取 $\xi=\beta=1$，定义动作选择策略为

$$\pi(s)=\begin{cases}\arg\max_a\left[\hat{Q}(s,a)+H_t(s_t,a_t)\right], & \text{if } q\leqslant 1-\varepsilon \\ a_{\text{random}}, & \text{其他}\end{cases} \tag{6-1}$$

在式(6-2)的基础上定义启发函数更新公式为

$$H(s_t,a_t)=\begin{cases}\max_a\hat{Q}(s,a)-\hat{Q}(s_t,a_t)+\eta & \text{if } a_t\leqslant\pi^H(s_t) \\ 0, & \text{其他}\end{cases} \tag{6-2}$$

表 6-1 所示为完整的 HAQL 算法，需要注意与基本 Q-学习算法的区别在于动作选择过程中存在启发函数的影响，且学习过程中需要更新启发函数 $H_t(s,a)$。

HAQL 算法可以大幅提高普通 Q-学习的学习速度，但也存在着一定的局限性，在定义启发函数时从第一阶段进入第二阶段的时间节点是按照人为经验制定的，即机器人利用普通 Q-学习算法迭代指定的幕数后才完成第一阶段的结构提取转入第二阶段的反向传播定义启发。在这个过程中并没有对环境结构提取的程度有所估算，而第一阶段获得的知识将

直接影响后期启发学习的效果,若未获得足够的知识过早地进入启发定义阶段,则可能由于未找到关键的目标点信息而无法反向传播定义启发信息;反之若在第一阶段停留太久虽然能得到更精确的环境知识,但也会产生无谓的计算消耗。因此有必要研究启发函数定义的第一阶段进入第二阶段的时机。

表 6-1　HAQL 算法

算法 6-1　HAQL 算法

输入:$\alpha,\varepsilon,\gamma,\eta$

1:初始化 $Q(s,a),H_t(s,a)$

2:每幕循环:

3:　　状态初始化 S_t

4:　　每步迭代中循环

5:　　　　根据式(6-1)选择动作 a_t

6:　　　　执行动作 a_t,获得即时回报 $r(s_t,a_t)$,观测下一状态 s_{t+1}

7:　　　　根据式(6-2)更新启发函数 $H(s_t,a_t)$

8:　　　　根据以下更新规则更新 Q 值函数
$$Q(s_t,a_t)=Q(s_t,a_t)+\alpha(r(s_t,a_t)+\gamma \max_{a_{t+1}} Q(s_{t+1},a_{t+1})-Q(s_t,a_t))$$

9:　　　　更新状态 $s_t \leftarrow s_{t+1}$

10:　　　迭代内循环直到 s_t 为终止状态

11:幕循环直到达到停止判据

6.2.2　事件驱动机制

在 HAQL 算法定义启发函数的两阶段过程中,结构提取阶段的目的本质上是机器人通过普通 Q-学习进行初步的环境探索,根据遍历到的行动策略粗略地估计得到一个状态转移函数。这个阶段结束的时机原本是人为给定的固定的学习幕数,只能从主观经验的角度来判断知识的获取情况,当所遇到的问题复杂化或者环境发生改变时,这个固定的学习幕数就不再合适。

HAQL 算法的事件驱动作用机制如图 6-2 所示,下方的离散时间轴 k 表示启发函数定义阶段所需的学习幕数,即完成启发函数定义需要的试验次数。k_E 表示从该幕起完成结构提取阶段,进入反向传播定义启发阶段,k_H 表示从该幕起完成启发函数定义,展开启发式强化学习进程。而事件驱动机制即作用在 $0-k_E$ 阶段,判断机器人是否掌握到足够的环境知识以触发启发函数的定义。

以单机器人路径规划问题为例,机器人的任务是从初始点到目标点规划出一条安全的路径,在此基础上尽量优化运动轨迹[5]。在 Q-学习算法的通常情况下,机器人最初进入环境开始探索的过程是随机的,在学习前期可能在未找到目标点之前就由于达到了每一幕迭代次数上限而结束该次实验,重新从起点出发开始下一幕的探索学习,这个探索过程虽然没有发现目标点但也能通过试错碰撞获取环境边界和障碍物信息。

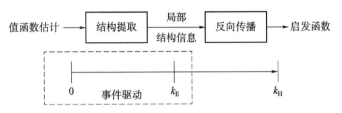

图 6-2　HAQL 算法的事件驱动作用机制

本节在事件驱动思想基础上,将机器人开始学习进程后首次获取到环境关键信息—目标点位置的时刻作为触发事件定义触发函数,即定义机器人第一次找到目标完成路径规划任务时所在的学习幕为触发幕 k_E。

在学习开始时定义标记 flag 表示是否完成结构提取阶段,初始化标记值为 0,在首次找到目标点的 k_E 幕触发事件,为标记赋值 flag=1。

$$\text{flag}(k)=\begin{cases}0, & 1\leqslant k<k_E \\ 1, & k\geqslant k_E\end{cases} \tag{6-3}$$

由式(6-3)可看出,在第 k 幕,若触发函数 $\text{flag}(k)$ 值为 0,表明机器人还未触发事件,需要继续采用 Q-学习方法探索环境提取环境结构,若触发函数 $\text{flag}(k)$ 值为 1,表明机器人已触发事件构造了启发函数,在启发信息的指导下采用 HAQL 的学习方法探索学习环境。需要注意,这里的事件驱动是个一次性过程,触发成功即根据提取的结构信息完成启发信息定义,标志着学习进程从普通 Q-学习进入到启发式加速 Q-学习阶段。

6.2.3　覆盖算法设计

基于事件驱动的 HAQL 算法动作选择策略仍然如式(6-1)所述,是结合启发函数 $H(s_t,a_t)$ 影响的 ε-贪婪策略选择方式,而触发函数的引入意味着此时启发函数的实际更新公式如下:

$$H(s_t,a_t)=\begin{cases}\max_a \hat{Q}(s_t,a)-\hat{Q}(s_t,a_t)+\eta, & \text{if } a_t=\pi^H(s_t)\,\&\,\text{flag}=1 \\ 0, & \text{其他}\end{cases} \tag{6-4}$$

式中,flag=1 表示机器人触发机制判断结构提取获得了关键环境信息,已完成结构提取阶段且根据获取的环境信息通过反向传播构造了已访问状态的启发信息,$k=k_E$ 时第一次满足触发条件,修改触发标记 flag 由初始的 0 值为 1 值。启发函数 $H(s_t,a_t)$ 的更新公式意味着只有满足触发条件 flag=1 的情况下才会生成有效的启发值作用于动作选择,其他时刻启发值 $H(s_t,a_t)$ 均为 0,不影响动作选择策略。启发值为 0 时的策略选择等同于普通 Q-学习的策略选择机制。

基于事件驱动的 HAQL 算法过程如表 6-2 所示,其与 HAQL 算法唯一的区别在于定义启发函数过程中,第一阶段结构提取的结束时间节点不同,事件驱动的方式将固定的时间点改进为允许采用触发函数来判断环境结构信息的获取程度从而灵活地决定时间点,从此开始启发式加速 Q-学习。需要注意的是算法过程中第 11～13 步即为事件驱动的作用过程,学习过程开始后在每一幕结束时判断触发事件是否发生,触发事件发生的学习幕记为 k_E,从本质上来讲 k_E 将整个学习过程也划分为两个部分,第一部分采用普通 Q-学习探索环境提取结构信息,第二部分则在启发函数的指导下进行 HAQL 的学习。

表 6-2　基于事件驱动的 HAQL 算法

算法 6-2　基于事件驱动的 HAQL 算法
输入: α, ε, ξ, flag
1:初始化 $Q(s,a), H_t(s,a)$
2:每幕循环:
3:　状态初始化 s_t
4:　　每步迭代中循环
5:　　　根据式(6-1)选择动作 a_t
6:　　　执行动作 a_t,获得即时回报 $r(s_t, a_t)$,观测下一状态 s_{t+1}
7:　　　根据式(6-4)更新启发函数 $H(s_t, a_t)$
8:　　　根据以下更新规则更新 Q 值函数 $Q(s_t, a_t) = Q(s_t, a_t) + \alpha(r(s_t, a_t) + \gamma \max_{a_{t+1}} Q(s_{t+1}, a_{t+1}) - Q(s_t, a_t))$
9:　　　更新状态 $s_t \leftarrow s_{t+1}$
10:　　迭代内循环直到 s_t 为终止状态
11:　判断触发事件是否发生,为触发标记 flag 赋值
12:　　flag=0 则继续进行结构提取
13:　　flag=1 则根据反向传播定义启发函数
14:幕循环直到达到停止判据

6.2.4　单机器人覆盖仿真实验与分析

针对单机器人的覆盖路径规划问题进行研究,采用基于事件驱动的 HAQL 算法实现机器人的学习过程,完成覆盖任务,并设置对比实验与普通 Q-学习,HAQL 的学习过程相比较,验证事件驱动算法的有效性。

单机器人的覆盖路径规划问题可以描述为一个机器人在未知环境中,需要通过探索学习,避开障碍物和边界自主规划出一条安全路径从起点到达目标点。首先采用栅格法构造规模为 22×22 的格子世界作为覆盖仿真地图,如图 6-3 所示。机器人的状态用栅格地图的坐标位置表示,如图中 P 点的状态为 $(9,14)$,在每个状态下可以从上、下、左、右中选择一个动作行动一格。覆盖环境中黑色栅格表示边界或障碍物,为不可达状态,其余为可达状态,地图最外圈为环境边界,对机器人而言也可视为障碍物,不可穿越。地图右上角 $(21,21)$ 处的蓝色栅格表示目标点,机器人每一幕的起点是可以改变的,为了更好地进行数据处理和对比,实验设置机器人每一幕固定从右下角 $(21,2)$ 处出发寻找目标点。

机器人到达目标点时获得回报值 100,到达其余位置回报值均为 -1,算法相关参数学习参数设置如表 3-3 所示。Episodes 表示每次学习进行执行的最大学习幕数,Maxsteps 表示每一幕学习迭代的上限,超过上限时认为覆盖任务失败并进入新一幕的学习。

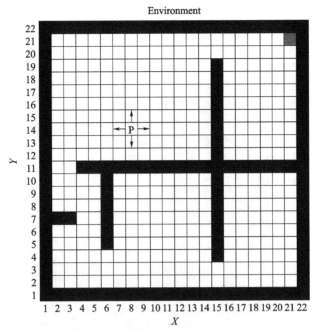

图 6-3　单机器人覆盖仿真环境

表 6-3　算法相关学习参数设置

探索率 ε	学习率 α	折扣因子 γ	启发系数 η	学习幕数 Episodes	迭代上限 Maxsteps
0.1	0.1	0.9	1	3 000	1 000

　　HAQL 算法过程分为结构提取和启发式学习两个阶段,阶段转换时间点人为根据经验设置,记为 k_T。这意味着第一阶段采用普通 Q-学习的方式随机探索环境,提取环境结构,在第 k_T 学习幕结束后完成第一阶段,根据已知环境结构反向传播定义启发信息,从 k_T+1 学习幕开始在启发信息指导下进行动作选择。第一阶段提取的结构信息直接影响到启发函数的定义,图 6-4 的(a)(b)(c)图所示为取不同阶段转换时间点 k_T 时机器人结构提取阶段获得的环境结构信息的差别。图中黑色栅格为访问过的状态,白色栅格为从未访问过的状态。

　　图 6-4(a)$k_T=3$,过早结束第一阶段,信息掌握不足,机器人没有发现目标点位置,从而无法从目标点开始展开反向传播定义启发信息,没有启发信息下机器人将沿用 Q-学习方式完成学习任务。

　　图 6-4(b)$k_T=300$,经过长时间结构提取后获得了完整环境结构信息,虽然进入启发阶段后启发信息准确,但对于结构提取的目的而言计算资源浪费,同时由于 Q-学习算法本身的学习收敛特性,在学习后期再进行启发加速收益不大。

　　图 6-4(c)$k_T=k_E=13$,在事件驱动机制下取触发条件判定的触发幕 k_E 为阶段转换时间点,结构提取显示机器人掌握了关键信息(目标点),可以在此结构信息基础上进行了反向传

播定义启发信息如图 6-4(d)所示，从目标点出发，每一次反向迭代，根据有启发信息的状态推理给出无启发信息状态的启发动作，直到所有已访问过的黑色状态均得到启发定义。据此定义的启发信息，在 $k > k_E$ 的学习幕中能有效指导动作选择策略，加速学习进程。

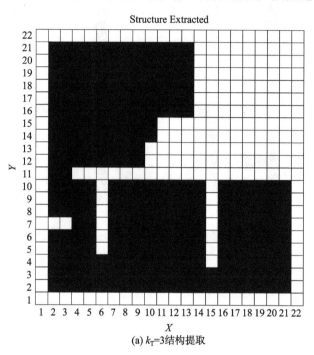

(a) $k_T=3$结构提取

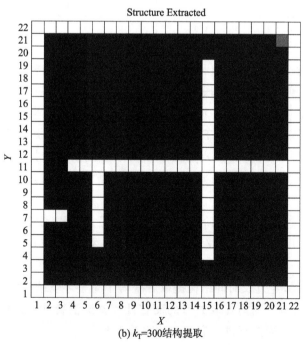

(b) $k_T=300$结构提取

图 6-4　结构提取与反向传播

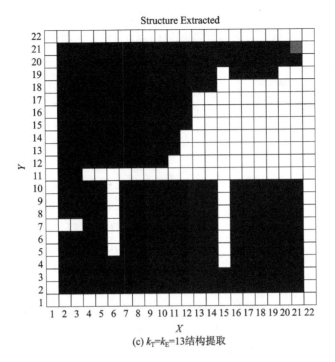

(c) $k_T=k_E=13$结构提取

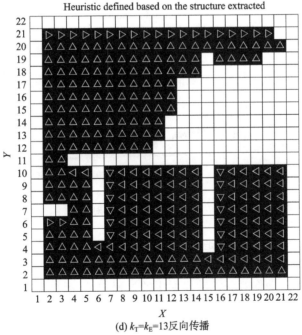

(d) $k_T=k_E=13$反向传播

图 6-4　结构提取与反向传播(续)

　　由于学习过程中策略搜索采用 ε-贪婪策略,因此每一步的动作选择存在随机性,机器人首次发现目标点时所在的幕数在相同的仿真环境下进行实验也会在一定范围内随机变化。如果没有事件驱动机制,无法保证人为设定的阶段转换时间点 k_T 是否合适,结构提取阶段可能未获得关键信息,也可能早已完成关键结构信息获取产生了计算资源浪费。因此事件驱动机制的引入能有效判断合适的阶段转换时间点,本节实验取 $k_E=13$ 的实验结果进行数据分析和对比。

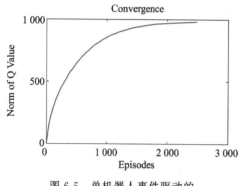

图 6-5　单机器人事件驱动的
HAQL 算法收敛性

对于 Q-学习过程而言,判断学习过程完成的依据是评价函数 Q 值矩阵不再发生变化,即完成学习后值函数迭代无法学到新的知识。这是个理想的收敛过程,实际应用时可以计算 Q 值矩阵 F 范数作为判断值,随着学习幕的推进,Q 表范数会逐渐趋于稳定,本节设定若连续 20 幕 Q 表范数的幕间变化值小于 0.01 时,认为学习过程达到收敛。图 6-5 证明了事件驱动下的 HAQL 算法收敛性,图中横轴为学习幕数 Episodes,纵轴为 Q 表范数,随着学习幕数的增加 Q 表范数最终达到了收敛,完成了学习过程。

对比图 6-4(a)(b)(c)图三种不同情况下的学习过程,给出关于迭代步数随学习幕数变化的学习效果曲线如图 6-6 所示,可以看出三种算法的迭代步数均可在学习后期稳定收敛到 60 步左右,但学习速度快慢有着明显的差别。

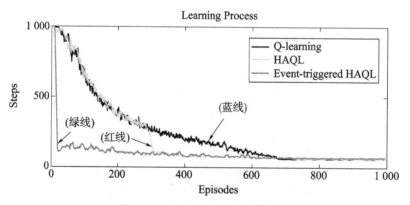

图 6-6　三种学习算法效果对比图

在结构提取阶段信息不足以构造启发函数时,按照 Q-学习算法完成覆盖实验,如蓝线所示,机器人缓慢学习最终约在 700 幕后迭代步数趋于稳定。这说明 Q-学习算法可以在机器人通过反复访问状态-动作对获得动作回报的过程中,逐渐提高学习效果,以更少的迭代步数完成覆盖任务。

在结构提取阶段人为设定阶段转换点 $k_T=300$,获得了完全的环境结构,如红线所示,机器人在第一阶段与 Q-学习效果一致,第二阶段加入启发后迭代步数骤降,可以直接达到收敛后的稳定迭代步数附近。这说明了启发信息的准确性和完整性很高,启发信息的加入能有效加速 Q-学习进程。

在结构提取阶段采用事件驱动的方式判断阶段转换点 $k_T=k_E=13$,如绿线所示,机器人自主判别在第 13 幕时获得了足够的环境知识,触发事件进入第二阶段的启发式 Q-学习,第二阶段迭代步数骤降,在较低的迭代步数下经过一段时间的波动,约在 200 幕后迭代步数趋于稳定。这是由于事件驱动下得到的只是局部环境,在有效降低迭代步数的同时也需要继续探索未知的环境区域,但事件驱动的加入更好地发挥了 HAQL 算法的优势,加速 Q-学习进程的同时也避免了结构提取阶段冗余的计算量。

6.2.5 多机器人覆盖仿真实验与分析

针对多机器人的覆盖路径规划问题进行研究。仍沿用栅格法构造多机器人覆盖环境如图 6-7 所示,在一个规模为 10×10 的格子世界中,两个机器人[Red, Green]在对环境一无所知的情况下,需要通过学习规划出安全路径遍历目标区域。图中红、绿栅格分别表示两个机器人的固定起点位置,蓝色栅格表示需要遍历的三个兴趣点,即覆盖目标区域。黑色栅格为不可达状态,表示边界或障碍物,其他栅格均为可达状态。也就是说,两机器人的任务是在完全通信的情况下执行联合动作,在探索学习的过程中寻找合适的策略,最终成功遍历三个目标兴趣点。

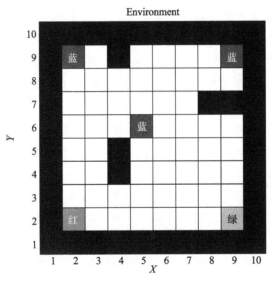

图 6-7 多机器人覆盖仿真环境

学习模型的建立主要考虑状态集 S、动作集 A 和回报值 R 三方面的设定。

状态集 S 为两机器人所有可能状态的集合,在栅格地图中单机器人的状态以坐标形式 (x, y) 表示,当前仿真环境中有 100 种状态,多机器人的状态表示为 $s = [(x_r, y_r), (x_g, y_g)]$,状态总数合计 10 000 种。

动作集 A 为两机器人所有可能动作的集合,每个机器人可选动作包括上、下、左、右四种,多机器人的联合动作 $\vec{a} = [a_r, a_g]$,合计 16 种。

回报值 R 是在状态 s 下执行联合动作 $\vec{a}$ 得到的即时回报,每个机器人执行动作后转移状态到达兴趣点时获得回报值 100;遇到边界、障碍或其他机器人时视为碰撞,状态不发生变化,获得回报值 -1;其余状态转移过程回报值为 0。联合行动 $\vec{a}_t$ 的回报值按多机器人的回报之和计算。

对每个机器人而言,地图环境的边界、障碍物和目标兴趣点的位置事先均是未知的,需要通过试错的方式在探索的过程中不断学习环境知识。多机器人基于事件驱动的 HAQL 算法学习过程大致可以描述如图 6-8 所示。

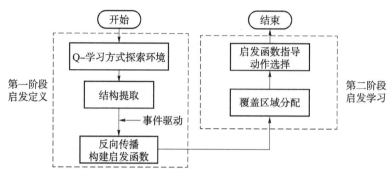

图 6-8　事件驱动下的多机器人 HAQL 覆盖算法流程图

学习过程分为两个阶段,第一阶段采用普通 Q-学习在事件驱动机制下提取环境结构并反向传播定义启发函数,第二阶段首先为多机器人分配覆盖区域,然后在启发信息指导下进行动作选择。这个过程中需要注意以下四部分的算法设置。

事件驱动机制,沿用上一节的触发机制,在结构提取阶段多机器人通过 Q-学习的随机探索掌握了目标覆盖区域,即三个兴趣点的位置后,判定触发事件,结束结构提取进入反向传播定义启发信息阶段。

反向传播定义启发,针对每一个目标兴趣点分别独立定义启发信息,在提取的结构信息基础上从各兴趣点出发,根据有启发的状态推理定义无启发状态的启发动作,直到所有已访问过的黑色状态均得到启发定义。

覆盖区域分配问题,这是针对多机器人系统多目标覆盖时特有的环节。在进入启发式学习阶段后,首先根据每个兴趣点到各机器人初始位置的距离为两机器人划分覆盖区域,兴趣点距哪个机器人较近则存入该机器人的覆盖任务列表,每个机器人只需覆盖自身任务列表中的兴趣点即可。当两机器人均完成任务列表中的兴趣点覆盖时,判断一次多机器人覆盖任务完成,进入下一个学习幕。

启发函数指导动作选择,在选择联合动作前,每个机器人根据自身当前状态和目标兴趣点查询启发动作信息,两机器人各自的启发动作构成的联合动作作为启发函数指导的联合动作。

仿真实验参数设置如表 6-4 所示。

表 6-4　仿真实验参数设置

探索率 ε	学习率 α	折扣因子 γ	启发系数 η	学习幕数 Episodes	迭代上限 Maxsteps
0.1	0.5	0.9	10	1 000	1 000

学习进程开始时多机器人采用 Q-学习算法在未知环境地图中随机探索,积累环境结构知识,在达到触发条件后在已知的环境结构基础上针对掌握的每一个覆盖目标点分别进行反向传播推理定义启发信息。如图 6-9 所示,图中给出了四个覆盖目标点各自的启发信息,地图环境中结构提取阶段访问过的每一个状态都会有指向目标点的启发动作信息。进入启发式学习过程后,首先会为机器人分配覆盖区域,每个机器人着眼于自身覆盖任务列表中的目标点,列表任务点按照与机器人的距离信息排序,机器人从起点出发按序完成覆盖任务,在此过程中机器人掌握自身当前所在状态和当前目标任务点,并据此查询图 6-9 给出的启发动作信息,达到一个覆盖目标点后根据任务列表转换目标点,直到完成任务列表中所有目标点的覆盖。

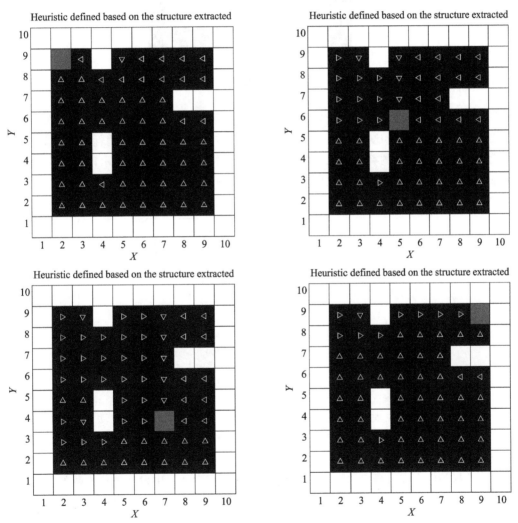

图 6-9　结构提取与反向传播

在多机器人系统,采用基于事件驱动的 HAQL 算法可以在经过一定学习幕数后达到收敛,图 6-10 给出了学习后期算法达到收敛后的一幕覆盖任务完成情况,图中红色与绿色的线段分别表示两机器人[Red,Green]在此次覆盖过程中经过的路径,可以看出多机器人通过联合动作选择成功完成了覆盖任务,遍历到了所有的兴趣点。

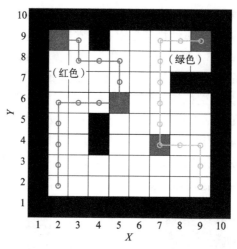

图 6-10　基于事件驱动 HAQL 的多机器人覆盖结果

　　针对相同的多机器人覆盖路径规划仿真环境,分别采用普通的 Q-学习算法和事件驱动下的 HAQL 算法进行对比实验,从完成覆盖任务所需迭代步数即资源消耗的角度评价多机器人覆盖路径规划问题的算法效果。覆盖算法效果对比图如图 6-11 所示,曲线表示多机器人完成一幕覆盖任务所需迭代步数随着学习幕的推进的变化情况。

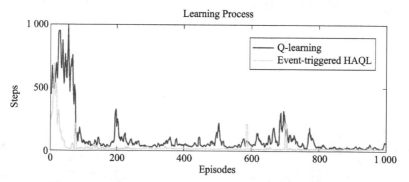

图 6-11　多机器人覆盖算法对比图

　　分析学习曲线可以发现,Q-学习算法在学习过程中经常出现较大的波动,且收敛缓慢。这是源于多机器人的状态-动作策略空间巨大,对于多目标的覆盖问题,存在多样的覆盖路径可以完成覆盖任务。多机器人在 Q-学习的过程中首先在 100 幕左右收敛到某次优的路径,而后由于动作选择策略存在 ε 概率的随机探索特性,在随机探索过程中发生迭代步数的波动,并再次逐渐收敛。多机器人在这样的反复局部收敛过程中不断学习,可以看到迭代步数在学习后期 800 幕左右又一次趋于较优策略的稳定,但仍不及最优策略,Q-学习的过程仍然没有完成。

　　事件驱动的 HAQL 算法与 Q-学习算法相比最大的优势在于,学习初期在触发事件后即进入启发学习阶段,迅速在由反向传播构建的完全正确的启发信息的指导下在 30 幕左右收敛到最优策略,并在此后的学习幕中除了几幕由于 ε-贪婪策略引起的毛刺,一直稳定在最优策略附近。因此基于事件驱动的 HAQL 算法在保证策略最优的同时大大加速了 Q-学习过程,且节省了计算资源。

6.3 基于 HASB-QL 的多机器人覆盖算法设计

HASB-QL 算法是一种基于状态回溯代价分析的启发式 Q-学习，不同于第 5 章的 HAQL 算法利用自身学习过程中得到的信息构造启发函数，HASB-QL 使用先验知识作为启发信息构造启发函数。下面将从算法设计到仿真实现详细阐述如何采用 HASB-QL 算法解决多机器人覆盖问题。

6.3.1 状态回溯代价分析的强化学习机制

评估函数 Q 表示在状态 S 下执行动作 a，所得到的累积回报，本质上是机器人通过对该状态–动作对的多次访问，对环境知识的累积过程[6,7]。如果能定义一种方法来分析多次访问的过程，从另一个角度对动作的好坏进行强弱分化，指导动作选择，理论上可以有效加速强化学习的收敛。

基于状态回溯代价分析的启发式 Q 学习（Heuristically Accelerated State Backtracking Q-Learning，HASB-QL）是在 HAQL 算法的理论基础之上，引入外部经验作为先验知识来构造启发函数指导动作选择[8]。HASB-QL 算法引入了代价函数的概念，用以描述机器人从当前状态到目标状态的累计代价，据此设计启发函数，与 Q 值函数相结合共同决定动作选择策略。

首先，定义动作代价 $\omega(s_t, s_{t+1}) > 0$，表示在状态 s_t 下执行动作 a_t 转移到状态 s_{t+1} 所付出的代价，将三元组 $(s_t, a_t, w(s_t, s_{t+1}))$ 存入表 L。用表 L 来记录机器人从初始状态 s_0 到终止状态 s_f 的过程中经历的状态–动作对序列和相应的代价。

其次，定义基于动作代价的状态转移概率函数 $c: S \times A \to R$，构造一个代价表 C，其数据结构与 Q 值表相同，表中键值表示每个状态–动作对所对应的到终止状态的累积转移代价。即表中每一项 $c(s_t, a_t)$ 的取值表示机器人在状态 s_t 下采取行动 a_t，经过一系列行动后，代价累积到最终状态 s_f 得到的总代价。$c(s_t, a_t)$ 的值将根据每一幕学习过程得到的表 L 状态回溯式逐步更新，每次更新取最小的代价知识来修正代价函数

$$c(s_t, a_t) = \min\left[c(s_t, a_t), \sum_{k=t}^{f-1} \omega(s_t, s_{k+1}) \right] \tag{6-5}$$

在 Q-学习的迭代过程中，代价函数 c 在每一幕结束后进行自我修正，针对该幕迭代过程中访问到的每一个状态–动作对，计算累计代价，对比历史记录选择较小的累计代价值更新代价函数。代价函数启发的动作意味着在该状态下取该动作所付出的累积代价最小，因此，基于最小代价的启发函数计算公式为

$$H(s_t, a_t) = \begin{cases} \max_a Q(s_t, a) - Q(s_t, a_t) + \eta, & \text{if } a_t = \pi^C(s_t) \\ 0, & \text{其他} \end{cases} \tag{6-6}$$

式中，$\pi^C(s_t)$ 表示启发动作的选择为状态 s_t 下到终态 s_f 付出总代价最小的动作，即

$$\pi^c(s_t) = \min_a c(s_t, a) \tag{6-7}$$

HASB-QL 算法如表 6-5 所示。

表 6-5　HASB-QL 算法

算法 6-3　HASB-QL 算法

输入：$\alpha, \varepsilon, \gamma, \eta$

1：初始化 $Q(s,a), H_t(s,a), L, c(s_t, a_t)$

2：每幕循环：

3：　　状态初始化 s_t

4：　　　每步迭代中循环

5：　　　　　根据 $\pi(s) = \begin{cases} \arg\max_a [\hat{Q}(s,a) + H_t(s_t, a_t)] & \text{if } q \leqslant 1-\varepsilon \\ a_{\text{random}} & \text{其他} \end{cases}$ 选择动作 a_t

6：　　　　　执行动作 a_t，获得即时回报 $r(s_t, a_t)$，观测下一状态 s_{t+1}

7：　　　　　将状态转移代价 $\omega(s_t, s_{t+1})$ 存入状态链 L

8：　　　　　根据式 (6-2) 更新启发函数 $H(s_t, a_t)$

9：　　　　　根据以下更新规则更新 Q 值函数

　　　　　　$Q(s_t, a_t) = Q(s_t, a_t) + \alpha(r(s_t + a_t) + \gamma \max_{a_t+1} Q(s_{t+1}, a_{t+1}) - Q(s_t, a_t))$

10：　　　　更新状态 $s_t \leftarrow s_{t+1}$

11：　　　迭代内循环直到 s_t 为终止状态

12：　　根据该幕状态链 L 更新代价函数 $c(s_t, a_t)$

13：幕循环直到达到停止判据

表 6-5 所示为完整的 HASB-QL 算法，动作选择策略仍沿用启发函数影响下的 ε-贪婪策略，需要注意每一幕学习过程中状态链 L 的记录和每一幕结束后代价函数 $c(s_t, a_t)$ 的状态回溯式更新。

HASB-QL 算法与标准 HAQL 算法最大的区别在于将 HAQL 启发函数定义的结构提取和反向传播的两个学习阶段结合了起来，不再需要单独的结构提取阶段，而是在每一幕学习结束后及时更新代价函数 $c(s_t, a_t)$，从而在迭代学习的过程中更新启发函数 H。观察算法迭代过程可以看出，HASB-QL 算法之所以能有效指导动作选择更快地寻找最优动作，是因为机器人在每一个学习幕结束后，通过状态回溯的方式逐步比较重复访问过的状态-动作对的策略，总结之前幕中得到的最小代价和的行动策略。若在这一幕中发现了更好（代价更小）的策略，则更新代价函数，若没有更好的策略则沿用原有的策略。

HASB-QL 算法的局限性在于由于代价值由外部经验所定义，所以当机器人在面对有更多的策略选择情况时，行动代价作为启发函数带有主观性，因为代价小的路径不能完全等同于最优路径，只能作为一个约束或判断条件。比如机器人在路径规划过程中存在多种路径选择，代价函数将指导机器人选择一条总代价最小的路径，但这个判断带有主观性，可能导致机器人在学习后期无法收敛到最优路径。

6.3.2　触发函数设计

机器人在与环境的交互中,可以通过观测获得局部环境的信息,根据观测的变化情况判断事件的触发条件,从而体现事件驱动的思想[9]。在 HASB-QL 算法中拟采用机器人观测到的环境信息的变化率来设计触发函数。

事件驱动的思想在 HASB-QL 算法中的作用机制如图 6-12 所示,在执行动作选择时,机器人首先根据触发条件来判断启发函数是否被触发,如果被触发才执行一个启发信息影响下的策略选择过程,否则机器人执行普通 Q-学习的策略选择过程。

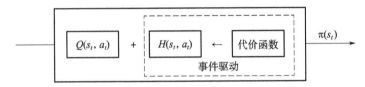

图 6-12　HASB-QL 算法的事件驱动作用机制

对于一个基于格子世界的机器人自主路径规划问题,观测信息可以定义为机器人周围格子的状态,状态分为可达位置、障碍物(边界)位置两种,汇总观测范围内格子状态,将学习幕数看作离散时间,k 时刻机器人的观测值记为 $o(k)$。综合考虑机器人前后两个时刻中的观测范围内所有格子的变化情况总和,定义触发函数为机器人从 $k-1$ 时刻到 k 时刻的观测变化率为

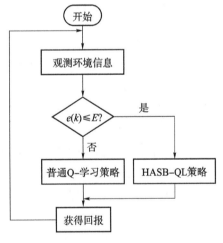

$$e(k)=|o(k)-o(k-1)|/o(k-1) \quad (6-8)$$

给定触发函数阈值 $E\in[0,1]$,在每发生一次状态转移时计算触发函数,判断触发条件,灵活判别是否在动作选择过程中加入启发函数的指导作用。基于事件驱动的 HASB-QL 算法的触发函数作用的简要流程图如图 6-13 所示。

当环境的观测变化率低于触发阈值时,即机器人观测到的环境变化小或者没有变化时,利用启发式算法进行加速学习,减少需要考虑的策略;当环

图 6-13　观测变化率触发流程图

境变化率超过设定的阈值时,即机器人观测范围内环境变化大,此时机器人则利用普通 Q-学习算法进行策略搜索以扩大搜索范围。

6.3.3　覆盖算法设计

在 HASB-QL 算法中,根据状态回溯代价分析定义的启发函数 H 与 Q 值函数的意义不同,启发函数反映的是策略的代价,而 Q 值函数反映的是策略的优劣,也就是说,代价函数最小的行动是对 Q 值函数的补充,而不等于 Q 值最大的行动。因此将代价函数作为启发函

数时,机器人在策略选择过程中时虽然可以快速做出选择,但与此同时策略搜索范围也一定程度上受到了约束,可能错过最优策略。

因此在 HASB-QL 算法的基础上,设计触发函数,判断基于状态回溯代价分析的启发函数作用于策略选择的时机。基于事件触发条件的策略选择规则仍沿用式(6-1)的考虑启发函数影响的 ε-贪婪策略,保证了机器人遍历环境中每一个状态的可能性。但启发函数的定义发生了变化,需要将机器人的观测变化率作为触发条件判断是否计算有效的启发值参与策略选择,启发函数的更新公式如下:

$$H_t(s_t,a_t) = \begin{cases} \max_a(s_t,a) - Q(s_t,a_t) + \eta, & \text{if } a_t = \pi^C(s_t) \,\&\, e_t \leqslant E \\ 0, & \text{其他} \end{cases} \tag{6-9}$$

式中,$a_t = \pi^C(s_t) \,\&\, e_t \leqslant E$ 条件表示在状态 s_t 下,若事件被触发,且执行的策略为代价表 C 中当前状态累计转移代价最小的动作,即 $\pi^C(s_t) = \min_a c(s_t,a)$,此时计算启发函数 H 并参与指导策略选择。其他情况下 H 值为 0,启发函数不参与策略选择机制,机器人的动作选择等同于采用普通 Q-学习的策略选择机制。

事件驱动机制的加入仅仅是将代价启发函数这个约束条件由连续加入变为间断地加入,即将 HASB-QL 周期性的启发过程改变为有选择性地进行启发学习,扩大搜索范围。Q-学习过程仍然符合 Bellman 方程,因此不影响算法收敛性。

另外,事件驱动的机制并不影响代价函数 $c(s_t,a_t)$ 的更新过程,代价函数的更新并不会随着事件触发而发生改变,而是自始至终在每一个学习幕结束后根据该幕的状态链 L 统一进行状态回溯式更新,始终取当前状态到终点状态的累积代价最小值。这是由于触发函数只影响启发函数的作用时刻,与启发函数的更新公式相关,而与代价函数 $c(s_t,a_t)$ 并无直接联系。在学习过程中需要始终保持代价函数的更新,从而有效记录在环境观测变化率较大,不满足触发条件,需要采用普通 Q-学习扩大策略搜索范围时,是否发现了代价更小的更好的策略。

基于事件驱动的 HASB-QL 算法过程如表 6-6 所示,需要注意在算法过程中,第 5~6 步是事件驱动作用的区间。从算法的角度,在每一步学习迭代选择动作之前,需要进行触发函数判别,根据当前状态和上一个状态下机器人的观测值计算观测变化率 e_t,然后判断是否满足触发条件,从而决定动作选择过程中是否施加启发函数的指导作用。

为了简化算法,实际上这部分的触发判别如式(6-9)所描述的,体现在启发函数的定义和更新的过程中,在满足触发条件时计算有效的启发值,而不满足触发条件时启发值记为 0,这样在动作选择的过程中,即可根据触发情况区分启发函数是否发挥指导动作选择的作用。

表 6-6　基于事件驱动的 HASB-QL 算法

算法 6-4　基于事件驱动的 HASB-QL 算法
输入:$\alpha,\varepsilon,\gamma,\eta,E$
1:初始化 $Q(s,a)$,$H_t(s,a)$,L,$c(s_t,a_t)$
2:每幕循环:
3:　状态初始化 s_t

续　表

算法 6-4　　基于事件驱动的 HASB-QL 算法
4： 　　每步迭代中循环
5： 　　　根据当前状态和前一状态计算观测信息变化率 e_t
6： 　　　如果达到触发条件 $e_t \leqslant E$，则采用启发函数 $H_t(s,a)$ 指导动作选择得到 a_t 　　　否则采用普通 Q 学习算法进行动作选择得到 a_t
7： 　　　执行动作 a_t，获得即时回报 $r(s_t,a_t)$，观测下一状态 s_{t+1}
8： 　　　将状态转移代价 $\omega(s_t,s_{t+1})$ 存入状态链 L，计算观测信息变化率 e_t
9： 　　　根据式(6-6)更新启发函数 $H(s_t,a_t)$
10： 　　　根据以下更新规则更新 Q 值函数 $$Q(s_t,a_t)=Q(s_t,a_t)+\alpha(r(s_t+a_t)+\gamma \max_{a_{t+1}} Q(s_{t+1},a_{t+1})-Q(s_t,a_t)]$$
11： 　　　更新状态 $s_t \leftarrow s_{t+1}$
12： 　　迭代内循环直到 s_t 为终止状态
13： 　　根据该幕状态链 L 更新代价函数 $c(s_t,a_t)$
14：幕循环直到达到停止判据

6.3.4　单机器人覆盖仿真实验与分析

首先针对单机器人的覆盖路径规划问题进行研究,本次实验采用基于事件驱动的 HASB-QL 算法实现机器人的学习过程,完成覆盖任务,并通过对比实验验证算法有效性。

仿真实验环境设置与 6.2 节相同,用栅格法构建规模为 22×22 的格子世界作为覆盖地图,机器人在对环境一无所知的情况下,需要通过学习规划出一条安全路径从起点到达目标点。图 6-14 所示为机器人的观测范围及动作示意图,P 处表示机器人所在状态,机器人在每个状态下可选动作为向上、下、左、右行动一格,观测范围为以 P 为中心的周围 20 个栅格,观测信息分为可达和不可达(障碍物/边界)两种状态。

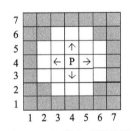

图 6-14　机器人观测范围及动作示意图

机器人到达目标点获得回报值 100,到达其余位置回报值均为 -1,每一步的行动代价值 $0<\omega<100$ 随机生成。算法相关学习参数设置如表 6-7 所示。对机器人而言每一幕(Episode)学习从初始点开始,寻到目标点时覆盖成功,开始新一幕的学习;迭代直到上限 Maxsteps 仍未寻到目标点时认为覆盖失败,开始新一幕的学习。

表 6-7　算法相关学习参数设置

探索率 ϵ	学习率 α	折扣因子 γ	启发系数 η	学习幕数 Episodes	迭代上限 Maxsteps
0.1	1	0.9	5	500	10 000

图 6-15 所示为仿真实验的地图环境和学习后期其中一幕单机器人覆盖路径规划结果,环境中黑色栅格为边界和障碍物,白色栅格为可达状态,机器人从环境右下角出发规划出了一条安全的路径避开了障碍物抵达右上角蓝色栅格表示的终点状态。可以发现这条路径并不是最优路径,这说明 HASB-QL 算法并不能保证策略最优,但其对 Q-学习的加速作用将在后续对比实验中进行说明。

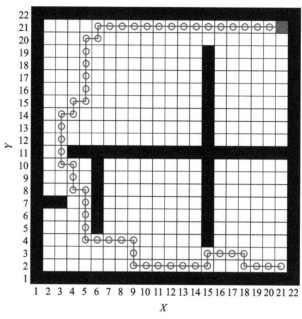

图 6-15　单机器人覆盖路径规划结果

为研究事件驱动中触发阈值对学习过程的影响,触发阈值 E 分别取 0.2、0.25、0.3 和 0.4 进行仿真对比实验,不同触发阈值对学习效果的影响如图 6-16 所示。

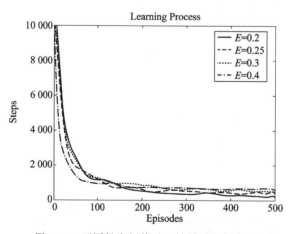

图 6-16　不同触发阈值学习效果对比拟合图

以上对比拟合图说明了触发阈值与学习速度的关系,反映了触发函数在学习过程中的影响作用。四个不同触发阈值下机器人完成覆盖任务的迭代步数随着学习幕数逐渐下降,最终可达到收敛,体现出了学习的过程。观察对比图线发现,随着触发阈值的增大,曲线前期下降更快,表明学习速度加快;曲线后期稳定后迭代步数更高,表明策略收敛后所需平均步数也越多。这是由于启发式学习策略的作用随着触发阈值的增大而逐渐加强,可有效加速学习但会导致策略次优。反之,随着触发阈值的减小,Q-学习策略的作用被逐渐加强,因此机器人的学习速度降低,但最终收敛的策略会更优。

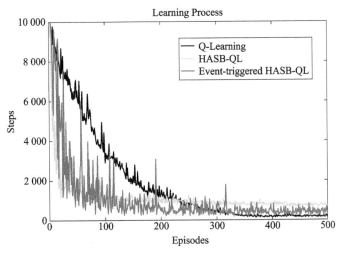

图 6-17 三种学习算法效果对比图

最后,如果将判断算法达到收敛的幕数称为收敛幕,反映学习速度快慢,将学习收敛后平均完成一次任务所需步数称为收敛步数,反映学习策略优劣。根据图 6-16 可得到以下结论:三种算法的实际迭代曲线对比图反映三种算法的迭代步数随着学习幕数的推进都逐渐减小,最终能收敛到稳定的步数,但算法学习速度和策略最优性存在区别。普通 Q-学习收敛步数最少即策略最优,但达到收敛耗时最久;HASB-QL 可以快速达到收敛,但收敛步数最多即策略最差。而本章提出的基于事件驱动的 HASB-QL 算法在学习中根据观测信息变化率有选择性地进行动作启发,因此有效扩大了策略搜索范围。与 HASB-QL 相比收敛速度稍慢,但获得的策略更优;与传统 Q-学习相比,学习速度显著提高,且收敛后的策略也接近最优。因此,基于事件驱动的 HASB-QL 更好地平衡了最优策略与学习速度的关系。

6.3.5 多机器人覆盖仿真实验与分析

其次,针对多机器人的覆盖路径规划问题进行研究。首先仍沿用栅格法构造与 6.2 节相同的多机器人覆盖环境图 6-7 所示,在规模为 10×10 的仿真地图环境中,两个机器人 [Red,Green] 在对环境未知的情况下,需要通过学习规划出安全路径遍历目标区域。

事件驱动下的多机器人 HASB-QL 覆盖算法动作选择示意图如图 6-18 所示,在多机器人状态转移过程中,每一个状态下,机器人都需要各自选择动作,在联合动作的作用下实现状态转移。而事件驱动的机制发生在动作选择的过程中,即图中虚线箭头所含的观测部分,机器人各自观测所处状态,在对比上一时刻状态后根据观测变化率选择是否触发启发函数指导动作选择。

每个机器人的观测范围及动作示意图如图 6-19 所示,P 处表示机器人所在状态,机器人的观测范围为以 P 为中心的周围 8 个栅格,观测信息分为可达和不可达(障碍物/边界)两种状态。机器人通过统计观测范围内的障碍物个数粗略地判断状态转移前后环境是否有较大的变化,在本实验中设置触发阈值 $E=0$,即观测范围内障碍物个数没有发生变化时,触发事件使用启发函数指导动作选择。

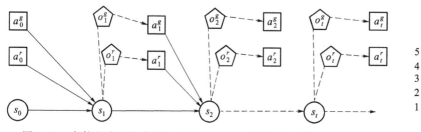

图 6-18　事件驱动下的多机器人 HASB-QL 覆盖算法动作选择示意图　　图 6-19　机器人个体观测范围及动作示意图

对多机器人而言由于环境信息未知,因此仍需要设置结构提取阶段获取兴趣点信息以便为机器人分配覆盖区域,算法整体流程如图 6-20 所示。

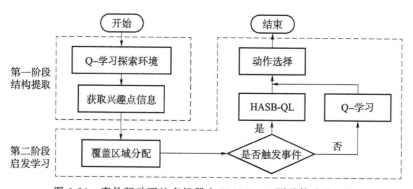

图 6-20　事件驱动下的多机器人 HASB-QL 覆盖算法流程图

针对启发信息的定义问题,不同于 HAQL 算法在反向传播结束后一次性定义启发信息,给出每个状态下应该启发的动作,HASB-QL 算法的启发信息是随着学习的过程逐渐完善的。对多机器人而言,每一幕机器人完成各自覆盖任务列表的兴趣点覆盖后,会采用状态回溯的方式梳理覆盖路径,取最小的代价知识为每个兴趣点修正更新各自的代价表 C。因此启发信息不是一成不变的,学习初期由于随机探索的原因,启发信息可能并不准确,但它会随着学习进程不断自我修正逐渐给出正确的启发。在机器人触发事件采用启发式学习时,机器人查询各自的代价表选择代价最小的动作作为启发动作,构成联合启发动作指导多机器人的策略选择。

实验相关参数设置如表 6-8 所示。

表 6-8 仿真实验参数设置

探索率 ε	学习率 α	折扣因子 γ	启发系数 η	学习幕数 Episodes	迭代上限 Maxsteps
0.1	0.5	0.9	10	2 000	1 000

在多机器人系统,采用基于事件驱动的 HASB-QL 算法可以在经过一定学习幕数后可以以较优的策略稳定完成覆盖任务,图 6-21 所示为学习后期其中一幕覆盖任务完成情况,红、绿线段分别表示两机器人[Red,Green]的覆盖路径,可以看出多机器人通过联合动作选择以较好的策略完成了覆盖任务,但该策略不是最优策略。

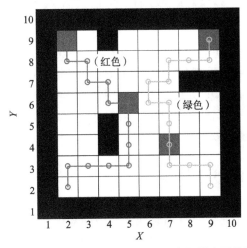

图 6-21 基于事件驱动 HASB-QL 的多机器人覆盖结果

针对相同的多机器人覆盖路径规划仿真环境,分别采用普通的 Q-学习算法和含事件驱动机制的 HASB-QL 算法进行对比实验,依然从完成覆盖任务所需迭代步数的角度评价多机器人覆盖路径规划问题的算法学习效果。覆盖算法效果对比图如图 6-22 所示,曲线表示多机器人完成覆盖任务所需迭代步数随着学习幕的推进的变化情况。

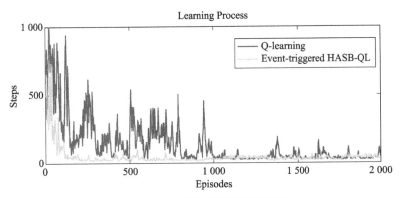

图 6-22 多机器人覆盖算法对比图

分析两种算法的学习进程可以发现，Q-学习过程速度缓慢，约在1000幕后稳定在最优策略附近，但后期仍存在 ε-贪婪策略的随机性引起的迭代步数波动。而事件驱动的 HASB-QL 算法与 Q-学习算法相比大大加速了学习进程，约从150幕即稳定在最优策略附近，后期的波动幅度也远小于 Q-学习的波动幅度。这说明了启发信息的加入在加速 Q-学习的同时也能一定程度上抑制由于 ε-贪婪策略的随机性带来的迭代步数波动。行动代价作为一种附加知识构造的启发函数理论上并不能保证策略的最优性，但由于动作选择随机性的存在，两种算法在策略稳定后并没有太大的策略优劣区别。

6.4 基于 CB-HAQL 的多机器人覆盖算法设计

基于案例推理的启发式 Q-学习（Case Based Heuristically Accelerated Q-Learning，CB-HAQL）算法[13]是一种将案例推理（Case Based Reasoning，CBR）机制与强化学习算法相结合的启发式 Q-学习。CB-HAQL 允许机器人采用案例库中的已有案例作为启发信息，来加速强化学习算法。下面将从算法设计到仿真实现详细阐述如何采用 CBR 机制加速学习进程，提高多机器人覆盖速度与效率。

6.4.1 案例推理的启发式学习机制

案例推理的思想实际上是将过往情景或案例中的知识利用起来，在求解新的问题时，寻找相似的过往案例，将案例解决策略重用在新的问题中[10]。在 CBR 机制中，一个案例通常既包含问题描述也包含解决策略。例如在一个确定时刻所处环境的状态、要解决问题、需要执行的动作序列等整体可以看成一个案例。

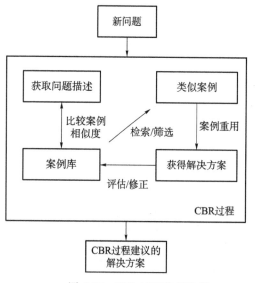

图 6-23 CBR 过程作用机制

采用 CBR 的方式解决问题时需要考虑到以下内容的实现[11]：首先需要定义问题的描述，计算当前问题和案例库中存储的已解决问题的相似度，检索一个或多个相似的案例，并试图重用检索到的案例的解决方案，最后根据问题描述的差异做出适应性的调整。其他可能需要涉及的问题还包括对案例提议的解决方案的评估、修正，和解决新问题后新案例的存储。将 CBR 问题抽象化，其作用机制如图 6-23 所示。

面对一个新的案例求解策略时，CBR 机制作用的过程通常为四个步骤[12]：

（1）检索案例库，选择定相似度最高的一个案例准备案例重用；

（2）在新案例中采用选定案例中的策略作为当前的解决策略；

（3）评估新案例执行策略后的结果；

（4）从新案例中学习经验，更新或修正案例库。

基于案例推理的启发式 Q-学习[13]是在 HAQL 算法的基础上，添加 CBR 机制使得机器人能够在当前状态下，采用案例库中的类似案例作为启发信息指导当前的动作选择。本章依然以单机器人路径规划问题为例，在机器人学习过程中，一个案例由三个部分构成：问题描述（P），解决策略（A），案例特征矩阵（$\mathbf{D}$），通常在形式上可以表示为一个三元组[14]：

$$\text{case} = (P, A, D) \tag{6-10}$$

问题描述 P 对应机器人在该案例中的所在情景，包括自身的状态和周围的观测状态：

$$P = \{x_a, y_a, x_s, y_s, x_t, y_t, x_{o_1}, y_{o_1}, x_{o_2}, y_{o_2}, \cdots, x_{o_n}, y_{o_n}\} \tag{6-11}$$

式中，(x_a, y_a)、(x_s, y_s)、(x_t, y_t) 和 (x_{o_i}, y_{o_i})，$i \in [1, 2, \cdots, n]$ 分别表示即包含机器人自身位置、起点位置、目标位置和周围障碍物的位置信息，观测范围内合计 n 个障碍物。

解决策略 A 对应机器人在该案例中所要执行的一系列动作序列，合计 m 个动作：

$$A = \{a_1, a_2, \cdots, a_m\} \tag{6-12}$$

案例特征矩阵 $\mathbf{D}$ 定义了案例的适用性边界，用于案例的检索和重用，对应描述该案例基于距离信息的特征值，囊括了机器人与起点位置、目标位置、障碍物位置等的距离信息：

$$D = \left\{ d_s, d_t, \sum_{i=0}^{n} d_{o_i} \right\} \tag{6-13}$$

式中，d_s 表示机器人到起点位置，d_t 表示机器人到位置的距离，d_{o_i}，$i \in [1, 2, \cdots, n]$ 表示机器人到观测范围内各个障碍物的距离，此处距离信息均采用欧式距离计算。

在 CBR 机制的案例得到定义后，还需要定义一个相似函数来表示机器人当前问题与案例库中的已有案例的相似程度，从而在检索重用过程中进行比较判别。对于路径规划问题，距离信息是相似度判别的重要依据，因此定义关于当前问题和案例库案例的相似度函数 $\text{sim}(\text{current}, \text{case}_j)$ 为

$$\text{sim}(\text{surrent}, \text{case}_j) = 1 - \frac{\left| \|D_{\text{current}}\| - \|D_{\text{case}_j}\| \right|}{\|D_{\text{current}}\|} \tag{6-14}$$

式中，$\|D_{\text{current}}\|$ 表示当前所在环境作为案例考虑时计算特征矩阵的范数作为案例特征值，$\|D_{\text{case}_j}\|$ 表示案例库中的 case_j 的案例特征值，相似度函数计算结果越大表示 case_j 与当前环境的相似度越高，选择相似度最高的案例执行所对应的动作策略即完成一次 CBR 案例重用。

CB-HAQL 算法过程如表 6-9 所示。在 MDP 问题的迭代循环过程中，每一次执行动作选择之前，添加一个计算当前状态和案例库所存状态相似度比对的过程，如果比对结果显示，当前状态与案例库内某案例状态相似度超过一定阈值，则重用该案例的解决方案。案例重用后给出建议的动作作为启发动作，相应的启发值 $H_t(s, a)$ 也按照式（6-2）进行计算。CB-HAQL 算法由 CBR 机制定义启发函数也存在着一定的局限性，举例来说，如果检索到的类似案例的策略解决方案确实适合当前状态，那么案例重用能使策略选择变得简单高效；然而如果检索到的案例实际上不适合当前状态，案例重用则会为学习过程带来干扰，使策略选择更加复杂低效，甚至启发错误的动作导致机器人偏离最优策略。因此正确有效的案例库的建立，合适的策略相似度评估方法和启发作用时机等问题需要进一步地研究。

表 6-9　CB-HAQL 算法

算法 6-5　CB-HAQL 算法

输入：$\alpha, \varepsilon, \gamma, \eta$

1：初始化 $Q(s,a), H_t(s,a)$

2：每幕循环：

3：　状态初始化 s_t

4：　　每步迭代中循环

5：　　　计算当前状态和案例库中已有状态相似度

6：　　　如果案例库中有可用的类似案例

　　　　重用该案例，根据案例建议的动作计算启发函数 $H_t(s,a)$

$$H(s_t,a_t)=\begin{cases}\max_a \hat{Q}(s_t,a)-\hat{Q}(s_t,a_t)+\eta & \text{if } a_t=\pi^H(s_t)\\ 0, & \text{其他}\end{cases}$$

7：　　　根据 $\pi(s)=\begin{cases}\arg\max_a[\hat{Q}(s,a)+H_t(s_t,a_t)], & \text{if } q\leqslant 1-\varepsilon,\text{选择动作 } a_t\\ a_{\text{random}}, & \text{其他}\end{cases}$

8：　　　执行动作 a_t，获得即时回报 $r(s_t,a_t)$，观测下一状态 s_{t+1}，

9：　　　根据以下更新规则更新 Q 值函数

$$Q(s_t,a_t)=Q(s_t,a_t)+\alpha(r(s_t,a_t)+\gamma\max_{a_{t+1}}Q(s_{t+1},a_{t+1})-Q(s_t,a_t))$$

10：　　　更新状态 $s_t \leftarrow s_{t+1}$

11：　　迭代内循环直到 s_t 为终止状态

12：幕循环直到达到停止判据

6.4.2　触发函数机制

本节拟采用两种事件驱动的方式从不同角度改进 CB-HAQL 算法案例库案例不够准确，不够全面的问题。

针对案例库的准确性问题，类似 6.2 节提出的事件驱动方式，记为事件驱动 I，将学习进程划分为结构提取阶段和启发式强化学习阶段，在结构提取阶段通过事件驱动的机制判断机器人是否获得了足够的环境结构知识，能够结束结构提取阶段并根据已知信息生成案例库，从而根据案例库构造启发函数。事件驱动在 CB-HAQL 算法启发定义阶段的作用机制如图 6-24 所示。t_E 表示从该幕起完成结构提取，开始生成案例库，构造启发函数，t_H 表示从该幕起根据启发函数指导动作选择。

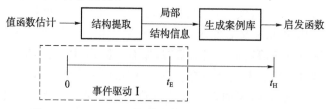

图 6-24　CB-HAQL 算法在事件驱动 I 下的启发定义

本节在事件驱动的机制下,根据机器人每一个学习幕所用迭代步数的变化率来定义触发函数。在 Q-学习算法的通常情况下,机器人每一幕所用迭代步数会随着幕数的增加逐渐趋于稳定。以单机器人路径规划问题为例,机器人的任务是初始点到目标点规划出一条安全的路径,在此基础上尽量优化运动轨迹。随着强化学习过程的推进,机器人的表现将越来越好,具体体现为完成一次任务所需行动步数逐渐减小,并最终会寻得一条最短路径。所以,每一幕所用迭代步数可以侧面反映出机器人对知识的掌握情况。

首先,机器人记录每一幕学习所用的迭代步数,如在第一幕结束后,所用迭代步数记为 $\text{Step}(1)_{t=1}$,在第 k 幕完结束后,所用步数记为 $\text{Step}(k)_{t=k}$。此时定义触发函数 $U(k)$ 为机器人当前幕所用步数与第一幕相比的变化率,用以描述当前机器人对知识的掌握情况,机器人从 $t=1$ 幕到 $t=k$ 幕的迭代步数变化率为

$$U(k)=\frac{\text{step}(1)-\text{step}(k)}{\text{step}(1)} \tag{6-15}$$

触发函数 $U(k)$ 触发函数阈值 $E_u\in[0,1]$ 需要在实验开始前预先设置,机器人在每一幕结束时计算触发函数,进行触发判断,假设在第 k 幕,若触发函数 $U(k)>E_u$,表明机器人已获得一定的环境知识,可以进入启发定义的第二阶段,生成案例库。这是个一次性过程,触发成功后即完成启发定义从普通 Q-学习引入启发函数,进入 HAQL 加速学习进程。

针对案例库的全面性问题,采用类似 4.2 节提出的事件驱动方式,记为事件驱动 Ⅱ。由于学习前期构造的案例库很难全面包括机器人可能遇到的所有状态,因此机器人在新的观测状态下,检索案例库得到的相似度最高的案例可能仍不足以匹配当前状态,那么案例指导的策略也就不适用于当前状态。因此加入事件驱动的机制,在每次动作选择前计算当前状态特征值,计算相似度函数 $\text{sim}(\text{current},\text{case}_j)$,筛选出案例库中相似度最高的案例,两者的相似度作为触发信息与触发阈值 E_H 作比较。若相似度大于触发阈值 E_H,采用 CBR 机制启发动作选择加速学习过程;反之则意味着案例库中没有足够相似的案例,此时机器人采取普通 Q-学习的动作选择策略继续扩大策略搜索范围。事件驱动 Ⅱ 的加入能有效避免机器人被案例库中不够相似的案例启发所造成的错误的动作选择,其作用机制如图 6-25 所示,主要作用在 CB-HAQL 算法动作选择阶段。

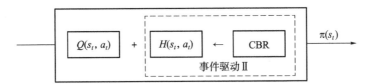

图 6-25 CB-HAQL 算法在事件驱动 Ⅱ 下的策略选择

6.4.3 覆盖算法设计

事件驱动 Ⅰ 的加入,使得机器人能够在学习进程前期根据环境知识的获取情况判断生成案例库的时机,提高案例库的质量(准确性)。避免前期随机探索得到的案例库因不够准确而为后期的案例重用带来更大的启发偏差。

事件驱动Ⅱ的加入使得机器人能够根据案例相似度灵活选择采用案例推理启发动作选择的时机。避免由于案例库案例不够全面,机器人在当前状态下没有足够相似的案例却强行重用造成的启发偏差

基于事件驱动的 CB-HAQL 算法详细过程如表 6-10 所示,需要注意的是事件驱动Ⅰ的作用体现在算法第 11~13 步,在前期的学习过程中采用普通 Q-学习探索环境,根据在每一幕学习结束后的策略效果计算触发函数 U,一旦达到触发条件 $U(k) > E_u$ 即生成案例库,完成启发信息的定义,进入启发式强化学习阶段。在后期学习过程中仍可通过计算触发函数 U 判断是否更新案例库。

表 6-10　基于事件驱动的 CB-HAQL 算法

算法 6-6　基于事件驱动的 CB-HAQL 算法
输入:$\alpha,\epsilon,\gamma,\eta,E_u,E_H$
1:初始化 $Q(s,a),H_t(s,a)$
2:每幕循环:
3:　状态初始化 s_t
4:　每步迭代中循环
5:　　计算当前状态和案例库各案例相似度 sim(current,case)
6:　　如果达到触发条件 max sim(current,$case_j$) $>E_H$,案例库有可用类似案例 重用该案例,根据案例建议的动作计算启发函数 $H_t(s,a)$

$$H(s_t,a_t)=\begin{cases} \max_a \hat{Q}(s_t,a)-\hat{Q}(s_t,a_t)+\eta, & \text{if } a_t=\pi^H(s_t), \\ 0, & \text{其他} \end{cases}$$

根据 $\pi(s)=\begin{cases} \arg\max_a[\hat{Q}(s,a)+H_t(s_t,a_t)] & \text{if } q\leqslant 1-\epsilon, \text{选择动作 } a_t \\ a_{\text{random}}, & \text{其他} \end{cases}$

否则案例库中无可用案例

根据 $\pi(s)=\begin{cases} \arg\max_a Q(s,a), & \text{if } q\leqslant 1-\epsilon, \\ a_{\text{random}} & \text{其他} \end{cases}$,选择动作 a_t

7:　　执行动作 a_t,获得即时回报 $r(s_t,a_t)$,观测下一状态 s_{t+1},
8:　　根据以下更新规则更新 Q 值函数

$$Q(s_t,a_t)=Q(s_t,a_t)+\alpha(r(s_t,a_t)+\gamma\max_{a_{t+1}}Q(s_{t+1},a_{t+1})-Q(s_t,a_t))$$

9:　　更新状态 $s_t \leftarrow s_{t+1}$
10:　　迭代内循环直到 s_t 为终止状态
11:　　计算触发函数 U,判断是否满足触发条件 $U(k)>E_u$
12:　　不满足则继续进行结构提取
13:　　满足则生成案例库构造启发函数
14:幕循环直到达到停止判据

事件驱动Ⅱ的作用体现在算法第 5~6 步,进入启发式强化学习阶段后,在每一幕动作选择之前先计算当前状态观测信息的特征值,然后与案例库中存储的各个案例进行比对,计算案例间的相似度 sim(current,$case_j$),选择相似度最高的案例进入触发判别阶段。以 max sim(current,$case_j$) $>E$ 作为触发条件,满足触发条件时表示该案例与当前状态的相似度超

过了给定阈值 E，意味着该案例可重用，计算启发函数，案例的策略作为启发信息指导机器人动作选择。而不达触发条件的情况意味着案例库中没有符合条件的可用案例，机器人按照普通 Q-学习的策略选择方式进行动作选择。

6.4.4　单机器人覆盖仿真实验

首先在单机器人的覆盖路径规划问题基础上实现基于事件驱动的 CB-HAQL 算法的学习过程，并通过对比实验验证算法有效性。

鉴于 CB-HAQL 算法的启发信息依赖于案例库的建立，为了得到更丰富的案例库从而更好地验证算法的有效性，与前两节的环境相比设置更加复杂的地图环境。图 6-26 所示为仿真实验的地图环境和学习后期其中一幕单机器人覆盖路径规划结果。在规模为 22×22 的仿真地图中，机器人起点依然设在地图右下角(21,2)处，目标点如蓝色栅格所示设在右上角(21,21)处。机器人需要在未知的环境中，自主学习规划路径从起点到达目标点，途中避开障碍物，完成覆盖路径规划任务。可以发现图中路径并不是最优覆盖路径，CB-HAQL 算法并不能保证策略最优，但其对 Q-学习的加速作用将在后续对比实验中进行说明。

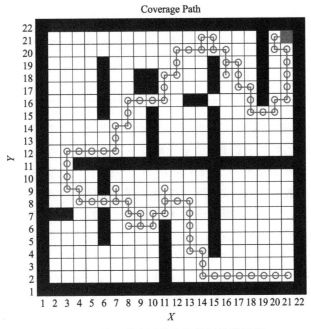

图 6-26　单机器人覆盖路径规划结果示例

机器人的观测范围及动作示意图如图 6-27 所示，P 处表示机器人所在状态，观测范围为以 P 为中心的周围 20 个白色的栅格，观测信息分为可达和不可达两种状态，机器人主要统计观测范围内障碍物相对当前状态的位置，计算观测信息。

在生成案例库和检索案例库的过程中均需要涉及案例特征值的计算问题，案例特征值需要的特征信息包括机器人与起点位置 d_s、与目标位置距离 d_t、与观测范围内各障碍物的距离 d_{o_i}，特别地，在此基础上再累加一个机器人与特别点的距离 d_{sp}。特别点的设置原理如

图 6-28 所示,对于观测范围内障碍物信息相同的案例 A 和案例 B 而言,其自身位置恰好关于起点到目标点的中线 z 对称,那么按照式(6-13)计算的案例特征值则无法区分这样的两个案例。因此在计算案例特征值时引入一个不在中线 z 上的特殊点 SP,添加案例与特殊点的距离信息加以区分,本实验中特殊点取(4,18)。

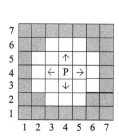

图 6-27 机器人观测范围及动作示意图

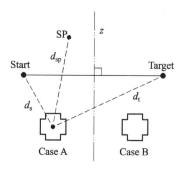

图 6-28 案例特征值设置原理

算法相关学习参数设置如表 6-11 所示。由于本次实验环境较为复杂,参数设置与前两节相比略有不同,扩大探索率以更好地探索复杂的环境,缩小学习率以控制学习速度。

表 6-11 算法相关学习参数设置

探索率 ϵ	学习率 α	折扣因子 γ	启发系数 η	学习幕数 Episodes	迭代上限 Maxsteps
0.5	0.1	0.9	1	5 000	10 000

事件驱动 I 和事件驱动 II 分别负责判断何时生成案例库,何时采用 CBR 机制启动动作选择。实验首先将从这两方面测试两个触发阈值 E_u,E_H 的设置对学习效果的影响。

针对事件驱动 I,触发阈值 E_u 取不同的值 0.5、0.7、0.9 进行实验,实验对比结果如图 6-29 所示。触发函数 $U(k)$ 表示机器人在第 k 幕所用步数与第一幕相比的变化率,在未知环境下机器人第一幕的探索无疑会消耗大量的迭代步数,$U(k)$ 越大表示机器人第 k 幕所用的步数越少,从侧面反映机器人在该幕采取了越好的策略。实验结果很好地说明了触发阈值越大算法的学习效果越好,具体体现在学习前期迭代步数下降更快,学习后期步数稳定后策略更好。由于不同的触发阈值的设定意味着触发生成的案例库的质量存在区别,触发阈值越高生成的案例库质量越好,机器人获得正确的启发信息的概率就更高,因此能有效加速学习进程。

针对事件驱动 II,触发阈值 E_H 取不同的值 0.999、0.995、0.99 进行对照实验,学习效果的对比拟合图如图 6-30 所示。在生成案例库后,机器人在动作选择前首先计算当前状态作为案例的特征值,据此特征值查询案例库计算相似度函数,选取相似度最高的案例进行触发判断,满足触发条件 $\max sim(current, case_j) > E_H$ 时采用 CBR 机制加速学习,因此触发阈值 E 的设定决定了案例的适用程度。

实验对比结果有效说明了事件驱动 II 的触发阈值在学习过程中的影响作用,观察图线可看出触发阈值越大,学习前期的迭代步数下降越快,后期策略收敛越稳定且越接近最优策略。这是由于触发阈值 E 越小表明检索重用的案例会更接近当前机器人所在状态,策略重用带来的启发信息越有效。而触发阈值越小意味着会引入较多不适合当前状态的启发信息,导致动作选择错误,策略次优且学习过程波动明显。

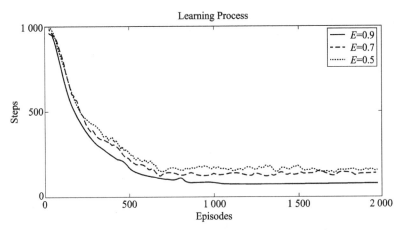

图 6-29　事件驱动Ⅰ不同触发阈值学习效果对比拟合图

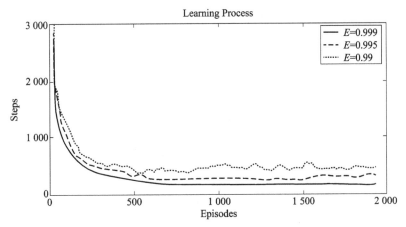

图 6-30　事件驱动Ⅱ不同触发阈值学习效果对比拟合图

最后,在相同的仿真环境下通过对比实验比较了普通 Q-学习、CB-HAQL 算法和基于事件驱动的 CB-HAQL 三种学习算法的学习效果,图 6-31 所示为三种算法的迭代步数曲线对比图,可以看出三种算法的迭代步数均可随着学习进程的推进逐渐降低最终达到策略稳定,但是学习过程的速度和最终策略的质量存在差别。Q-学习算法约在 900 幕左右达到学习收敛,策略稳定在最优策略且波动小,但学习耗时最久;CB-HAQL 算法的学习速度优于普通 Q-学习,约在 700 幕左右达到学习收敛,但收敛后的策略效果较差,平均迭代步数明显偏离最优策略,与此同时策略波动很大。基于事件驱动的 CB-HAQL 算法与前两者相比优势在于,首先能全面优化 CB-HAQL 算法,在事件驱动的作用下一方面建立更为准确的案例库,另一方面灵活判断采用案例启发的时机,双管齐下降低了案例推理启发机制带来不良启发的可能性。因此基于事件驱动的 CB-HAQL 算法能有效加速 Q-学习,与此同时保障学习收敛后策略更接近最优策略且维持较小的波动范围。

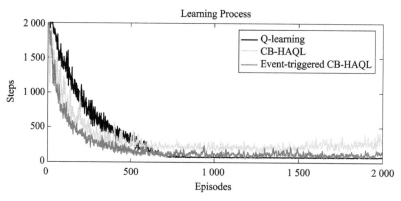

图 6-31　三种学习算法效果对比图

　　本章提出的基于事件驱动的 CB-HAQL 算法通过两方面的事件驱动控制,能在获得更准确的案例库的同时更灵活地应用 CBR 机制,引入正确的启发信息指导动作选择,实现加速学习的目标,更好地平衡了策略质量与学习速度的关系。

6.4.5　多机器人覆盖算法设计

　　将基于事件驱动的 CB-HAQL 算法从单机器人扩展到多机器人系统,应用于多机器人的覆盖路径规划问题,在事件驱动机制作用下根据机器人自身的探索经历构造合适的案例库,并灵活判断案例启发时机指导动作选择,最终达到有效加速学习过程的同时保障策略质量的目的。通过与普通 Q-学习的对比实验,验证算法的可行性和有效性。

　　仿真地图、学习模型状态集 S、动作集 A 和回报值 R 等设定均沿用 6.3 节相关内容,在规模为 10×10 的栅格地图环境中,两个机器人 [Red, Green] 在环境未知的情况下,需要通过自主探索学习规划路径遍历目标区域,途中尽量避免碰撞。

　　覆盖算法中每个机器人观测范围和动作选择示意图如图 6-32 所示,P 处为机器人所在状态,观测范围包括围绕 P 处的 8 个状态,观测范围内所有障碍物与机器人当前位置的距离之和作为观测信息构成案例特征矩阵的一部分。主要用于在案例库的建立和检索过程中计算案例特征值。

图 6-32　机器人个体观测
范围及动作示意图

　　案例特征矩阵 $\boldsymbol{D}$ 涉及该案例的起点、目标点信息,因此为了便于检索,将案例库按照各机器人覆盖任务列表的覆盖顺序阶段划分为多个子库,机器人在不同的覆盖阶段检索不同的子库寻找当前状态的类似案例。

　　由于多机器人面对的是未知的覆盖环境,因此整体学习过程仍需在学习前期通过随机探索获知覆盖目标点信息后为多机器人分配覆盖区域,而后进入正式的启发学习阶段。

对于 10×10 的仿真覆盖环境而言,每个案例子库容量并不大,最多存储 100 个案例,然而多机器人系统的状态-动作策略空间巨大,因此用于提供启发信息指导策略选择的案例的正确性和有效性显得尤为重要。多机器人系统采用事件驱动下的 CB-HAQL 算法执行覆盖任务的每一个学习幕的流程图在图 6-33 中给出。在本节的算法中,事件驱动机制不再作为结构提取和启发学习的分界点,而是融合在启发学习过程中一方面用于判断是否生成和更新案例库,另一方面用于判断是否有合适的案例可用于策略启发。实验相关参数设置如表 6-12 所示。

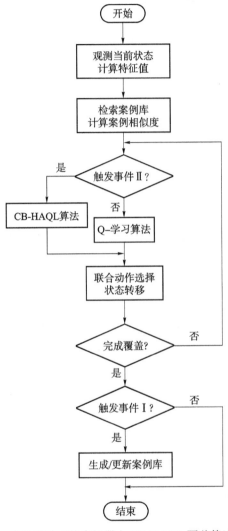

图 6-33　事件驱动下的多机器人 CB-HAQL 覆盖算法流程图

表 6-12　算法相关学习参数设置

探索率 ε	学习率 α	折扣因子 γ	启发系数 η	学习幕数 Episodes	迭代上限 Maxsteps
0.1	0.5	0.9	1	1 000	5 000

在多机器人系统覆盖问题中,采用基于事件驱动的 HASB-QL 算法可以在经过一定学习幕数后可以以较优的策略稳定完成覆盖任务。

　　针对相同的多机器人覆盖路径规划仿真环境,分别采用普通的 Q-学习算法和事件驱动下的 CB-HAQL 算法进行对比实验,算法学习效果从覆盖任务所需迭代步数的角度予以评价。学习曲线对比如图 6-34 所示,可以发现两种算法执行覆盖任务所需步数均可随着学习幕数的推进逐渐降低,最终稳定在一定的策略范围。Q-学习算法学习速度缓慢,约在 1 000 幕左右达到学习收敛,收敛后策略稳定波动较小。事件驱动的 CB-HAQL 算法与 Q-学习算法相比,策略稳定后虽存在波动,但可以有效加速学习过程,具体体现在学习前期迭代步数下降快,约在 30 幕左右即维持在较低的迭代步数附近波动。

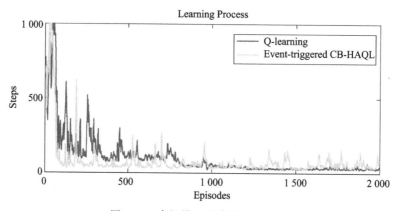

图 6-34　多机器人覆盖算法对比图

　　需要注意的 CB-HAQL 算法的策略波动程度远高于前两节的 HAQL 算法和 HASB-QL 算法,这是由于启发信息的来源不同造成的。案例库建立的启发信息并不是完全准确的,只能通过事件驱动的方式尽量提高准确性。随着学习过程的推进案例库也在不断自我校正和更新,在此过程中可能会给动作选择带来一些负面的启发信息,但负面的启发信息最终会被 Q 值的强化过程所克服,从整体学习过程而言可以有效加速学习进程。

6.5　本 章 小 结

　　本章围绕多机器人系统在覆盖路径规划中的应用,构建了由分布式马尔可夫决策模型描述的完全通信的同构多机器人系统,采用事件驱动的思想改进启发式强化学习算法以更好地解决多机器人路径规划存在的覆盖速度慢,计算量大的问题。首先,研究了启发式强化学习的策略搜索范围与学习速度的关系,采用事件驱动的机制分别对三种不同启发函数定义方式下的启发式强化学习进行算法改进,并基于多机器人覆盖问题进行验证;其次,基于事件驱动的 HAQL 算法、基于事件驱动的 HASB-QL 算法、基于事件驱动的 CB-HAQL 算法,研究了单机器人和多机器人的覆盖问题,并对实验结果进行了对比分析。进一步工作主要包括:第一,研究先验知识对启发策略搜索方式、最优策略、学习速度的关联关系;第二,研究机器人对先验知识更有效地获取与迁移的理论模型和在线求解算法。

本章参考文献

［1］ 曹风魁,庄严,闫飞.移动机器人长期自主环境适应研究进展和展望[J].自动化学报. 2020,46(2):205-221.

［2］ 吴飞,阳春华,兰旭光,等.人工智能的回顾与展望[J].中国科学基金,2018,3:243-250.

［3］ Bianchi R A C,Ribeiro C H C,Costa A H R.Heuristically Accelerated Q-Learning:a new approach to speed up Reinforcement Learning[C]//Brazilian Symposium on Artificial Intelligence.Springer Berlin Heidelberg,2004:245-254.

［4］ Bertsekas D P. Dynamic programming:deterministic and stochastic models[M]. Prentice-Hall,1987.

［5］ 朱大奇,颜明重.移动机器人路径规划技术综述[J].控制与决策,2010,25(7):961-967.

［6］ Jin Z,Liu W Y,Jin J.State-Clusters shared cooperative multi-agent reinforcement learning[C]// Asian Control Conference,2009.Ascc 2009.IEEE,2009:129 - 135.

［7］ Seijen H V,Whiteson S,Hasselt H V,et al.Exploiting Best-Match Equations for Efficient Reinforcement Learning[J].Journal of Machine Learning Research,2011,12 (2):2045-2094.

［8］ Min F,Hao L I.Heuristically Accelerated State Backtracking Q-Learning Based on Cost Analysis[J].Pattern Recognition & Artificial Intelligence,2013,26(9):838-844.

［9］ 张文旭,马磊,王晓东.基于事件驱动的多智能体强化学习研究[J].智能系统学报, 2017,12(1):82-87.

［10］ Aamodt A,Plaza E. Case-based reasoning:Foundational issues, methodological variations,and system approaches[J].AI communications,1994,7(1):39-59.

［11］ De Mantaras R L,McSherry D,Bridge D,et al. Retrieval, reuse, revision and retention in case-based reasoning[J].The Knowledge Engineering Review,2005,20 (3):215-240.

［12］ Urdiales C,Perez E J,Vázquez-Salceda J,et al.A purely reactive navigation scheme for dynamic environments using Case-Based Reasoning[J].Autonomous Robots, 2006,21(1):65-78.

［13］ Bianchi R A C.Case-Based Multiagent Reinforcement Learning:Cases as Heuristics for Selection of Actions[C]// Conference on ECAI 2010:European Conference on Artificial Intelligence.IOS Press,2010:355-360.

［14］ Ros R,Arcos J L,Mantaras R L D,et al.A case-based approach for coordinated action selection in robot soccer[J].Artificial Intelligence,2013,173(9):1014-1039.

第 7 章
基于强化学习算法的地–空异构
多机器人覆盖研究

7.1 引 言

多机器人系统凭借对环境更强大的适应能力、更大的控制冗余度、功能和空间上的分布性等优势,在军事、农业、救援等领域受到了越来越多的关注。多机器人系统允许多个机器人分别并行地完成不同的子任务,从而加快任务的执行速度,提高工作效率,也使得机器人的设计具有更大的灵活性,通过成员间的相互协作增加冗余度,消除失效点,从而增强解决方案的鲁棒性。对于地–空异构多机器人系统,主要包含无人驾驶地面小车(Unmanned Ground Vehicle,UGV)群组与无人飞行器(Unmanned Aerial Vehicle,UAV)群组两类。无人驾驶地面小车能够装载大容量动力装置和大型精密仪器,具备高强度数据处理运算能力,也能够在地面上替代人力执行某些简单的场景作业,但移动小车的移动速度慢,视野范围小,在障碍物密集的区域,行动能力受到极大限制;无人飞行器具有较高的移动速度和空间灵活性,移动过程中不需要考虑地面复杂的障碍环境,然而它的实时运算能力、负载能力和电量荷载受到极大限制[1]。目前国内外针对地–空多机器人系统研究主要用于传感器数据融合以提高各机器人的定位精度[2],对地–空异构多机器人系统执行场景任务的算法研究还属于比较新颖的领域[3]。

本章首先根据无人驾驶地面移动小车(UGV)和无人飞行器(UAV)的运动学模型特性,研究了传感器异构、驱动模式异构的地–空多机器人系统,针对UGV小车的运动学模型和传感器特性,设计了UAV和UGV互补的覆盖观测方法,搭建了两类抽象的环境扫描模型,在确保观测精度和有效性的同时降低了观测信息的维度;其次,针对未知环境下的区域覆盖问题,基于POMDP和DEC-POMDOP两种模型,搭建了机器人环境覆盖模型,实现了QMDP算法和Q-learning算法;最后,在有通信和无通信两种情况下,研究了基于强化学习的地–空多机器人覆盖问题,并比较了不同的传感器观测范围和观测精度对强化学习收敛效果的影响。

7.2 地-空异构多机器人模型设计

覆盖问题大体上可分为静态与动态覆盖两类,静态覆盖主要关注传感器位置的优化,动态覆盖则要求智能体群组遍历区域内所有兴趣点。动态覆盖包含了导航与避障的研究内容,目的是利用移动机器人或固定传感器,在物理接触或传感器感知范围内遍历目标环境区域,并尽可能地满足时间短、重复路径少和未遍历区域小的优化目标[4]。

在多机器人系统中,无人驾驶地面移动小车的传感精度高,能够代替人力执行部分场景任务,但传感范围小、移动速度慢;无人飞行器的监测范围广、移动速度快,在区域环境中利用 UGV 小车和 UAV 飞行器群组执行任务,有助于提高环境地图扫描速度、缩短任务执行时间。为了充分发挥地-空多机器人的异构特性,文献[5]提出一种多机器人等级结构利用无人飞行器来监控、指导无人驾驶地面移动小车的运动,如图 7-1 所示;考虑到在野外移动自组网络(Mobile Ad-hoc Networks,MANET)的通信代价问题,文献[6]提出一种地-空多机器人分级通信结构(如图 7-2 所示)并给出了一种启发式算法以求解该通信网络拓扑中最优无人飞行器数目。

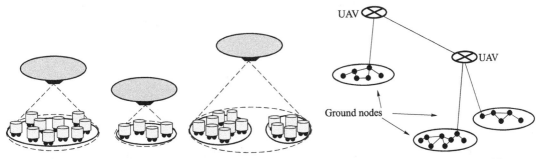

图 7-1 地-空多机器人系统等级分类结构[5] 图 7-2 自组网络通信结构[6]

对于一个多机器人系统,机器人的异构特性可以更大地发挥其优势,更好地完成协作任务[7]。目前,大多数的覆盖研究都基于机器人为同构的假设前提,异构多机器人与覆盖问题的结合相对薄弱,比如,文献[8]在一阶动态异构覆盖问题中,考虑不同的速度对应不同的控制输入,设计了一种分布式覆盖控制策略;文献[9]研究了非凸环境下的覆盖问题,提出一种梯度环境分割算法;文献[10]在异构无线传感器网络中研究了覆盖与消耗的控制算法;文献[11]介绍了一种基于加权 Voronoi 图的异构机器人覆盖框架,根据异构覆盖代价进行加权,实现代价最小的覆盖任务。针对异构多机器人的覆盖问题,目前多机器人的异构性多体现在传感器的异构上,即感知范围的不同,少有研究从机器人运动方式的异构性上进行考虑。另外,无人机(Unmanned Aerial Vehicle,UAV)和无人车(Unmanned Ground Vehicle,UGV)的异构特性协作是多机器人的前沿性研究课题[12],它们在速度、负载、通信、观测能力等方面具有很强的互补性,两者协作可以有效拓宽应用范围,其应用价值受到了世界各国学者的广泛关注[13],现有的工作主要集中在路径规划、搜索定位、跟踪追逃等方面,比如,文献[14]提出一种 UAV 和 UGV 的合作导航策略,利用 UAV 的大视野特性引导 UGV 避障;文献[15]研究了多 UAV 和 UGV 的合作监控,通过两者的观测数据融合完成对目标的侦查;文献[16]基于 UAV 和 UGV 的合作框架研究了人群跟踪的决策和监控。针对未知环境区域,文献[17]提出一种基于行为的移动机器人体系结构,在探索过程中机器人采取"感知—行为"的应激式导航控制模式,克服了常规探索规划模式在未知环境下缺乏灵活性、快速反应能力的缺点。文献[18]将覆盖算法分为启发式、逼近、部分逼近、结构细分共四类并介绍了相关领域的研究工作;文献在部分可观测马尔可夫决策(Partially Observable Markov Decision Process,POMDP)模型上使用随机动态规划(Stochastic Dynamic Programming,SDP)策略探索未知区域;文献[19]在解决大数据 POMDP 覆盖模型中筛选部分含有有效信息的信念空间以节省计算开销,并在实际应用中取得了较好效果;为了尽可能地缩短搜救时间,文献[20]针对 POMDP 模型提出一种新的最优路径规划算法,使得探索耗时相对其他算法缩减 50% 的时间;文献[21]证明了闭合路径内通过优化小车速度及初始位置达到最小巡逻周期下的持续监控;文献[22]设计了一种持续监控问题下的最优速度控制器;文献[23]针对持续监控问题提出一种最优化控制框架并通过无穷小晃动分析(Infinitesimal Perturbation Analysis,IPA)方法获得基于梯度的完整在线算法。

但是,目前针对 UAV 和 UGV 互补特性的协作覆盖问题研究较少。对于一个动态覆盖问题而言,强化学习算法的优势在于,智能体无须提前了解环境模型,它可以通过与环境的交互来获得状态信息,并通过反馈的覆盖效果对所采取的行动进行评价,利用不断的试错和选择,逐步改进和完善覆盖策略,达到覆盖重复路径少、覆盖时间短等优化目标。

7.2.1 环境地图模型搭建

为了研究未知地图环境下的覆盖问题,首先需要搭建相应的仿真地图环境,该地图负责向机器人提供精确的位置信息,并及时向机器人反馈环境回报。

在该地图场景中,为了方便各机器人根据各自运动学模型更新当前的位置信息,实现基于运动学模型的 POMDP 模型,便于分析本章的算法对环境影响的细节,需要在环境地图中建立几何模型地图,提供各机器人的真实位置并依据运动学模型更新机器人下一个真实位置,几何地图的特点是位置运算精度高、不便于储存各地点上的环境信息。

与此同时,为了缩减 DEC-POMDPs 模型的状态数目,加快强化学习算法的收敛速度,需要一种相对粗略的地图表示方法,本章采取基于矩形分隔的栅格法构建环境地图模型,栅格地图易于实现粗粒度的地图建模、地图更新,也便于在多机器人模型中划分、切割局部地图,栅格地图的特点是环境分辨率低、信息储存量大。

结合以上两者因素,在地图框架设计和 MATLAB 工具箱设计时,采取两层地图表示环境信息,地图框架和各层的功能解释如图 7-3 所示。

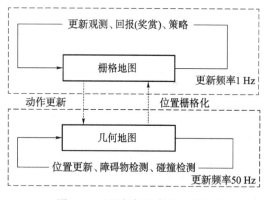

图 7-3 地图框架及各层功能解释

栅格地图作为粗粒度的位置信息地图,主要负责更新机器人的观测,向机器人反馈环境回报(奖赏),并根据当前机器人的观测来判断下一步该选择的策略,必要时还可实现多个局部栅格地图数据融合。栅格地图上的位置精度较低,机器人在栅格地图上进行学习的频率也较低。

几何地图能够实现更高精度的机器人位置定位、几何运算等,相对于栅格地图,也避免了高维度矩阵运算的复杂度。由于本章中使用了离散化的 Car-like 模型,随着时间间隔 Δt 的减少,模型量化误差降低,位置更新精度更高,因此在几何模型上使用更高频率的更新速度。

在地图框架中,允许两个小车处于同一栅格内,但不允许两个小车处于同一几何位置。由于各机器人仅具备局部观测信息,若路径规划不合理,在行进过程中可能会碰撞或阻碍其他机器人的运动,甚至造成死锁现象,如图 7-4 所示。在图 7-4(a)中,星形代表机器人的目标地点,当三个机器人的下一个目标位置均被其他机器人占领时,会造成死锁现象;在图 7-4(b)中,阴影方块代表障碍物,星形代表两个机器人的目标地点,两个机器人均在等待对方机器人的行动或困在"前进-发现其他小车-后退-前进"的死循环中。因此 MATLAB 程序设计时,还需要在几何层地图中完成碰撞检测功能,以便及时发现两车相撞或位置置换等不合理的情况。

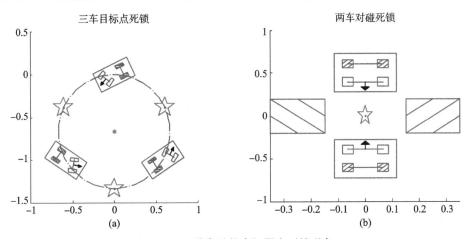

图 7-4 两种常见的多机器人死锁现象

常规的避障算法要求机器人掌握环境信息,并依据预先制定好的规则决定机器人的行动。为了减少多机器人系统在躲避障碍物、躲避其他机器人的行为上耗费的时间,让机器人在强化学习过程中学习目标更明确、收敛性也更强,需要机器人对此类情况有更明确的观测和辨识能力。

在多机器人工具箱程序设计时,为及时监测到多机器人路径死锁问题,设计碰撞检测器记录历史观测和历史动作,并根据运动学模型判断是否存在状态-动作对循环。当机器人在附近位置观测到其他机器人时,启用该机器人的历史观测信息,判断是否进入死锁状态,当各机器人状态检测到死锁问题,则在常规环境回报上叠加一个负的环境回报;当各机器人在安全时间内未检测到死锁状态时,及时关闭碰撞检测器。

7.2.2 运动学模型搭建

为了提高算法的实用性,本章采用符合实际情况的运动学模型和相应参数,因此需要建立各机器人基于几何地图的运动学模型。

1. 地面移动小车运动学模型

小车是主要的任务执行者,涉及环境回报统计、避障、避撞(避免两个机器人相撞)、任务执行效果评价等问题。以本实验室的车式(Car-like)移动机器人作为仿真对象,前排车轮作为转向轴,后排车轮作为驱动轴,是一个典型的非完整约束模型。该类型移动机器人的转弯半径受到限制,车体无法进行原地回转运动,驱动及控制示意图如图7-5所示,图中 θ 表示机器人航向角,w 表示该车的前轮偏角。

在该小车驱动及控制模型中,小车当前的位置(x,y)、航向角 θ 与该车的前轮偏角 w、机器人的移动速度 v 之间的关系如式(7-1)所示,其中 L 表示前后轮轴心间的距离,前轮偏角 w、移动速度 v 满足约束关系 $w \in [w_{\min}, w_{\max}]$,$v \in [v_{\min}, v_{\max}]$。

$$\begin{pmatrix} \dot{x} \\ \dot{y} \\ \dot{\theta} \\ \dot{v} \end{pmatrix} = \begin{pmatrix} v\cos(\theta)\cos(w) \\ v\sin(\theta)\cos(w) \\ \dfrac{v}{L}\sin(w) \\ a \end{pmatrix} \tag{7-1}$$

针对式(7-1)做离散化处理,得到结果如式(7-2)所示[41]:

$$\begin{pmatrix} x(k+1) \\ y(k+1) \\ \theta(k+1) \\ v(k+1) \end{pmatrix} = \begin{pmatrix} x(k)+v(k)\Delta t\cos(\theta(k))\cos(w(k)) \\ y(k)+v(k)\Delta t\sin(\theta(k))\cos(w(k)) \\ \theta(k)+\dfrac{v(k)\Delta t\sin(w(k))}{L} \\ v(k)+a(k)\Delta t \end{pmatrix} \tag{7-2}$$

2. 四旋翼飞行器运动学模型

本章将采用四旋翼飞行器作为无人飞行器模型,该类型飞行器是一种能够实现垂直起降、悬停等飞行动作的飞行器,具有机械结构简单、空间灵活性高、操控简单、便于摄像头装置搭载等特点。"X"形四旋翼飞行器结构如图 7-6 所示。

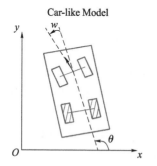

图 7-5　Car-like 小车驱动控制示意图　　图 7-6　"X"形四旋翼飞行器结构

该四旋翼的运动学模型如式(7-3)所示。

$$
\begin{bmatrix} \ddot{x} \\ \ddot{y} \\ \ddot{z} \\ \ddot{\psi} \\ \ddot{\phi} \end{bmatrix} = \begin{pmatrix} \left[\left(\sum_{i=1}^{4} F_i \right)(\cos\phi\sin\theta\cos\psi + \sin\phi\sin\psi) - K_1\dot{x} \right]/m \\ \left[\left(\sum_{i=1}^{4} F_i \right)(\sin\phi\sin\theta\cos\psi + \cos\phi\sin\psi) - K_2\dot{y} \right]/m \\ \left[\left(\sum_{i=1}^{4} F_i \right)(\cos\theta\cos\psi - mg) - K_3\dot{z} \right]/m \\ l(-F_1 + F_2 + F_3 - F_4 - K_5\psi)/J_\psi \\ l(-F_1 - F_2 + F_3 + F_4 - K_4\dot{\theta})/J_\theta \\ l(M_\theta - M_\psi + M_\phi - F_4 - K_6\dot{\phi})/J_\phi \end{pmatrix}
\tag{7-3}
$$

式中,俯仰角 ψ、横滚角 θ、航向角 ϕ 分别表示四旋翼在大地坐标系三个坐标轴上的角度, M_ψ、M_θ、M_ϕ 分别表示沿各轴方向上的阻力矩, J_ψ、J_θ、J_ϕ 分别表示沿各轴方向上的力矩, F_i 表示当前飞行器该旋翼上的推力, K_i 为常数, mg 表示机体受到的重力。由式(7-3)可知四旋翼飞行器的位移与当前姿态角度有关且是一个渐变的过程。

在实际控制过程中,考虑到视觉类传感器检测角度与飞行器姿态间非耦合的特性,提出两个假设以降低模型的复杂度:

(1)假设四旋翼飞行器的高度是恒定的,即 $z = \dot{z} = \ddot{z} = 0$。

(2)飞行器上搭载有三轴云台设备,使得飞行器运动过程中摄像头传感器朝向始终沿着重力方向。

结合假设条件,对式(7-3)进行化简,规定四旋翼飞行器的前向加速度为 a,并借助机身倾斜角 ζ 描述俯仰角 ψ 和横滚角 ϕ,得到式(7-4)。

$$
\begin{pmatrix} x(k+1) \\ y(k+1) \\ \theta(k+1) \\ v(k+1) \end{pmatrix} = \begin{pmatrix} x(k) + v(k)\Delta t\cos(\theta(k)) \\ y(k) + v(k)\Delta t\sin(\theta(k)) \\ \theta(k) + \dfrac{g\Delta t\tan(\zeta(k))}{v(k)} \\ v(k) + a(k)\Delta t \end{pmatrix}
\tag{7-4}
$$

限于稳定性要求,规定式(7-4)中四旋翼飞行器速度 $v \in [V_{\min}, V_{\max}]$; g 为当地的重力加速度,在这里取成都地区的重力加速度 $g = 9.7913$。

7.2.3 无人驾驶地面小车的观测模型设计

在实际环境中,机器人可能利用摄像头、双目视觉、激光雷达、超声波等单个传感器或多种传感器的组合形式实现对周围环境的扫描。

在本章设置的仿真环境中,根据此类传感器的范围观测特性设计抽象的小车观测模型,小车能够观测到前方及侧方若干个栅格点上的环境信息,用数值代表各点环境信息的不同,假设各观测信息点上均包含有一定的噪声信号(不论各栅格点的远近,假设获取的各点观测信息中包含的噪声概率均是一致的)。

1. 抽象的环境扫描模型

本章采取的抽象环境扫描算法描述如下:假设小车在环境中的观测范围描述为一个弧度为$[0,\pi]$,扫描距离为R的弧形区域,结合搭建的地图环境模型,获取栅格化后的观测矩阵如图7-7中白色区域所示。在该图中,小车当前位置处于五角星区域,能够获取到多个点的观测信息,每个栅格点上的环境信息描述为该点的重要程度、是否访问过等情况。

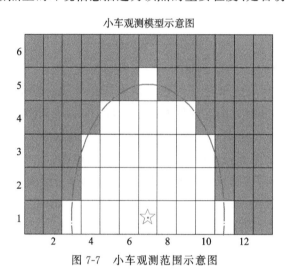

图 7-7   小车观测范围示意图

考虑到现实世界中传感器的扫描量化精度以及信息噪声对探测结果的影响,即传感器的局部观测特性,在仿真模型中通过各栅格点真实值和各栅格点评估值来表示。当传感器检测到某栅格点环境状态为$\tilde{v}_1$时,该栅格点的真实情况为$v_1 \in \{v_1, v_0, v_2\}$,概率分布为$[0.8, 0.1, 0.1]$。

2. 基于运动模型的最小观测器

小车在探索地图环境时,小车的状态随着该小车所处的位置、已访问过的地图环境而不同,环境细节的区分度越高,对地图环境的区分度越高,更有助于提高算法的收敛结果。但相应地,随着信念空间集合的扩张,强化学习算法的收敛速度会显著变慢。

结合局部地图扫描抽象模型以及小车运动学模型,在不影响观测精度的前提下,针对观测矩阵进行抽象/压缩,借助运动学模型将传感器扫描得到的扇形栅格区域划分为小车下一步动作将覆盖的不同栅格,降低信念状态的不确定性,缩减相关信念状态的维度。

如图7-8所示为Car-like模型小车在航向角$\theta = \dfrac{\pi}{2}$、前轮偏角$w = 0$、移动速度v最大时,执行不同动作后可能会访问到的栅格点。情况1~情况3表示减速运动时进行左转、恒向、右转时会访问到的栅格点,情况4~情况6表示恒速运动(或加速运动——此时小车移动速度为最大速度,加速动作与恒速动作效果相同)。

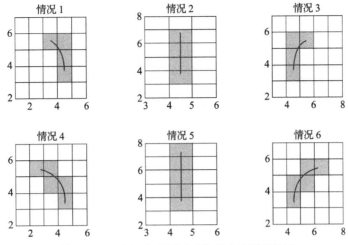

图 7-8 Car-like 小车不同动作对应的覆盖地图

注：在图 7-8 中，前轮的左右转向角度均为 $w = \dfrac{\pi}{6}$，参考式(7-2)中不同速度会对航向角度产生影响，根据驱动动作是加速还是减速运动，最终获得的路径轨迹也不会重复。在MATLAB 程序设计中，为了减小运动学模型离散化带来的误差，在栅格地图上进行一次策略更新将在底层的几何地图程序中更新 50 次位置。

在如图 7-8 所示的观测矩阵中，通过对 Car-like 小车可能会访问到的区域进行划分，得到小车执行不同动作后将访问到的区域。对于观测矩阵中小车无法访问的区域，根据该区域与小车动作覆盖区域的相对位置，划分为若干个不相关区域。以图 7-7 的仿真环境为例，区域划分后的结果如图 7-9 所示，利用运动学模型将地图区域划分为 6 个可能访问到的状态和 4 个相关区域状态，将最终的观测类型数目缩减为原先的 10^{-6}，缩减了小车状态空间，提高了算法的收敛速度。

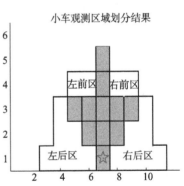

图 7-9 小车观测区域划分后的结果

7.2.4 无人飞行器观测模型及通信模型设计

1. 无人飞行器观测模型

在地-空异构多机器人系统中，无人飞行器具备广阔的高空视野，但对环境信息的测量精度弱于地面小车。本章采取一种类似于摄像头的抽象环境扫描算法：假设无人飞行器在环境中的观测范围描述为一个扫描半径为 R 的圆形区域，根据栅格地图获得的相关观测矩阵如图 7-10 中白色区域所示。无人飞行器当前位置处于五角星区域，能够观测到周围上百个栅格点上的观测信息。

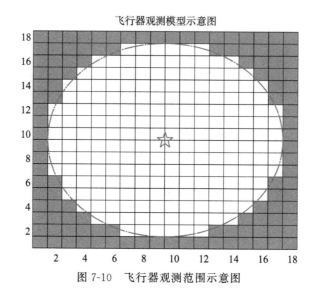

图 7-10　飞行器观测范围示意图

无人飞行器获得的观测信息不仅用于决策无人飞行器的下一步移动动作，还需要向地面小车提供额外的地图环境信息，无人飞行器的观测模型无须借助运动学模型进行优化。

2. 无人飞行器通信模型

本章建立以隐式通信方式为主，显式通信方式为辅的通信策略。隐式通信主要是指机器人通信传感器观测到其他机器人的相对位置，不需要耗费额外通信代价；显式通信是指机器人利用通信设备主动发送某些信息，并耗费一定的通信代价。根据无人飞行器的观测模型，当其他机器人位于该飞行器的观测范围内时，能即时获取到其他机器人与该飞行器间的相对位置，即隐式通信。对于无人飞行器的显式通信模型，本章引入通信元组用以描述各机器人间的通信动作、通信代价，通信元组描述为如式(7-5)所示的三元组。

$$\mathrm{COM} = \left\langle \sum, C_{\sum}, R \right\rangle \tag{7-5}$$

式中，$\sum$ 包含所有通信过程中的消息集合，$\sigma_i \in \sum$ 表示第 i 个机器人发出的原子消息（即最小消息），$\bar{\sigma} = \langle \sigma_1, \cdots, \sigma_n \rangle$ 为联合消息，表示某一时刻的所有机器人的通信消息组。其中，$\tilde{\sigma}_i$ 表示空消息，表示当前时刻机器人不向任何机器人发出消息，此时不消耗任何通信代价；

$C_{\sum}$ 表示发送一个原子消息的代价，即 $\sum$ 到 R 的映射，$C_{\sum}(\tilde{\sigma}_i) = 0$；

R 表示回报函数，$R(\bar{a}, s', \bar{\sigma})$ 表示机器人采取联合行动 $\bar{a}$、全局状态转换至 s' 且发出的消息为 $\bar{\sigma}$ 时获得的全局回报。

相对于机器人行动决策的时间周期，机器人间实现通信的耗时时间可忽略不计，因此在本章中认为通信动作能够即时完成，在状态更新前无人飞行器将执行两次决策，第一次决策是否向各个机器人发送该飞行器的观测结果，根据各无人飞行器第一次决策后的通信动作决定最终各个机器人的观测信息，根据联合观测决策各机器人的位置更新动作。通过两次决策行为，实现通信动作和机器人联合动作两套强化学习行为。

7.3　多机器人覆盖模型搭建

7.3.1　基于 POMDP 的覆盖模型搭

首先,搭建基于单机器人的 POMDP 的覆盖模型,满足以下要求:

(1) 机器人能够沿着该条路径遍历完地图上的任一点;

(2) 机器人在行进过程中不碰到任何障碍物;

(3) 执行该条路径消耗的时间最小。覆盖问题涉及路径规划和避障问题,路径规划问题与机器人位置、全局地图的分布情况紧密相关,避障问题与机器人观测到的周围各点位置情况紧密相关。

对于 POMDP 模型,目前的求解算法主要分为三类。

(1) 精确解法,精确解法中较典型的算法是搜寻参考点算法[24]和枚举删减法[25],后者近似于 MDP 中的值迭代算法,通过反复地动态规划不断逼近最优值结果。在精确计算算法中,值函数的向量集规模随着迭代过程的增加呈指数增长,当 POMDP 模型的状态集或动作集过大时,精确计算的运算复杂度大大影响了它的适用性。

(2) 启发式求解方法,例如最可能状态法[26]、Q_{MDP}算法[27]、启发值迭代算法(Heuristic Search Value Iteration,HSVI)[28]。HSVI 算法能够在返回策略的同时获得该策略与最优策略之间的上下界线,核心思想是利用焦点搜索启发和分段式线性凸面表征技术。

(3) 近似求解方法,例如栅格法近似算法[29]、有限状态空间控制器[30],基于点的策略迭代算法[31]。相对于精确计算解法,基于点的近似算法的核心思想是仅把与当前信念状态相关的若干信念点近似看成整体信念空间,并针对这些信念点进行值迭代。

搭建基于 POMDP 的地图环境模型,首先,以栅格地图为基础描述地图被覆盖程度,建立与栅格地图上各点一一对应的二维矩阵描述地图上各点是否已被访问,该覆盖矩阵仅有未覆盖、已覆盖两种状态;然后,通过覆盖所需步数、覆盖程度、失效次数、冗余次数来描述本次覆盖实验中策略的好坏。其中,覆盖所需步数表示自机器人的初始位置到本次实验结束所需的动作更新次数;覆盖程度表示已覆盖区域占总需要被覆盖区域的比重;失效次数表示撞到障碍物的次数;冗余次数表示访问到已访问地点的次数。

具体如下:

(1) 状态矩阵描述整张地图上各点的被访问情况,以及机器人当前所处的位置。地图上各栅格点的状态可被表述为尚未访问 s_1、已访问 s_2、障碍物 s_3 三个状态。

(2) 观测矩阵表述前、后、左、右四个栅格点上的观测信息,每个点的观测信息又可表示为尚未访问 ε_1、已访问 ε_2、障碍物 ε_3 三类观测。最终机器人获得的观测集合表示为四个点观测的笛卡儿积矩阵,$\Omega:\Omega_1 \times \Omega_2 \times \Omega_3 \times \Omega_4$,$\Omega_i \in \{\varepsilon_1, \varepsilon_2, \varepsilon_3\}$,其中 $i \in [1,4]$。

(3) 观测概率函数表示机器人从所处环境中观测信息的概率矩阵,在这里假设栅格地图上四个观测点上的观测函数相同,各观测点上观测-状态间的观测函数映射如表 7-1 所示。

表 7-1　观测-状态概率分布函数

概率分布	s_1	s_2	s_3
ε_1	0.8	0.1	0.1
ε_2	0.1	0.8	0.1
ε_3	0.1	0.1	0.8

（4）动作表示为向当前位置的上、下、左或右方向移动一个单元格。观测可表示为 $A \in$ ［前,后,左,右］。

如图 7-11 所示,五星代表机器人当前所在位置,小车的观测为周围 4 个点的情况,它可实现的动作为上、下、左或右移动一个栅格。

地图环境设定为 9×9 的栅格地图,最外围是地图边界,且该地图上散落着四个障碍物。机器人的任务是尽可能多地访问到该地图上的地图区域,该机器人的初始位置固定,当机器人访问过 95% 以上的地图区域时就认为本次覆盖任务完成。实验仿真环境如图 7-12 所示,该图中灰色阴影代表地图边界和障碍物,图中星号代表小车的当前位置,在该地图上需要被访问的点共有 41 个点。在该实验中,地图可能获得的观测总计 3^4（即 81）种情况,可能产生的动作共有 4 种。

图 7-11　小车观测及动作示意图　　　图 7-12　单机器人探索实验的地图环境

7.3.2　基于 POMDP 的覆盖仿真实验

利用本书开发的 MATLAB 多机器人工具箱搭建仿真平台,并进行仿真实验。在本实验的初始化阶段,令机器人强化学习的 Q 值函数重置为零矩阵,折扣因子 $\gamma = 0.95$,学习因子 $\alpha = 0.80$。

在本实验中,将机器人每次更新状态视为一次学习,将机器人自初始位置开始到覆盖完地图上 95% 的未知栅格后视为一次成功的覆盖实验。

考虑到前期实验仿真时状态矩阵急剧增多,为避免机器人陷入恶性的状态发散穷举过程,针对一次学习的覆盖实验,设置相应的仿真步数限制,当超过该限制时认为实验失败,重新从起始位置和起始状态开始强化学习。

随着覆盖实验次数的增加,机器人完成每次覆盖实验的总步数趋近稳定,前 500 次仿真结果中实验成功的各次结果如图 7-13 所示,当地图上共有 41 个栅格需要访问时,该机器人经过有限次强化学习后,能够稳定在 45 步内实现覆盖任务,执行任务时的冗余步骤为 6 步(考虑到任务完成率 95%)。

本实验设置了实验失败阈值,图 7-13 未统计超过阈值的仿真实验场景。当覆盖步数超过实验失败阈值时,即认为本次实验失败,重新开始覆盖实验。统计覆盖实验失败比率,得到结果如图 7-14 所示。随着强化学习次数的增加,覆盖实验失败比率越来越低。

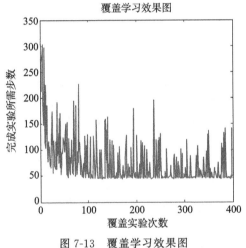

图 7-13 覆盖学习效果图

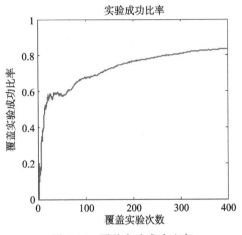

图 7-14 覆盖实验成功比率

统计各次覆盖实验后 Q 值函数矩阵中涉及的状态个数,获得结果如图 7-15 所示。由该图可知,在强化学习的前期阶段,由于策略空间不完整,机器人更容易在策略树中访问到新的策略子树,随着强化学习次数的增加,访问新策略子树的频率逐渐降低。

取强化学习趋于稳定后的结果进行分析,机器人自初始位置出发到完成覆盖实验期间,已访问的点数目与实验步数间的关系如图 7-16所示。由该图观察可知,当强化学习次数达到一定程度后,能确保机器人尽可能在每一步访问到尚未访问的点,但收敛效果仍未达到最优。

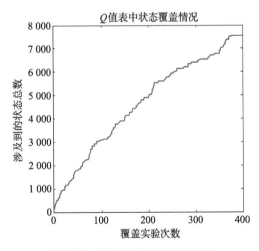

图 7-15 Q 值表中状态覆盖情况

图 7-17 所示为覆盖任务结束后,地图上尚未被访问点(白色)、已访问一次的点(浅灰)、已访问多次的点(深灰)、障碍物(黑色)的情况。

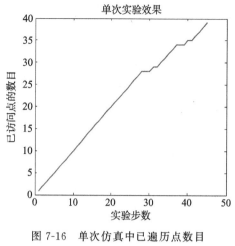

图 7-16　单次仿真中已遍历点数目
与实验步数间的关系

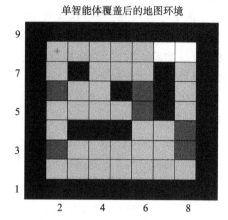

图 7-17　覆盖任务结束后地图上
点被访问次数分布

由以上实验数据分析得出结论,结合使用 Q_{MDP} 和 Q-学习算法,机器人能够在短时间强化学习后收敛到较优结果上,但由于小车在 9×9 的栅格地图上单次观测仅能获得 4 个栅格点上的信息,导致各个真实状态对应的信念状态过多,对信念状态的估值较低,进而导致强化学习收敛到最优结果仍旧需要较长时间。

在本节,还搭建了一个 POMDP 模型以验证 Q_{MDP} 算法和 Q-学习的有效性。在保持强化学习算法参数不变、动作集合不变、局部观测特性不变的情况下,验证不同的模型配置对强化学习效果(即算法收敛性、收敛速度)的影响。复用 7.3.2 节的 MATLAB 仿真场景,分别探讨如下状态矩阵情景下的仿真结果。

情景 1:机器人观测矩阵包含 4 个栅格点状态信息,各栅格点观测信息包含三类情况,分别表示尚未访问 ε_1、已访问 ε_2、障碍物 ε_3 三类观测,$\Omega:\Omega_1 \times \Omega_2 \times \Omega_3 \times \Omega_4, \Omega_i \in \{\varepsilon_1, \varepsilon_2, \varepsilon_3\}$,其中 $i \in [1,4]$。各观测点上观测-状态间的观测函数映射与表 7-2 相同。

情景 2:机器人状态矩阵包含 4 个栅格点状态信息,各栅格点状态信息包含五类情况,分别表示尚未访问 ε_1、已访问一次 ε_2、已访问两次 ε_3、已访问三次及以上 ε_4、障碍物 ε_5,$\Omega:\Omega_1 \times \Omega_2 \times \Omega_3 \times \Omega_4, \Omega_i \in \{\varepsilon_1, \varepsilon_2, \varepsilon_3, \varepsilon_4, \varepsilon_5\}$,其中 $i \in [1,4]$。各观测点上观测-状态间的观测函数映射如表 7-2 所示。

表 7-2　观测-状态概率分布函数

概率分布	s_1	s_2	s_3	s_4	s_5
ε_1	0.8	0.05	0.05	0.05	0.05
ε_2	0.05	0.8	0.05	0.05	0.05
ε_3	0.05	0.05	0.8	0.05	0.05
ε_4	0.05	0.05	0.05	0.8	0.05
ε_5	0.05	0.05	0.05	0.05	0.8

情景 3：机器人状态矩阵包含 4 个栅格点状态信息。各栅格点状态信息包含三类情况，与情景 1 相同。但各点的观测精度并不相同，各观测点上观测－状态间的观测函数映射如表 7-3 所示。

表 7-3　观测-状态概率分布函数

概率分布	s_1	s_2	s_3
ε_1	0.6	0.2	0.2
ε_2	0.2	0.6	0.2
ε_3	0.2	0.2	0.6

在除观测数目、观测精度以外的仿真条件完全一致、强化学习参数一致的前提条件下，在同一场地上仿真 500 次并分析仿真结果，真实的仿真结果包含一定量的毛刺噪声，在不影响仿真曲线走向趋势的前提下进行函数曲线拟合，最终得到图 7-18 各情景下强化学习趋势效果图，其中点线表示情景 1 仿真结果、虚线表示情景 2 仿真结果、实线表示情景 3 仿真结果（注：由于仿真场景下包含 ε-greedy 贪婪策略，加快收敛速度的同时会导致每次仿真结果的不同，本章通过多次仿真获取统计意义下的一般性结论）。

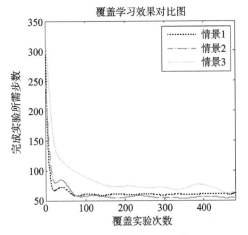

图 7-18　不同情景下强化学习趋势效果对比图

分析图 7-18 得到如下结论：

（1）随着各观测点观测不确定度的降低，机器人对环境的变化更敏感，Q_{MDP} 策略决策时收敛速度更快；

（2）随着各观测点观测精度提升，机器人对环境的辨识能力更强，但更容易收敛到更优结果。

7.3.3　基于 DEC-POMDP 的覆盖模型搭建

本实验中使用的是 9×9 的栅格地图环境，在该实验场景中包含两个机器人，使用的机器人模型与 7.3.2 节内容类似。

在实现小车联合行动时，由于两个小车在同一块地图区域执行覆盖任务，因此各小车得到的地图覆盖状态应保持一致。最终各小车得到的状态信息包含：

（1）地图覆盖状态信息；

（2）小车自身的位置信息；

（3）其他小车的位置信息。

考虑到现实情况中小车对于自身位置的观测往往具备不确定性，本节采取了一种简化的观测空间，将栅格地图等比例划分为若干个小区域作为小车能够观测到的位置信息。因此小车需要通过观测信息中粗略的位置状态估计当前所处的真实位置。观测矩阵中包含的信息包括：

（1）小车自身传感器获得的周围观测信息；

（2）小车自身的位置信息；

（3）其他小车的位置信息。

机器人数目 $I=\{1,2\}$，本实验中使用两个机器人执行任务。

状态矩阵 S 用来描述整张地图上各点的被访问情况，以及各机器人当前所处的位置，状态集合为 $S:J \times P_1 \times P_2$，其中 J 表示地图被覆盖的情况，地图上每个栅格点的状态信息又可表示为尚未访问 s_1、已访问 s_2、障碍物 s_3 三类情况。P_i 表示第 i 个机器人在地图上的栅格位置。

观测 $\{\Omega_i\}$ 表示所有小车的联合观测，Ω_i 表示为第 i 个小车的观测集合，$\Omega_i^k=\{\text{env}_i^k,$ $\text{pos}_i^k, \text{pos}_j^k\}$，描述第 i 个小车的自身局部观测信息 env_i、自身的位置信息 pos_i 以及根据通信获得的其他小车位置信息 pos_j，其中 $i,j \in I$。考虑到小车观测器的限制，各小车的位置信息表示为 $\text{pos}_i \in [1,n]$，n 表示地图划分为多少个小区；env_i^k 表示 k 时刻第 i 个小车获得的观测，$\text{env}_i:j_1 \times j_2 \times j_3 \times j_4$，即前、后、左、右四个栅格点上的观测信息，其中 $j_k \in \{\varepsilon_1,\varepsilon_2,\varepsilon_3,$ $\varepsilon_4\}$ 表示周围某个点上的环境信息，包含尚未访问 ε_1、已访问 ε_2、障碍物 ε_3、其他小车 ε_4 四个状态，该小车能够观测到其他小车的相对位置表明该小车具备隐式通信能力。

观测概率函数 O 表示机器人从当前环境中获取到观测信息的概率矩阵，在这里假设小车仅有一个观测点具有不确定性，该点的观测函数为 $O_i(s_1,\varepsilon_1)=0.9$，$O_i(s_2,\varepsilon_1)=0.1$，$O_i(s_2,\varepsilon_2)=0.8$，$O_i(s_1,\varepsilon_2)=0.1$，$O_i(s_3,\varepsilon_2)=0.1$，$O_i(s_3,\varepsilon_3)=0.9$，$O_i(s_3,\varepsilon_2)=0.1$。其中 $O_i(s_1,\varepsilon_1)=0.9$ 表示当观测到尚未访问点时，真实状态为尚未访问的概率为 0.9、真实状态为已访问的概率为 0.1，其他状态与之对应。

动作 A_i 表示第 i 个小车动作的集合，k 时刻各机器人可能产生的动作包含 $A_i^k \in [\text{前},\text{后},\text{左},\text{右}]$，表示向当前位置的前、后、左或右方向移动一个单元格。本实验中设定各小车可执行动作一致。

7.3.4 基于 DEC-POMDP 的覆盖仿真实验

在本实验的初始化阶段，令机器人的策略空间矩阵重置为零矩阵，设定折扣因子 $\gamma=0.95$，学习因子 $\alpha=0.80$，设定任务执行满意度 $k=0.95$，当覆盖到 95% 的地域时即认为本次仿真任务成功。

实验中，认为机器人从初始位置到实现覆盖率 95% 为一次覆盖实验，执行 600 次覆盖实验后的仿真结果如图 7-19 所示，当机器人学习地图上共有 41 个栅格需要访问时，两个机器人联合行动策略的最好成绩是在 22 步中实现任务，执行任务时的冗余步骤为 2 步（考虑到任务完成率 95%）。

通过比较图 7-20 中不同曲线可以发现，相对于单机器人系统，本节搭建的 DEC-POMDPs 同构多机器人模型能获得更接近最优结果的收敛效果，在地图扫描过程中的冗余性也更大，当某个小车执行错误动作后，对多机器人模型团队覆盖任务的影响更小。

图 7-20 中红色点线表示多机器人在强化学习收敛到稳定结果后，从起始点到覆盖率达到 95% 后每一步所获得的收益，为了与单机器人基于 POMDP 模型的 Q_{MDP} 算法作出对比，多机器人模型的横轴跨度扩大 1 倍（即在本实验中，多机器人实现 39 个空白栅格点的步骤实际只需 22 步）。

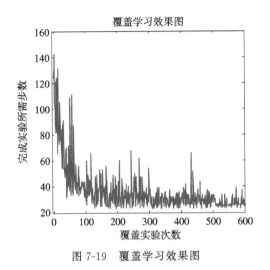

图 7-19　覆盖学习效果图

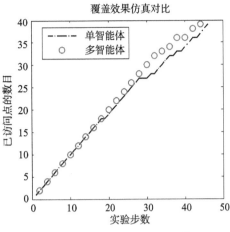

图 7-20　单次实验中多机器人算法
与单机器人算法对比

7.4　地-空异构多机器人覆盖算法研究

7.4.1　异构多机器人覆盖分析

对于异构多机器人系统,首先需要对单个机器人的特性进行分析。UGV 能够装载大容量动力装置和大型精密仪器,具备较高的数据处理运算能力,但移动速度慢,视野范围小,在障碍物密集的区域,行动能力受到极大限制;相比之下,UAV 具有较高的移动速度和空间灵活性,移动过程中不需要考虑地面复杂的障碍环境,然而它的实时运算能力、负载能力和电量荷载受到较大限制。

7.4.2　基于强化学习的异构多机器人覆盖算法

在覆盖场景中,将 UGV 设定为任务执行者,负责访问地图上尚未被探索的栅格,而将 UAV 设定为作团队中的督导者,通过通信向 UGV 提供更广阔的视野信息,配合 UGV 建立更精确的信念状态,实现更高效的覆盖。

考虑到机器人的结构异构性和局部观测性,假设 UAV 可以向观测范围内的 UGV 进行单向通信,并发送 UAV 的观测信息,而 UGV 之间不能进行通信。UAV 的强化学习一步策略更新的流程如图 7-21 所示。UGV 获得的观测能够被分为两类:一是根据机器人自身传感器获得的局部观测信息 Ω_{local},二是依赖通信行为获得的 UAV 的观测信息 Ω_{other},则联合观测表示为 $\Omega_{joint} = \{\Omega_{local}, \Omega_{other} \bigcup \varnothing\}, \Omega_{local} \in \Omega_{joint}$。

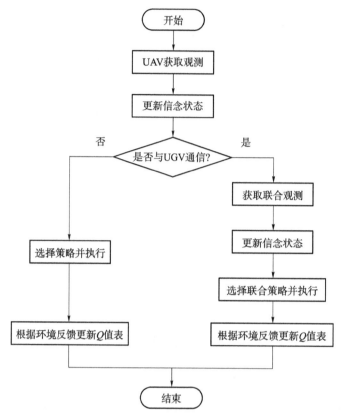

图 7-21　UAV 强化学习一步策略更新流程

由于局部观测性的存在，UGV 不一定在所有时刻都能获得 UAV 的观测信息，用类似文献[32]所提通信受限的多机器人在线规划算法的思想，将学习过程分为可以通信与不能通信两种情况。在 DEC-POMDPs 模型中嵌入多个局部可观察马尔可夫决策过程（Partially Observable Markov Decision Processes，POMDP）模型作为辅助学习单元，在 POMDP 模型中使用最大似然算法，并将局部状态近似看作全局状态。当执行策略更新时，依照观测来源将观测划分为局部观测 Ω_{local} 和联合观测 Ω_{joint} 两类，异构多机器人强化学习框架如图 7-22 所示。

当机器人团队执行联合行动，并获取联合观测 Ω_{joint} 后，也获得相应的局部观测 Ω_{local} 信息，此时从 POMDP 对应的 Q 值表中获取局部观测 Ω_{local} 对应的动作 a_k，并将其作为策略倾向在联合观测中扩充观测矩阵。另外，在机器人获取环境反馈后，更新 DEC-POMDPs 模型相应的 Q 值表的同时，由于 $\Omega_{\text{local}} \in \Omega_{\text{joint}}$，同步更新 POMDP 模型 Q 值表中与 Ω_{local} 对应的键值。当 UAV 和 UGV 的观测范围出现重叠时，考虑到机器人观测精度的异构特性，栅格地图的联合观测状态为 $O_{\text{joint}} = \beta \cdot O_{\text{UAV}} + (1-\beta) \cdot O_{\text{UGV}}$，其中，$\beta$ 为权重系数。

解决强化学习问题主要是找到一个策略使机器人团队最终达到最大的奖励信号。如果在所有状态下，策略 π 都大于或等于策略 π' 的期望回报值，那么称这个策略为最优策略，记作 π^*。而最优策略对应的状态-联合动作对 $(s, \vec{a})$ 也有相同的最优值函数，记作 Q^*。在 POMDP 模型下，机器人 i 在 s 状态下执行行动 a 获得的 Q 值为

$$Q_i(s(t),a) = R(s(t),a) + \sum_{s \in S} \sum_{o \in \Omega} P(s(t+1)|s(t),a)O(o|s(t+1),a)V(s(t+1),a)$$

$$(7\text{-}6)$$

Q 学习更新公式为

$$Q_t(s(t),a) = (1-\alpha)Q(s(t),a) + \alpha[R(s(t),a) + \max_a\{Q_t(s(t+1),a)\}] \quad (7\text{-}7)$$

DEC-POMDPs 与 POMDP 的唯一区别在于机器人的数量由单个变为多个,其 Q-学习迭代表达式与 POMDP 类似,机器人的行动由单独行动 a 变为联合行动 $\vec{a}$:

$$Q_t(s(t),\vec{a}) = (1-\alpha)Q(s(t),\vec{a}) + \alpha[R(s(t),\vec{a}) + \max_a\{Q_t(s(t+1),\vec{a})\}] \quad (7\text{-}8)$$

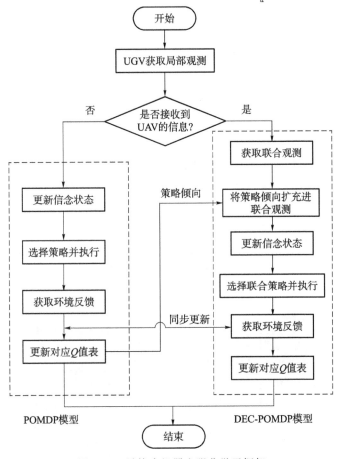

图 7-22 异构多机器人强化学习框架

7.4.3 忽略通信代价的地-空多机器人覆盖

不考虑通信代价的同构多机器人仿真基础上,本节利用 7.2 节设计的 DEC-POMDPs 模型及几何-栅格地图,实现具备全局通信的地-空异构多机器人系统,根据 Car-like 型的无人驾驶地面移动小车和"X"形四旋翼飞行器运动学模型实现机器人驱动模型。利用本书开发的 MALAB 多机器人工具箱搭建未知环境下的覆盖任务仿真平台,充分利用多机器人的异构特性实现较合理的未知环境下的解决方案。

在本实验涉及的机器人包含两类:无人驾驶地面小车和无人飞行器。对于移动小车,该类机器人的移动速度较慢,对周围环境的探测距离短但传感精度高;对于无人飞行器,该机器人的移动速度快、传感器视野范围大,但传感器的探测精度低、不确定性高。

本章的仿真实验利用基于 DEC-POMDPs 模型的强化学习算法进行决策,消耗最小的代价(包括时间和通信代价)实现对地图的扫描覆盖。在本任务中,将小车看成任务执行者,负责访问地图上尚未被探索的点;将无人飞行器看成团队中的督导者,通过有代价的通信向小车提供更广阔的视野信息,辅助小车建立更精确的信念状态,实现更高效的路径规划。

本实验在 DEC-POMDPs 模型中搭建地图环境,采用的地图环境模型与 7.2 节搭建的地图环境模型一致,采取栅格地图与几何地图结合的方式表示仿真环境,栅格地图作为粗粒度的位置信息地图,负责实现机器人的观测获取、环境奖赏、策略选取等功能,几何地图用于实现机器人基于运动学模型的位置更新、避障、避撞功能。在地图环境配置中,小车的前后轮轴距为 0.43 m,小车的观测半径为 3 m,小车的速度范围是 $v \in [-0.5 \text{ m/s}, 3 \text{ m/s}]$,四旋翼飞行器的观测半径为 6 m,四旋翼飞行器的速度范围是 $v \in [-6 \text{ m/s}, 6 \text{ m/s}]$,观测范围示意图如图 7-23 所示。

实验使用的地图如图 7-24 所示。设置地图长宽为 27 m×27 m,该地图上共有 408 个栅格需要被访问。在该地图中,分别在左下角和右上角设置了影响整体实验效果的"陷阱",访问此类地域的耗时和回报将低于访问其他空旷区域。当考虑任务执行满意度 $\kappa = 0.95$(当覆盖到 95% 的地域时即认为本次仿真任务成功)时,陷阱区域属于不应该访问的 5% 部分,每次覆盖实验仿真结束后,记录每次覆盖实验结束时右上角陷阱中 5 个点被访问的次数,该陷阱区域如图 7-24 中虚线圆圈所示。通过实验验证多机器人群组的任务规划能力和访问效果。

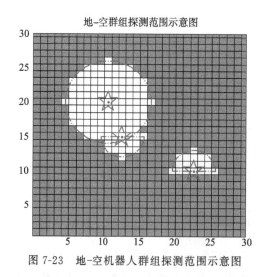

图 7-23 地-空机器人群组探测范围示意图

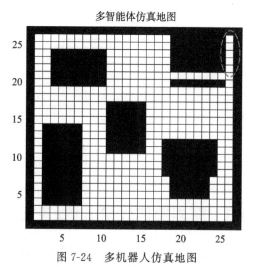

图 7-24 多机器人仿真地图

最终搭建得到的 DEC-POMDPs 模型如下所示:

机器人数目 $I = \{1, 2, 3\}$,本实验中使用三个机器人执行任务,其中编号为 1、2 的机器人为 UGV 移动小车,编号为 3 的机器人是 UAV 无人飞行器。

状态矩阵 S 用来描述整张地图上各点被访问的情况,各机器人自身的状态(位置、速度、前轮转角),状态集合为 $S:J\times L_1\times L_2\times L_3$,其中 J 表示地图被覆盖的情况,地图上每个栅格点的状态信息又可表示为尚未访问 s_1、已访问 s_2、障碍物 s_3 三类情况。L_i 包含第 i 个机器人在地图上的栅格位置 P_i、速度信息 v_i、前轮转角信息 w_i。

观测 $\{\Omega_i\}$ 表示所有机器人的联合观测。对于移动小车,$\Omega_i^k=\{\text{env}_i^k,\text{pos}_i^k,\text{pos}_j^k\},i,j\in[1,2]$,依次描述第 i 个小车的自身局部观测信息 env_i、自身的位置信息 pos_i 以及根据通信获得的其他小车位置信息 pos_j,移动小车无法观测到无人飞行器的位置;对于无人飞行器,$\Omega_3^k=\{\text{env}_3^k,\text{pos}_1^k,\text{pos}_3^k\}$,依次描述第 k 时刻飞行器自身对环境的观测、各个小车的相对位置、飞行器自身的位置。在环境观测矩阵 env_i^k 中,包含机器人观测范围内 n 个点的环境观测信息集合 $\{j_k\}$,其中 $j_k\in\{\varepsilon_1,\varepsilon_2,\varepsilon_3,\varepsilon_4\},k\in[1,n]$,尚未访问 ε_1、已访问 ε_2、障碍物 ε_3、其他小车 ε_4 四个状态。小车或无人飞行器的传感器感应范围内出现其他小车,会在该小车对周围环境的状态感知中获取其他小车的相对位置,这表明各机器人间具备隐式通信能力。

观测概率函数 O 表示机器人从所处环境中观测信息的概率矩阵,在这里假设栅格地图上四个观测点的观测函数相同,具体的观测函数为 $O_i(s_1,\varepsilon_1)=0.9,O_i(s_2,\varepsilon_1)=0.1,O_i(s_2,\varepsilon_2)=0.8,O_i(s_1,\varepsilon_2)=0.1,O_i(s_3,\varepsilon_2)=0.1,O_i(s_3,\varepsilon_3)=0.9,O_i(s_3,\varepsilon_2)=0.1$。其中 $O_i(s_1,\varepsilon_1)=0.9$ 表示当观测到尚未访问点时,真实状态为尚未访问的概率为 0.9、真实状态为已访问的概率为 0.1,其他状态与之对应。

动作 A_i 表示第 i 个机器人动作的集合。对于地面移动小车,k 时刻可能产生的动作为 $A_i^k=\{\text{Acc}_i^k,\zeta_i^k\},i\in[1,2]$,其中 Acc_i^k 表示小车后轮加速、匀速、减速三种动作,ζ_i^k 表示小车前轮左转、恒向、右转三种动作;对于无人飞行器,k 时刻可能产生的动作为 $A_3^k=\{\text{Acc}_3^k,\zeta_3^k\}$,$\text{Acc}_3^k$、$\zeta_3^k$ 与小车类似。

在本场景中涉及两类机器人,这两类机器人的观测异构、驱动模式异构,当不考虑通信代价时,认为两类机器人能够及时获取到其他机器人的观测信息,并据此实现信念空间构造。

如图 7-25 所示,是多机器人群组执行一步动作前后经历的主要步骤。当忽略通信代价时,与单机器人强化学习的策略更新步骤类似。

采用本书开发的基于 MATLAB 软件的多机器人强化学习工具箱搭建仿真平台并进行仿真实验,仿真地图采取栅格＋几何模型表述的双层地图,移动小车基于 Car-like 模型搭建,无人飞行器基于"X"型四旋翼飞行器模型搭建。考虑到本文搭建的 DEC-POMDPs 模型策略空间过大,在求解策略空间时,使用多机器人工具箱中的持久化模块以减轻内存压力。在本实验的初始化阶段,令机器人的策略空间矩阵重置为零矩阵,设定折扣因子 $\gamma=0.95$,学习因子 $\alpha=0.80$,设定任务执行满意度 $\kappa=0.95$,当覆盖到 95% 的地域时即认为本次仿真任务成功。

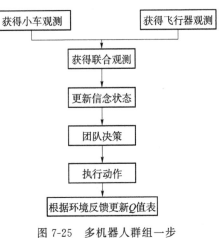

图 7-25 多机器人群组一步策略获取的流程图

执行 700 次覆盖实验后的覆盖耗时效果如图 7-26 所示,图中粗线表示原始曲线的 20 阶多项式拟合后的效果曲线。多机器人群组执行任务的最好成绩是在 119 步中完成覆盖任务,由于本节建立的 DEC-POMDPs 模型的状态空间包含超过 10^8 种状态,而在强化学习算法中添加了 ε-greedy 策略以加快学习收敛速度,导致前期的仿真结果波动较大。由该图分析可知,相对于不考虑通信代价的同构多机器人覆盖问题,状态空间和信念空间远大于前者,导致强化学习的收敛速度较慢。

在执行上述实验时,记录下每次覆盖实验结束时陷阱区域 5 个栅格点被访问的总次数,统计结果如图 7-27 所示。由该图分析可知,随着仿真次数的增加,各类观测情景、与之对应的信念空间、与之对应的联合行动。与此同时,在强化学习过程中各观测的收敛情况与覆盖效果的整体收敛情况不尽相同。

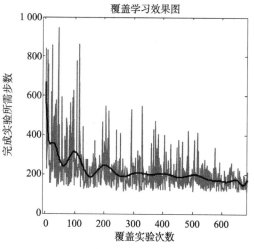

图 7-26　地-空多机器人群组覆盖学习效果图

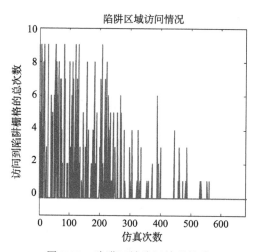

图 7-27　陷阱区域访问情况统计

7.4.4　考虑通信策略的地–空多机器人覆盖

在忽略通信代价的地–空多机器人系统仿真实验的基础上,本节考虑了通信行为的可执行性和通信代价问题,着重研究通信的时机和通信对强化学习的影响,在此基础上,为了充分发挥多机器人的异构特性,提出一种改进的基于 DEC-POMDPs 模型的多机器人群组强化学习框架,在保障强化学习收敛性的同时,提高强化学习的收敛速度。

在本实验涉及的机器人主体包含两类:无人驾驶地面移动小车和无人飞行器,通信策略的选择主要围绕无人飞行器展开。无人飞行器的移动速度快、传感器视野范围大,在合适时机能够协助移动小车扩大其观测范围,但由于移动小车具备一定的对周围环境的探测能力,某些情景下无人飞行器提供的额外观测信息并不会对移动小车提供额外帮助,联合观测退化为移动小车的局部观测。

因此,在本小节的仿真中,在无人飞行器 DEC-POMDPs 模型的行动集合中,添加了是否向 1 号机器人通信、是否向 2 号机器人通信等行为,并给通信行动定义了合适的回报函数。

本实验采用的地图环境模型、机器人的运动学模型等均与 7.3 节搭建的地图环境模型一致,在此不再赘述。

考虑到通信行为和联合观测的策略,考虑到 DEC-POMDPs 模型的求解策略规模随着联合观测的维度增加而急剧增加,相对于 7.3 节针对多机器人群组实现联合观测行为,本模型中仅针对完成了联合通信的两个机器人搭建 DEC-POMDPs 模型。

实验使用的仿真地图与 7.4.3 节类似,如图 7-24 所示。该地图上共有 408 个栅格需要被访问,在地图右上角设置了影响整体实验效果的"陷阱",访问此类地域的耗时和回报将低于访问其他空旷区域。当考虑任务执行满意度 $\kappa=0.95$(当覆盖到 95% 的地域时即认为本次仿真任务成功)时,地图上此类地域属于不应该访问的 5% 部分,每次覆盖实验仿真结束后,记录每次覆盖实验结束时右上角陷阱中 5 个点被访问的数目,如图 7-24 中虚线圆圈所示。通过实验验证多机器人群组的规划能力和访问效果。

最终搭建得到的 DEC-POMDPs 模型如下所示。

机器人数目 $I=\{1,2,3\}$,本实验中实现联合行动决策的机器人群组包含 3 个机器人,其中编号为 1、2 的机器人为 UGV 移动小车,编号为 3 的机器人是 UAV 无人飞行器。

状态矩阵 S 用来描述整张地图上各点被访问的情况,各机器人自身的状态(位置、速度、前轮转角),状态集合为 $S:J\times L_1\times L_2\times L_3$,其中 J 表示地图被覆盖的情况,地图上每个栅格点的状态信息又可表示为尚未访问 s_1、已访问 s_2、障碍物 s_3 三类情况。L_i 包含第 i 个机器人在地图上的栅格位置 P_i、速度信息 v_i、前轮转角信息 w_i。

观测 Ω_i 表示为第 i 个机器人的观测集合。对于地面移动小车,$\Omega_i^k=\{env_i^k,pos_i^k,pos_j^k\}$,$i,j\in[1,2]$,依次描述第 i 个小车的自身局部观测信息 env_i、自身的位置信息 pos_i 以及根据通信获得的其他小车位置信息 pos_j,移动小车无法观测到无人飞行器的位置;对于无人飞行器,$\Omega_3^k=\{env_3^k,pos_1^k,pos_2^k,pos_3^k\}$,依次描述第 k 时刻飞行器自身对环境的观测、(当小车处于飞行器传感范围时)各个小车的相对位置、飞行器自身的位置。在环境观测矩阵 env_i^k 中,包含机器人观测范围内 n 个点的环境观测信息集合 $\{j_k\}$,其中 $j_k\in\{\varepsilon_1,\varepsilon_2,\varepsilon_3,\varepsilon_4\}$,$k\in[1,n]$,尚未访问 ε_1、已访问 ε_2、障碍物 ε_3、其他小车 ε_4 四个状态。小车或无人飞行器的传感器感应范围内出现其他小车,会在该小车对周围环境的状态感知中获取其他小车的相对位置,这表明各机器人间具备隐式通信能力。

观测概率函数 O 表示机器人从所处环境中观测信息的概率矩阵,在这里假设栅格地图上四个观测点的观测函数相同,具体的观测函数为 $O_i(s_1,\varepsilon_1)=0.9,O_i(s_2,\varepsilon_1)=0.1,O_i(s_2,\varepsilon_2)=0.8,O_i(s_1,\varepsilon_2)=0.1,O_i(s_3,\varepsilon_2)=0.1,O_i(s_3,\varepsilon_3)=0.9,O_i(s_3,\varepsilon_2)=0.1$。其中 $O_i(s_1,o_1)=0.9$ 表示当观测到尚未访问点时真实状态为尚未访问的概率为 0.9,$O_i(s_1,o_2)=0.1$ 表示观测到尚未访问点时真实状态为已访问的概率为 0.1,其他状态与之对应。

动作 A_i 表示第 i 个机器人动作的集合。对于移动小车,k 时刻可能产生的动作为 $A_i^k=\{Acc_i^k,\zeta_i^k\}$,$i\in[1,2]$,其中 Acc_i^k 表示小车后轮加速、匀速、减速三种动作,ζ_i^k 表示小车前轮左转、恒向、右转三种动作;对于无人飞行器,k 时刻可能产生的动作为 $A_3^k=\{Acc_3^k,\zeta_3^k,C_3^k\}$,其中 Acc_3^k、ζ_3^k 与小车类似,C_3^k 表示是否向小车通信并汇报无人飞行器检测到的环境信息。

通信动作的回报：对于通信动作，如何调整通信动作的相应回报是优化 DEC-POMDPs 模型精确度以及强化学习收敛效果的关键。通信动作是无人飞行器主动产生的动作，但回报模型与多机器人群组具有强相关性，通信回报与小车的访问回报间的比例也会对多机器人群组的学习收敛效果产生影响，本章中通信回报与本次通信动作后访问到的点的数量强相关。

考虑通信代价时，通信动作的目的主要包括：

（1）更新各机器人的策略空间；

（2）通过提供更大视野抵消一部分局部观测特性，避免地-空多机器人群组在执行任务时由于局部观测特性而导致决策失效的情况，通过提高模型辨识度、缩减信念空间规模，加快强化学习的收敛速度。

当考虑通信动作时，由于机器人间的通信耗时远远小于机器人的行动决策周期，在本实验场景中认为无人飞行器和小车间的通信可以即时完成，因此在执行决策前各机器人将获得两次观测结果，第一次观测结果仅包含各机器人由环境获得的信息，根据第一次观测信息和它的行动历史决定是否传播该机器人的观测，第二次观测结果将是该机器人和其他机器人的联合观测。从而避免无人飞行器发送至移动小车的信息延后一个控制。因此，当考虑通信代价时，无人飞行器强化学习的一步策略更新的流程如图 7-28 所示。

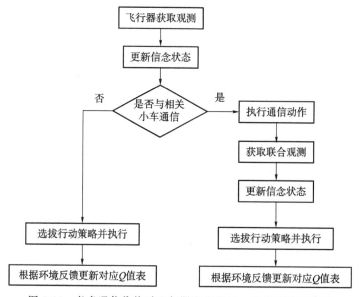

图 7-28　考虑通信代价时飞行器强化学习一步策略更新流程

考虑到图 7-28 实现的含有通信动作学习回路的强化学习框架，对于 UGV 移动小车和 UAV 无人飞行器来讲，各机器人获得的观测能够被分为两类：一是根据机器人自身传感器获得的局部观测信息 Ω_{local}；二是依赖通信行为获得的其他机器人的观测信息 Ω_{other}。在 7.3 节忽略通信代价的仿真实验设置的 DEC-POMDPs 模型中，各机器人的信念状态是针对各机器人获得的联合观测而设置的，联合观测表示为 $\Omega_{\text{joint}} = \{\Omega_{\text{local}}, \Omega_{\text{other}} \cup \varnothing\}$，并且有 $\Omega_{\text{local}} \in \Omega_{\text{joint}}$。

考虑到以下因素:(1)当通信故障发生或机器人决定不执行通信动作时,需要机器人根据局部观测信息执行下一步策略;(2)局部观测矩阵 Ω_{local} 的信息维度远远小于 Ω_{local},随着机器人对真实状态区分能力的降低,但收敛速度更快;(3)当局部观测 Ω_{local} 与真实状态间的信息量级差距过大时,若仍然使用 Q_{MDP} 算法,会导致信念状态运算量急剧膨胀,会影响到该系统能否进行实时运算。

因此,本节提出一种改进的 DEC-POMDPs 强化学习框架,在常规的 DEC-POMDPs 模型框架中嵌入多个 POMDP 模型作为辅助学习单元,在 POMDP 模型中使用最大似然算法

$$\pi_{\text{MLS}}(b) = \pi_{\text{MDP}}^*(\arg\max_s b(s)) \tag{7-9}$$

并将局部状态近似看成全局状态。当执行策略更新时,依照观测来源将观测划分为局部观测 Ω_{local} 以及联合观测 Ω_{joint} 两类。强化学习框架如图 7-22 所示,在分别实现了 POMDP 模型及 DEC-POMDPs 模型框架基础上,增加了两类补充策略,以提高强化学习收敛速度。

(1)当机器人执行联合决策时,获取联合观测 Ω_{joint} 后,也获得相应的局部观测 Ω_{local} 信息,此时从 POMDP 对应的 Q 值表中获取局部观测 Ω_{local} 相应的动作 a_k,并将其作为策略倾向在联合观测中扩充观测矩阵。

(2)当机器人执行联合决策时,获取环境反馈更新 DEC-POMDPs 模型相应的 Q 值表的同时,由于 $\Omega_{\text{local}} \in \Omega_{\text{joint}}$,同步更新 POMDP 模型 Q 值表中与 Ω_{local} 对应的键值。

通过以上策略,在不同层次的强化学习模块间建立了学习映射关系,提高不同模块的强化学习速度。通过以上搭建的 DEC-POMDPs 模型及改进的强化学习决策框架,实现地−空异构的多机器人系统在通信受限条件下的覆盖仿真场景。

采用本书开发的基于 MATLAB 软件的多机器人工具箱搭建仿真平台并进行仿真实验,仿真场景与 7.3 节类似。

执行 700 次覆盖实验后的仿真效果如图 7-29 所示,图中虚线圆圈表示原始曲线的 20 阶多项式拟合后的效果曲线。该仿真实验中多机器人群组执行任务的最好成绩是在 117 步中完成覆盖任务。由该图分析可知,相对于忽略通信代价的地−空多机器人覆盖仿真实验,本实验的状态空间和信念空间较前者降低了一个数量级,导致强化学习的收敛速度略优于 7.3 节的仿真结果。

由于在本仿真实验中采取了多个不同模型的多机器人框架,在覆盖实验的前期有可能退化为多个单机器人覆盖模型,如图 7-29 中虚线圆圈所示,多机器人群组执行各自的 POMDP 框架策略,导致学习策略收敛到某个次优结果,随着学习次数的积累及 ε-greedy 策略,和其他机器人的交互策略逐渐改进,最终收敛到一个较好的结果。

得到图 7-29 后,通过多项式拟合仿真结果,并对比考虑通信策略的多机器人仿真实验学习效果与忽略通信代价的多机器人仿

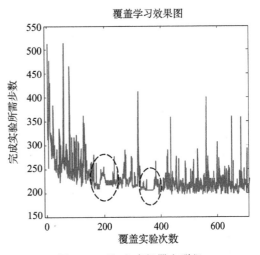

图 7-29 地−空多机器人群组
覆盖学习效果图

真实验,得到结果如图 7-30 所示。分析该图结果可得,利用本章设计的多机器人强化学习决策框架,在保障多机器人强化学习收敛性的同时,提高了多机器人强化学习的收敛速度。

与此同时,重复多次上述实验,分析在地-空多机器人系统中通信代价所起的作用。设定地面移动小车访问到未遍历点后的奖励为 $r_1(r_1 > 0)$,设定四旋翼飞行器通信代价为 $-r_2$ $(r_2 > 0)$。统计各次强化学习实验中第 $500 \sim 700$ 次覆盖实验(从机器人初始位置到完成地图覆盖认为一次覆盖实验完成)的平均通信次数,以及随着通信次数的变化。获得结果如图 7-31 所示,该图横轴表示 r_2 与 r_1 间的比例系数,左边纵轴表示平均每次覆盖实验中通信次数占能够通信次数的比率,右边纵轴表示平均每次覆盖实验的耗时。

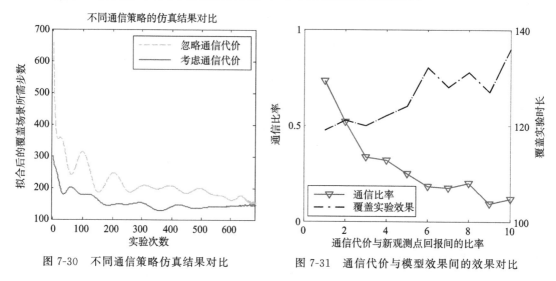

图 7-30 不同通信策略仿真结果对比　　　　图 7-31 通信代价与模型效果间的效果对比

由该图分析可知,随着通信代价的提高,多机器人系统学习后的策略会缩减通信的次数,相应地,强化学习的收敛效果会受到一定影响。

7.5 本 章 小 结

本章首先根据无人驾驶地面移动小车(UGV)和无人飞行器(UAV)的运动学模型特性,研究了传感器异构、驱动模式异构的地-空多机器人系统,研究了在观测异构、驱动异构的多机器人群组中启发式搜索最优策略,针对 UGV 小车的运动学模型和传感器特性,设计了 UAV 和 UGV 互补的覆盖观测方法,搭建了两类抽象的环境扫描模型,在确保观测精度和有效性的同时降低了观测信息的维度;其次,针对未知环境下的区域覆盖问题,基于 POMDP 和 DEC-POMDOP 两种模型,搭建了机器人环境覆盖模型,实现了 QMDP 算法和 Q-learning 算法;最后,基于地-空多机器人群组的异构特性,在有通信和无通信两种情况下,研究了基于强化学习的地-空多机器人覆盖问题,并比较了不同的传感器观测范围、观测精度对强化学习收敛效果的影响。进一步工作主要包括:第一,在强化学习动作选择中考虑 UAV 和 UGA 的动力学模型。第二,在 UAV 与 UGV 的互补特性中考虑分布式系统的信息融合问题,以提高学习收敛速度。

本章参考文献

[1] Scaramuzza D,Achtelik M C,Doitsidis L,et al.Vision-controlled micro flying robots：from system design to autonomous navigation and mapping in GPS-denied environments[J].IEEE Robotics & Automation Magazine,2014,21(3):26-40.

[2] Liu D,Xu Y,Xu Y,et al.Opportunistic data collection in cognitive wireless sensor networks：Air-ground collaborative online planning [J]. IEEE Internet of Things Journal,2020,7(9):8837-8851.

[3] 马磊,张文旭,戴朝华.多机器人系统强化学习研究综述[J].西南交通大学学报,2014,49(6):1032-1044.

[4] 蔡自兴,崔益安.多机器人覆盖技术研究进展[J].控制与决策,2008,23(5):481-486.

[5] Chaimowicz L,Kumar V.Aerial shepherds：Coordination among uavs and swarms of robots[M]//Distributed Autonomous Robotic Systems 6. Springer,Tokyo,2007：243-252.

[6] Chandrashekar K,Dekhordi M R,Baras J S.Providing full connectivity in large ad-hoc networks by dynamic placement of aerial platforms [C]//IEEE MILCOM 2004. Military Communications Conference,2004.IEEE,2004,3:1429-1436.

[7] Tian Y P,Zhang Y.High-order consensus of heterogeneous multi-agent systems with unknown communication delays[J].Automatica,2012,48(6):1205-1212.

[8] Song C,Liu L,Feng G,et al.Coverage control for heterogeneous mobile sensor networks on a circle[J].Automatica,2016,63:349-358.

[9] Kantaros Y,Thanou M,Tzes A.Distributed coverage control for concave areas by a heterogeneous robot-swarm with visibility sensing constraints[J].Automatica,2015,53:195-207.

[10] Wang X,Han S,Wu Y,et al.Coverage and energy consumption control in mobile heterogeneous wireless sensor networks [J]. IEEE Transactions on Automatic Control,2012,58(4):975-988.

[11] Sharifi F,Chamseddine A,Mahboubi H,et al.A distributed deployment strategy for a network of cooperative autonomous vehicles[J].IEEE transactions on control systems technology,2014,23(2):737-745.

[12] Chen J,Zhang X,Xin B,et al.Coordination between unmanned aerial and ground vehicles：A taxonomy and optimization perspective [J]. IEEE transactions on cybernetics,2015,46(4):959-972.

[13] Zhou Y,Cheng N,Lu N,et al.Multi-UAV-aided networks：Aerial-ground cooperative vehicular networking architecture[J].ieee vehicular technology magazine,2015,10(4):36-44.

[14] Papachristos C,Tzes A. The power-tethered UAV-UGV team：A collaborative strategy for navigation in partially-mapped environments[C]//22nd mediterranean conference on control and automation.IEEE,2014:1153-1158.

[15] Grocholsky B, Keller J, Kumar V, et al. Cooperative air and ground surveillance[J]. IEEE Robotics & Automation Magazine, 2006, 13(3):16-25.

[16] Khaleghi A M, Xu D, Wang Z, et al. A DDDAMS-based planning and control framework for surveillance and crowd control via UAVs and UGVs[J]. Expert Systems with Applications, 2013, 40(18):7168-7183.

[17] Brooks R. A robust layered control system for a mobile robot[J]. IEEE journal on robotics and automation, 1986, 2(1):14-23.

[18] Choset H. Coverage for robotics-a survey of recent results[J]. Annals of mathematics and artificial intelligence, 2001, 31(1):113-126.

[19] Pineau J, Gordon G, Thrun S. Anytime point-based approximations for large POMDPs[J]. Journal of Artificial Intelligence Research, 2006, 27:335-380.

[20] Murtaza G, Kanhere S, Jha S. Priority-based coverage path planning for aerial wireless sensor networks[C]//2013 IEEE Eighth International Conference on Intelligent Sensors, Sensor Networks and Information Processing. IEEE, 2013:219-224.

[21] Song C, Liu L, Feng G, et al. Optimal control for multi-agent persistent monitoring[J]. Automatica, 2014, 50(6):1663-1668.

[22] Smith S L, Schwager M, Rus D. Persistent monitoring of changing environments using a robot with limited range sensing[C]//2011 IEEE International Conference on Robotics and Automation. IEEE, 2011:5448-5455.

[23] Cassandras C G, Lin X, Ding X. An optimal control approach to the multi-agent persistent monitoring problem[J]. Automatic Control, IEEE Transactions on, 2013, 58(4):947-961.

[24] Kaelbling L P, Littman M L, Cassandra A R. Planning and acting in partially observable stochastic domains[J]. Artificial intelligence, 1998, 101(1-2):99-134.

[25] Amato C, Bernstein D S, Zilberstein S. Optimizing fixed-size stochastic controllers for POMDPs and decentralized POMDPs[J]. Autonomous Agents and Multi-Agent Systems, 2010, 21(3):293-320.

[26] Magnenat S, Colas F. A Bayesian tracker for synthesizing mobile robot behaviour from demonstration[J]. Autonomous Robots, 2021, 45(8):1077-1096.

[27] Azizzadenesheli K, Lazaric A, Anandkumar A. Reinforcement learning of POMDPs using spectral methods[C]//Conference on Learning Theory. PMLR, 2016:193-256.

[28] Horák K, Bošanský B, Pěchouček M. Heuristic search value iteration for one-sided partially observable stochastic games[C]//Thirty-First AAAI Conference on Artificial Intelligence. 2017.

[29] Bonet B. An epsilon-Optimal Grid-Based Algorithm for Partially Observable Markov Decision Processes.[C]// Proceedings of the Nineteenth International Conference on Machine Learning. Morgan Kaufmann Publishers Inc., 2002:387-414.

［30］ Eker B,Akın H L.Solving decentralized POMDP problems using genetic algorithms [J].Autonomous Agents and Multi-Agent Systems,2013,27(1):161-196.

［31］ Spaan M T J, Vlassis N. Perseus: Randomized point-based value iteration for POMDPs[J].Journal of artificial intelligence research,2005,24:195-220.

［32］ Wu F,Zilberstein S,Chen X.Online planning for multi-agent systems with bounded communication[J].Artificial Intelligence,2011,175(2):487-511.

第8章
基于强化学习的机器人路径规划研究

8.1 引　言

移动机器人在自动化工业环境、家庭服务、公共区域消杀等领域得到了越来越广泛的应用[1]。在所有的这些应用中,移动机器人具有无碰撞路径规划的能力是顺利执行任务的一个先决条件。移动机器人的路径规划就是寻找一条最优路径,使得机器人能够无碰撞地从起点到达目标点,同时优化性能指标如距离、时间或者能耗。根据机器人所具有的先验信息的多少,通常可将路径规划方法划分为全局和局部两种。全局路径规划是机器人在已知的环境中规划一条路径,路径规划的精度取决于环境获取的准确度,全局路径规划可以找到最优解,但是需要预先知道环境的准确信息,当环境发生变化,如出现未知障碍物时,该方法就无能为力,因此对环境模型的错误及噪声鲁棒性差。相比之下,局部路径规划更符合机器人实际应用场合,机器人在未知或部分已知的环境中,根据传感器实时获取当前的局部环境信息,实时对环境模型进行动态更新,并做出相应路径规划,因此,局部路径规划对环境误差和噪声有较高的鲁棒性,但是对机器人的实时计算处理能力有着较高的要求,同时由于缺乏全局环境信息,所以规划结果有可能不是最优的,甚至可能找不到正确路径或完整路径。

本章首先针对机器人路径规划过程中面临的探索与利用间的权衡问题,提出一种基于近似动作空间模型策略选择的 Q-学习算法,降低机器人真实动作模型的复杂程度,提高计算效率;其次,针对复杂动态环境下的机器人路径规划问题,采用分层强化学习的方法,将路径规划系统从上至下分为三层结构,并将路径规划任务划分为静态障碍物避障、动态障碍物避障及趋向目标点运动三个基本子任务,减小复杂环境下系统的状态空间;最后,搭建移动机器人系统的软硬件平台,硬件平台包括 Pioneer3-AT 移动机器人和 UTM-30LX 二维激光扫描测距仪,软件平台包括 Ubuntu 12.04 和机器人操作系统(Robot Operating System, ROS),利用 ROS 与 Gazebo 设计 Pioneer3-AT 移动机器人的三维仿真模型并搭建三维仿真环境,进行了基于强化学习方法的移动机器人路径规划的三维仿真实验,并结合 Pioneer3-AT 移动机器人进行实物实验。

8.2　基于近似动作空间模型强化学习的移动机器人动态路径规划

机器人在强化学习的过程中,一方面需要执行不同的动作以获取更多的信息和经验,促使更高的未来回报,另一方面又需要根据已有的经验积累执行当前具有最高回报的动作,这就是所谓的探索(exploration)与利用(exploitation)间的权衡问题[2]。太少的探索会妨碍系统收敛到最优策略,而过多的探索则会影响系统的收敛速度。

8.2.1　动作选择策略分析

1. ε-greedy 策略

贪婪策略(ε-greedy)在进行动作选择时,每次都选取具有最大值函数的状态—动作对,经过不断学习,最终实现从局部最优到全局最优的转变[3]。但是这种总是利用当前的知识使得立即奖赏最大的方法,常常达到的是一个次优的结果,忽略了实际上可能更加优化的动作,容易使系统陷入局部最优状态。ε-greedy 策略引入一个概率值 ε,一方面以 $1-\varepsilon$ 的概率选择 Q 值最大的动作 a,而另一方面则以小概率 ε 随机选择动作进行环境探索,弥补了贪婪策略的不足。随机概率值 ε 的引入保证了强化学习过程中移动机器人能够进行足够多的探索学习,最终找到一个更加接近最优的策略并获得最大奖赏。ε-greedy 策略的表达式如式(8-1)所示。

$$\text{prob}(a_i) = \begin{cases} 1-\varepsilon, & \text{if } a = \arg\max_{a_i \in A} Q(s, a_i) \\ \varepsilon, & \text{其他} \end{cases} \tag{8-1}$$

ε-greedy 策略的优点是随着学习次数及学习时间的增加,动作集合中的每一个动作都将被执行无数次,保证了学习的收敛。

2. Boltzmann 分布策略

ε-greedy 策略虽然能够有效地权衡机器人学习过程中的探索和利用,但是机器人总以相同的概率对所有的动作进行探索,提高了较差的动作策略被选择到的概率。Boltzmann 方法[4]根据各动作的评价值确定其被选择的概率,在状态 s 下选择动作 a_i 的概率表达式如下:

$$p(s, a_i) = \frac{\exp[Q(s, a_i)/T]}{\sum_{a_k \in A} \exp[Q(s, a_k)/T]} \tag{8-2}$$

式中,T 表示温度参数,用于控制随机的程度;$Q(s, a_i)$ 为状态—动作对的值函数。学习之初,机器人对环境信息知之甚少,因此 T 值设置较大,以增加动作选择的随机性。随着移动机器人学习时间及次数的增加,T 值逐渐减小,机器人进行随机探索的概率逐渐降低,对环境信息的了解程度逐渐加深,当 T 值趋近于 0 时,Boltzmann 分布策略接近于贪婪策略。

3. 模拟退火策略

模拟退火算法(Simulated Annealing, SA)[5]作为近似全局最优的一种概率算法。根据Metropolis准则,在温度 T 时粒子内能趋于平衡的概率为 $\exp(\Delta E)/k * T$,式中,E 表示粒子在温度 T 时的内能,ΔE 为粒子内能变化量,k 为 Boltzmann 常数。解组合优化问题的SA算法的概率转换公式如下:

$$p(i \rightarrow j) = \begin{cases} 1, & f(i) \leqslant f(j) \\ \exp\left(\dfrac{f(i) - f(j)}{t}\right), & 其他 \end{cases} \tag{8-3}$$

式中,目标函数值 f 表示内能 E,控制参数 t 表示温度 T。

模拟退火策略的算法实现过程如下:

Step1:参数 i_0、初始温度 T 及迭代次数 k 的初始化。

Step2:获取当前解的状态 i,并生成一个新解 j。

Step3:生成随机数 $\delta \in [0, 1]$,根据公式(8-3)计算在当前解 i 和温度控制参数 T 处接受新解 j 的概率 p,当 $\delta < p$ 时,接受新解为当前解,即 $i \leftarrow j$,否则不接受。

Step4:若满足结束条件,则输出最优解,否则执行 Step5。

Step5:若每个温度 T 学习达到 k 次,则依据退火策略对温度 T 进行降温,转 Step1,并将降温后的温度 T 作为此次学习的初始温度;否则转 Step2,继续学习。

在学习初期,温度 T 的值较大,选择非优化解的概率较大。随着学习次数及学习时间的增加,温度 T 的值逐渐较小,选择优化解的概率逐渐增大,当 $T \rightarrow 0$ 时,将不再选择非优化解,最终找到全局最优解。

常见的退火策略有如下几种,令第 k 次迭代时的温度为 T_k:

$$T_k = \frac{T_0}{1 + k} \tag{8-4}$$

$$T_k = \left(1 - \frac{k}{K}\right) T_0 \tag{8-5}$$

$$T_k = \lambda^k T_0 \tag{8-6}$$

以上三种退火策略的降温速度不同,本章选用式(8-6)的等比降温策略,其温度有规律的降低,且变化速度缓慢。λ 为 $[0, 1]$ 之间的值,λ 的值越大,退火速度越慢,因此通常取接近于 1 的 λ 值。

8.2.2 基于近似动作模型策略选择的 Q-学习算法设计

为了减少计算负担,避免机器人探索学习过程中的盲目性,本章对机器人真实的动作空间模型进行近似化处理,根据机器人周围的环境信息,选择有效地动作空间模型,从而降低无效动作被选择的概率,达到减少计算资源消耗,提高学习速率的效果,最终找到更加接近最优的策略。

令机器人真实的动作空间模型为 A,A' 为 A 简单化的基本动作模型且在任何环境状态下都可以选择,观测状态为 O,近似的动作空间模型为 $\hat{A}$,则定义 $\hat{A}=\mathrm{Refine}(A',O)$,用于在新的环境状态下添加新的动作选项。例如,基本动作模型 A' 仅包含四个基本方向上的运动,当环境中存在拐角情况时,为了获得最短且最优路径,机器人需要添加对角线上的运动。基于近似动作模型策略选择的 Q-学习算法的设计流程图如图 8-1 所示。

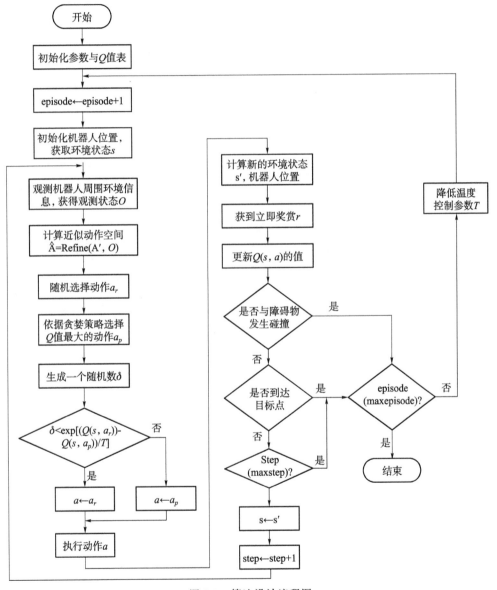

图 8-1 算法设计流程图

移动机器人处于状态 s 时,观测四周环境信息,得到观测状态 O,然后根据此观测状态优化机器人的动作空间模型 A,得到近似动作空间模型 $\hat{A}$。最后根据动作选择策略进行机器人的动作选择,此处选用上文提到的模拟退火策略进行动作选择,动作执行结束后,机器人获得环境反馈的奖赏值并进入下一个环境状态 s'。此时判断机器人是否处于危险状态,若是则判断是否达到训练次数的上限,若不是则继续判断是否到达目标状态。若达到机器人训练次数的上限则结束程序的运行,否则继续执行程序中的循环体。

1. 环境模型搭建

采用栅格法在坐标系中建立二维栅格地图表示环境信息,栅格地图将移动机器人所处的环境分解为小栅格,每个小栅格对应于移动机器人的一个状态。每个状态对应于环境状态集合 S 中的一个元素,每个栅格存在两种状态值 0 和 1。其中,1 表示此栅格为安全区域,在地图中表示为白色方块;0 表示此栅格为危险区域,存在障碍物,在地图中表示为黑色方块。坐标系中的线段 $(x,0)$、$(0,y)$、$(x_{max},0)$、$(0,y_{max})$ 表示环境的边界区域,即实际环境中

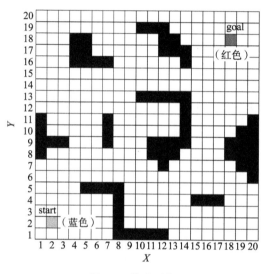

图 8-2　仿真环境

的墙壁,蓝色方块区域表示移动机器人的起点位置,红色方块区域则表示目标点位置。环境中的目标位置和障碍物都处于静止状态,且对于机器人而言环境中的障碍物及边界位置是未知的。仿真环境为一个 20×20 的栅格世界,共形成了 $20 \times 20 = 400$ 个环境状态,仿真环境如图 8-2 所示。

2. 动作空间的表示

仿真过程中将移动机器人近似为一个质点,不考虑机器人的尺寸大小,用一个蓝色的圆圈表示。以移动机器人为中心,定义机器人的真实动作空间模型 A 为上、下、左、右、左上、右上、左下、右下八个离散动作,即式(8-7)的矩阵:

$$A = [-1,1;0,1;1,1;-1,0;1,0;-1,-1;0,-1;1,-1] \tag{8-7}$$

简化的基本动作模型 A' 包含上、下、左、右四个离散动作,即:

$$A' = [0,1;0,-1;-1,0;1,0] \tag{8-8}$$

则根据观测状态为 O 和基本动作模型 A',得到近似的动作模型 $\hat{A} = \text{Refine}(A',O)$,$\hat{A}$ 的复杂程度介于 A' 和 A 之间。任何情况下机器人都包含 A' 中的四个基本动作,当环境中存在拐角情况时,则需要在 A' 的基础上添加对角线上的运动。

3. 奖赏函数的设计

奖赏函数在机器人学习过程中起到了导向性的作用,对机器人采取的动作的好坏做出评价,通常用一个标量表示。强化学习的目标就是使机器人最终获得的总的奖赏值之和达到最大,并找到最优策略使得机器人从起点无碰撞的运动到目标点。因此需要及时准确地反映机器人在不同状态下不同行为策略的好坏,设计良好的奖赏函数足以满足这一需求。文中采用非线性的分段函数表示立即奖赏函数,设计如下:

$$r = \begin{cases} 10, & \text{目标点} \\ 2, & s=0 \text{ 且 } (d_g(t)-d_g(t-1))<0 \\ -1, & s=1 \text{ 或处于边界区域} \\ 0, & \text{其他} \end{cases} \qquad (8-9)$$

式中,$d_g(t-1)$ 表示 $t-1$ 时刻机器人位置到目标点的距离,$d_g(t)$ 表示 t 时刻机器人位置到目标点的距离,s 表示机器人所处的状态。从式(8-9)中可以看出,当机器人到达目标点时,获得最大的立即奖赏值 $r=10$;当机器人处于安全状态,并且执行动作后离目标点更近,则获得 $r=2$ 的立即奖赏值;当机器人与障碍物发生冲突或处于环境边界区域时,获得 $r=-1$ 的立即奖赏值;其他情况下的立即奖赏值为 $r=0$。

4. 动作选择策略

动作选择策略选用了基于近似动作空间模型的模拟退火策略,通过观测机器人周围的环境信息,有针对性地对真实的动作空间模型 A 进行简化处理,得到与之相似的动作模型 $\hat{A}$,然后利用模拟退火策略选择 $\hat{A}$ 中的一个动作并执行。从而减少计算时间并找到最短路径。

8.2.3 仿真结果与分析

为了验证基于近似动作空间模型的 Q-学习算法在移动机器人路径规划中的收敛速度和成功率的提高,本章在两个不同栅格环境下进行仿真对比实验。

实验一:

第一个实验采用 10×10 的栅格环境,如图 8-3 所示,该环境较为简单。机器人的初始位置为(2,2),在图中显示为蓝色方块区域;目标位置为(9,9),在图中显示为红色方块区域;黑色区域代表障碍物;白色区域代表安全区域。

分别采用 ε-greedy 策略、模拟退火(SA)策略和优化的基于近似动作模型的 SA 策略作为动作策略选择方法,进行移动机器人 Q-学习路径规划实验。图 8-3 所示为移动机器人通过学习得到的路径轨迹,其中图 8-3(a)为利用 ε-greedy 策略和 SA 策略进行动作选择所得到的路径,两者最终得到的最优路径基本相同,机器人移动 14 步后到达目标点。图 8-3(b)则为利用优化后的基于近似动作模型的 SA 策略进行动作选择所得到的最优路径,机器人运动 8 步后达到目标点。从环境地图中可以看出,目标点在机器人起点位置的右上方,因此,为了得到最优策略,机器人需要对角线方向的运动,所以从两幅图中能够很显然地看出优化后的策略得到了更加优化的路径。

图 8-4 所示为三种动作选择策略对比实验中,每次训练过程中移动机器人到达目标点需要移动的步数。移动机器人从起点到达目标点完成一次训练为一幕(episode),设置机器人的训练次数为 1 000 次,每次最大移动步数为 400 次,若训练过程中机器人移动超过 400 步,则判定此次训练失败。从图 8-4 的三幅图中可以看出,在训练初期,由于机器人缺乏对周围环境知识的了解,在寻找目标点的过程中,机器人移动步数较多,同时也存在训练失败的情况。但是随着训练次数的增加,情况不断好转,最终找到一条接近最优的路径。

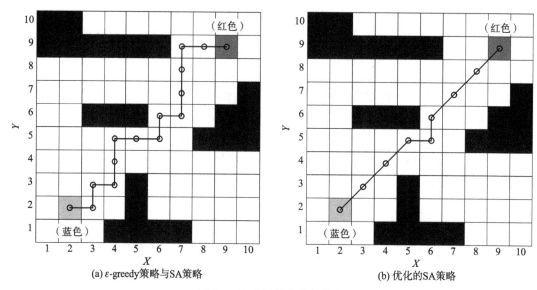

(a) ε-greedy策略与SA策略　　　　　　　　(b) 优化的SA策略

图 8-3　移动机器人路径轨迹

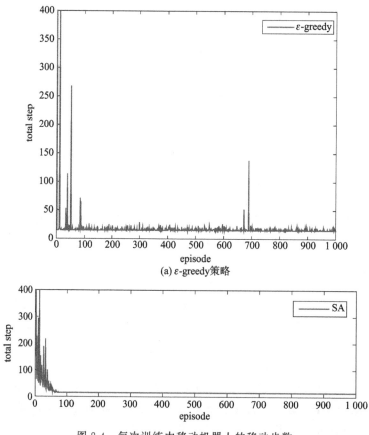

(a) ε-greedy策略

图 8-4　每次训练中移动机器人的移动步数

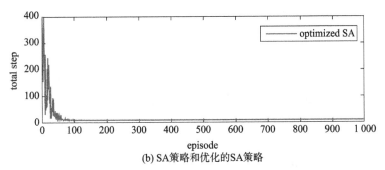

(b) SA策略和优化的SA策略

图 8-4 每次训练中移动机器人的移动步数(续)

在 ε-greedy 策略中,设置机器人以 0.05 的概率进行随机探索,因此图 8-4(a)的图形中存在许多毛刺。SA 策略和优化的 SA 策略中,设置初始温度 $T_0 = 100$,降温系数 $\lambda = 0.95$。由于温度 $T_k = \lambda^k T_0$ 呈逐渐衰减的趋势,在训练初期 T_k 值较大,因此机器人主要进行探索工作,以获取更多环境信息。随着机器人训练次数的增加,算法逐渐收敛。

图 8-5 所示为移动机器人在训练过程中的成功率变化情况。由图中可以看出,随着训练次数的增加以及经验的不断积累,机器人训练成功率逐渐上升,最终接近于 1。蓝色虚线为 ε-greedy 策略的成功率变化情况,与其他两种策略相比,在训练初期(前 300 次),ε-greedy策略的训练成功率明显较高,然而在 300 次训练以后,SA 策略和优化的 SA 策略的训练成功率超过 ε-greedy 策略,并逐渐趋近于 1。这是因为在训练初期,SA 策略和优化的 SA 策略的降温温度参数较大,机器人随机探索的概率远大于 ε-greedy 策略,因此成功率较低。SA策略和优化的 SA 策略采用了相同的降温参数,因此随机性变化情况相同,所以在训练成功率的变化情况上没有明显差异。

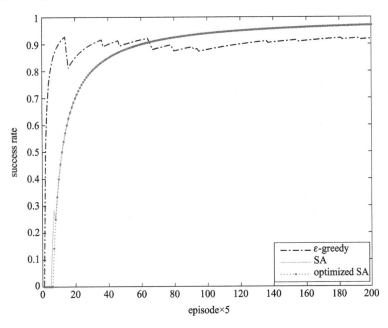

图 8-5 移动机器人训练成功率

实验二：

第二个实验采用 20×20 的栅格环境，如图 8-6 所示，该环境与实验一的环境相比更加复杂，且环境中存在凹形区域，增加了机器人路径规划的难度。机器人的初始位置为(2,2)，目标位置为(18,18)。障碍物在地图中表示为黑色区域；白色区域代表安全。

图 8-6 所示两幅图为移动机器人利用 ε-greedy 策略进行动作选择所得到的规划路径，很显然机器人并没有成功找到目标点，而是陷入凹形区域中，进入死锁状态。

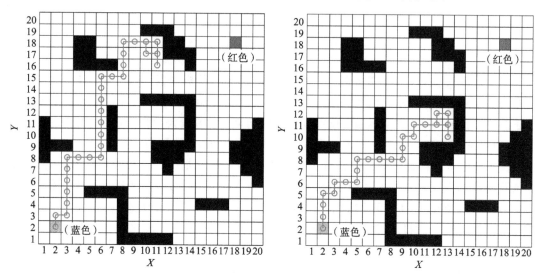

图 8-6 ε-greedy 策略下的机器人路径轨迹

如图 8-7 所示的路径分别为移动机器人采用 SA 策略和优化的 SA 策略进行动作选择所得到最优路径。运用 SA 策略所得到的最优路径为 32 步，而运用优化的 SA 策略所得到的最优路径为 23 步，显然后者得到的路径更加接近最优路径。

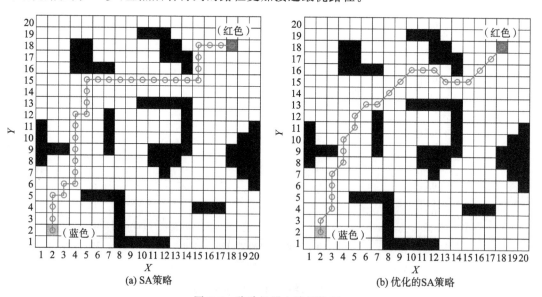

(a) SA策略　　　　　　　　　　　　　(b) 优化的SA策略

图 8-7 移动机器人路径轨迹

在 SA 策略和优化的 SA 策略中,设置初始温度 $T_0=100$,降温系数 $\lambda=0.98$,温度 $T_k=\lambda^k T_0$。由于环境更加复杂,机器人在训练过程中需要更多的探索以获取更多的环境信息,因此增大降温系数 λ 的值,以减缓降温速度。设置最大训练次数为 5 000 次,最大移动步数为 500 步。图 8-8 所示为每次训练中移动机器人的移动步数,经过 400 次训练后,两种方法都接近收敛。图 8-9 所示为移动机器人训练成功率,绿色虚线为 SA 策略的成功率变化曲线,红色线为优化的 SA 策略的成功率变化曲线,可以看出训练前期后者的成功率略高于前者,训练后期两者基本相同。

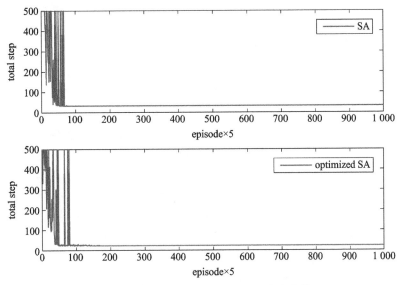

图 8-8　每次训练中移动机器人的移动步数

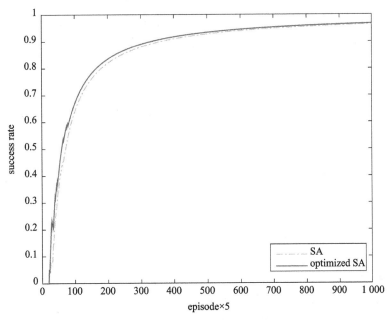

图 8-9　移动机器人训练成功率

上述仿真结果表明,运用优化后的基于近似动作空间模型的 SA 策略进行动作选择的 Q-学习算法是收敛的,并且能够获得一个更加优化的路径,使得移动机器人以较少的步数到达目标点。

8.3　基于分层强化学习的移动机器人动态路径规划

当移动机器人在复杂环境中进行路径规划任务时,机器人获得的观测信息与执行行动策略数量都会增长,从而增大强化学习的状态空间。当状态空间过大时,机器人将花费大量的时间进行探索,学习效率低下且很难收敛到最优策略。

针对上述问题,分层强化学习(Hierarchical Reinforcement Learning,HRL)[6]提供了一种解决思路,它采用分而治之的策略,引入抽象机制,将一个长期强化学习任务分解为子问题或子任务的层次结构,以更高级别的策略将每一子任务定义为高级别或低级别,低级别的子任务相比较高级别的子任务,本身更容易学习且持续的时间较短,即时间抽象属性[7]。根据时间抽象还可以在更长的时间范围内实现有效的信用分配[8],可以使分解的子任务在强化学习的整个训练过程中进行更结构化的探索[9]。分层强化学习算法已被证明在几个长期问题中优于标准强化学习算法,例如连续控制[10]、长期游戏[11]、机器人操纵[12]等领域。

分层强化学习根据参与机器人和任务的数量,可以归纳为以下几种类型进行研究[13]:

(1)单机器人,单任务:比如文献[14]提出一种包含两层的深度 Q 网络的分层强化学习方法;文献[15]提出一种带有离线校正的分层强化学习(Hierarchical Reinforcement Learning with Off-policy Correction,HIRO),设计了子目标重新标记机制的两级封建等级制度。

(2)单机器人,多任务:比如文献[16]将多任务进行分层,将经验数据、动作策略或 Q 值函数从前一个任务转移到后一个任务,来加速后一个任务的学习速度。

(3)多机器人,单任务:可以参考本书 2.3 节多机器人强化模型。单任务时将多机器人作为一个整体,利用学习分层策略对任务进行分层。

(4)多机器人,多任务:多机器人多任务的分层强化学习较为复杂,需要考虑机器人的任务与回报分配等问题,比如文献[17]基于 MAXQ 算法提出一种全合作多机器人分层策略,所有机器人共享局部状态和所选子任务;文献[18]提出一种基于深度学习的多智能体分层方法。

8.3.1　分层强化学习结构设计

移动机器人基于分层强化学习的路径规划任务是在一个实时的、包含静态障碍物或动态障碍物的未知环境中进行的,本节将复杂环境下的机器人的路径规划任务划分为不同层次上的子任务,并在较小规模的状态子空间中求解每个任务,从而降低整体状态空间的维度。

首先,在系统结构设计时需要考虑决策的实时性,以及静态障碍物与动态障碍物的避障问题;其次,将移动机器人的路径规划任务分为静态障碍物避障、动态障碍物避障及趋向目标点运动三个基本子任务;最后,将复杂行为策略分解为一系列简单的行为策略,并进行独立的学习训练。如图 8-10 所示为分层强化学习系统结构图。

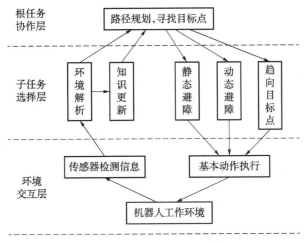

图 8-10　分层强化学习系统结构图

系统结构主要包括根任务协作层、子任务选择层及环境交互层。根任务协作层主要负责根据环境交互层提供的环境状态信息做出决策,选择下一步将要执行的子任务。子任务选择层主要包括环境信息的解析、环境知识的更新和避障子任务选择模块,根据根任务协作层的决策输出,选择相应的子任务,移动机器人根据该子任务的规划策略选择底层的基本动作并执行,然后更新学习知识。环境交互层包括传感器环境信息和基本动作执行模块,利用激光测距仪在线探测移动机器人周围的环境信息,并将采集到的信息发送给子任务选择层进行解析处理,得到相应的环境状态,用于根任务协作层的下一步决策。

利用分层强化学习完成移动机器人在复杂未知环境中的路径规划时,需要考虑以下几个问题。

(1)环境信息的表示,在未知环境中甚至是动态未知环境中执行路径规划任务时,巨大的环境信息变量为机器人学习过程带来了很大的困难。比如机器人在选择避障任务时,需要考虑周围的障碍物距离信息、运动状态以及目标点的位置和距离信息,这些变化的环境信息组成了巨大的状态空间,将严重影响机器人的学习效率。因此在环境信息的处理过程中,需要尽量减小状态空间。本章节依据分层强化学习的分层和抽象策略,将移动机器人路径规划任务划分为静态障碍物避障、动态障碍物避障及趋向目标点运动三个基本子任务,即将状态空间划分为三个规模较小的空间,从而提高机器人学习效率。

(2)奖赏函数的选择,奖赏函数的选择直接影响移动机器人的学习效果。在分层强化学习中,各个层次的任务目标不同,其奖赏函数的选择将不同。比如对于避障子任务而言,其奖赏函数将根据机器人是否与障碍物产生冲突来进行设计,若发生碰撞,则获得较小的奖赏值。对于机器人趋向目标点运动的子任务而言,当其向着目标点运动时,机器人将获得一个比较大的奖赏值。

8.3.2　移动机器人运动学模型

本章采用的 Pioneer3-AT 移动机器人为四轮差分驱动结构,根据左右侧两轮的速度差实现机器人的转向运动。平面坐标系下差分驱动移动机器人模型如图 8-11 所示。

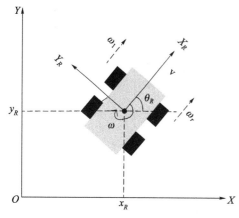

图 8-11　差分驱动移动机器人模型

世界坐标系 X-Y 下移动机器人的位姿信息为 (x_R, y_R, θ_R)，其中 x_R, y_R 为机器人中心点在世界坐标系 X-Y 下的坐标，θ_R 为机器人移动方向的航向角。X_R-Y_R 为机器人本体坐标系，ω_l、ω_r 分别为机器人左右两侧轮子的运动速度，v 表示机器人的线速度，ω 为机器人的旋转角速度，d 为左右两侧车轮间的轴间距，r 为车轮半径。

差分驱动移动机器人的线速度 v 和角速度 ω 的关系表达式为

$$
\begin{pmatrix} v \\ \omega \end{pmatrix} = \begin{pmatrix} \dfrac{r}{2} & \dfrac{r}{2} \\ -\dfrac{r}{d} & \dfrac{r}{d} \end{pmatrix} \begin{pmatrix} \omega_l \\ \omega_r \end{pmatrix} \tag{8-10}
$$

世界坐标系下，差分驱动移动机器人的运动学模型为

$$
\begin{pmatrix} \dot{x} \\ \dot{y} \\ \dot{\theta} \end{pmatrix} = \begin{pmatrix} v \cdot \cos\theta \\ v \cdot \sin\theta \\ \omega \end{pmatrix} \tag{8-11}
$$

式中，$[v\ \omega]^{\mathrm{T}}$ 表示移动机器人的控制向量，$[x\ y\ \theta]^{\mathrm{T}}$ 表示移动机器人的状态向量。

8.3.3　环境信息的获取

算法并不关注机器人本身与所有障碍物和目标点的具体位置信息和确定距离，只关注与其最近的障碍物和目标点的大概的距离范围和相对位置方向。这种方法不同于利用移动机器人的位置坐标来表示状态信息的方法，能够有效地缓解因复杂的未知环境状态空间太大造成的"维数灾难"。为了使机器人能够执行正确的动作和成功到达目标点，需要识别三个主要的环境特征：

（1）移动机器人与周围障碍物间的距离信息；

（2）移动机器人运动方向与目标点方向的夹角；

（3）环境中是否存在动态障碍物。

移动机器人周围的环境信息主要利用激光测距仪传感器进行在线检测，用以识别以上三个主要特征。假设传感器能够实时检测到探测范围内的障碍物信息以及自身的方位和姿态。如图 8-12 所示为激光传感器模型，激光的扫描范围为移动机器人运动方向正前方 180°。将这 180°的扫描范围平均分为 4 个角度区域：1、2、3、4 分别取每个区域中离机器人最近的障碍物的距离测量值，并用一个状态变量表示。定义传感器的探测距离为 0～20 m。

假设移动机器人所处的环境信息如图 8-13 所示，环境中存在移动机器人、障碍物和目标点。其参数定义如下：

d_o 为各区域中移动机器人到离其最近的障碍物间的距离测量值；

d_g 为移动机器人到目标点间的距离测量值；

α 为移动机器人运动方向与目标点方向间连线的夹角。

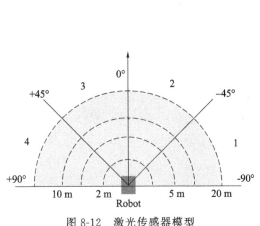

图 8-12　激光传感器模型

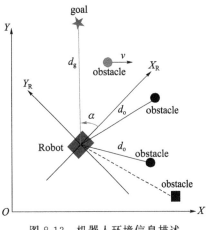

图 8-13　机器人环境信息描述

8.3.4　静态避障模块设计

1. 输入和输出状态空间设计

为了提供静态避障所需的必要信息,将传感器探测到的 4 个区域的障碍物最小距离测量值、移动机器人运动方向与目标点方向间连线的夹角、移动机器人到目标点的距离值作为静态避障子任务模块的输入信息。由于连续高维的环境状态空间将会导致移动机器人强化学习过程中的状态-动作对数量巨大,造成"维数灾难"。因此采用 Box 方法将离机器人最近的障碍物的距离测量值 d_o 离散化为{危险、近、安全}三个级别,同时对角度 α 进行区域划分,其量化结果如下:

$$d(i)=\begin{cases}0, & d_o\leqslant 2\\1, & 2<d_o\leqslant 10\\2, & 10<d_o\leqslant 20\end{cases} \tag{8-12}$$

$$\alpha_g=\begin{cases}0, & -30°\leqslant\alpha\leqslant 30°\\1, & -70°\leqslant\alpha<-30°\\2, & 30°<\alpha\leqslant 70°\\3, & -180°\leqslant\alpha<-70°\\4, & 70°<\alpha\leqslant 180°\end{cases} \tag{8-13}$$

式中,$d(i),i=1,2,3,4$ 表示分割的四个区域中各个区域离机器人最近的障碍物距离测量值,α_g 为夹角 α 的量化,该模块的输入状态空间包含 $3\times3\times3\times3\times5=405$ 个状态。

静态避障子任务模块的输出为量化的移动机器人速度和角速度信息。差分移动机器人的运动包括平移运动和旋转运动,平移运动为 $v=0.8$ m/s,旋转运动被划分为 5 个离散旋转角度,即:

$$A=\{a_i,i=1,\cdots,5\}=\{0°,\pm30°,\pm45°\} \tag{8-14}$$

定义移动机器人以自身运动方向为基准左转时,动作 a_i 表示正的角度;向右转时,a_i 表示负的角度。

世界坐标系下,移动机器人的位置信息更新方法如下所示。

$$\begin{pmatrix} P_{x(t+1)} \\ P_{y(t+1)} \end{pmatrix} = \begin{pmatrix} P_{x(t)} \\ P_{y(t)} \end{pmatrix} + v \cdot \begin{pmatrix} \cos\theta \\ \sin\theta \end{pmatrix} \cdot \mathrm{d}t \tag{8-15}$$

式中,$\begin{pmatrix} P_{x(t)} \\ P_{y(t)} \end{pmatrix}$ 为 t 时刻移动机器人的位置,$\begin{pmatrix} P_{x(t+1)} \\ P_{y(t+1)} \end{pmatrix}$ 则为 $t+1$ 时刻的位置,v 为移动机器人的线速度,θ 为航向角,d_t 为时间间隔。

2. 奖赏函数的设计

在移动机器人避开静态障碍物的过程中,同时要求机器人能够向目标点逼近,因此在利用奖赏函数对机器人行为的好坏做出评价时,需要兼顾这两个因素。

$$r = -\frac{d_g}{\mathrm{distObst}} \tag{8-16}$$

$$\mathrm{distObst} = \begin{cases} 10, & d_o > 4 \\ 5, & 2 < d_o \leq 4 \\ 2, & 1 < d_o \leq 2 \\ 1, & d_o \leq 1 \end{cases} \tag{8-17}$$

通过实验证明,当机器人接受的环境信息比较多时,这个奖赏函数在学习阶段能够获得更好的策略。

当传感器检测范围内只存在静态障碍物时,最高决策层将选择静态避障子任务模块,并执行相应的策略;当机器人安全范围内不存在静态障碍物或存在动态障碍物时,结束该模块任务的执行,最高决策层重新决策,选择其他子任务模块。

3. 动作选择策略

机器人系统在强化学习的过程中,一方面需要执行不同的动作以获取更多的信息和经验,促使更高的未来回报,另一方面又需要根据已有的经验积累执行当前具有最高回报的动作,这就是所谓的探索(exploration)与利用(exploitation)间的权衡问题[19]。本章在机器人周围存在复杂障碍物的情况下,利用模拟退火策略进行动作选择,即:

$$\mathrm{prob}(a_i) = \exp[(Q(s_t, a_r) - Q(s_t, a_p))/T] \tag{8-18}$$

当产生的随机数 $\delta \in [0,1]$ 小于 $\exp[(Q(s_t, a_r) - Q(s_t, a_p))/T]$ 时,选择随机动作 a_r,反之根据策略选择奖赏值最大的动作 a_p。选用等比降温策略对温度 T 进行降温。而周围环境较为空旷安全的情况下,机器人选择趋向目标点的子任务,即趋向于目标点的运动。

8.3.5 动态避障模块设计

1. 输入和输出状态空间设计

与静态避障模块的输入信息不同,在动态环境中完成避障任务时需要考虑动态障碍物的运动方向和速度信息,以及障碍物的位置信息,否则做出的决策在下一时刻可能会失效。以机器人的运动方向为 x 轴建立一个虚拟直角坐标系,将障碍物在世界坐标系下的实际运动方向映射为机器人本体虚拟坐标系下的相对运动方向。与 8.2 节相同,机器人通过自身配置的激光传感器探测周围环境信息,同时增加动态障碍物的速度信息 v、机器人本体坐标系下动态障碍物运动方向的角度以及障碍物的位置信息。

$$d(i)=\begin{cases}0, & d_o \leqslant 2 \\ 1, & 2 < d_o \leqslant 10 \\ 2, & 10 < d_o \leqslant 20\end{cases} \tag{8-19}$$

$$\text{pos}=\begin{cases}0, & \text{左侧} \\ 1, & \text{右侧}\end{cases} \tag{8-20}$$

$$\text{ang}=\begin{cases}0, & \text{第一象限} \\ 1, & \text{第二象限} \\ 2, & \text{第三象限} \\ 3, & \text{第四象限}\end{cases} \tag{8-21}$$

式中,$d(i),i=1,2,3,4$ 分别表示平均分割的四个区域中离机器人最近的障碍物的距离测量值;pos 表示动态障碍物相对于移动机器人运动方向的位置信息,量化为左侧和右侧;ang 表示动态障碍物的运动方向处于机器人本体坐标系的第 i 象限($i=1,2,3,4$)。该模块的输入状态空间包含 $3 \times 3 \times 3 \times 3 \times 2 \times 4 = 648$ 个状态。

动态避障子任务模块的输出形式与静态避障子任务模块的输出形式相同。

2. 奖赏函数的设计

由于环境中存在动态障碍物,因此奖赏函数的设计需要考虑移动机器人能否成功避开动态障碍物,其设计如下:

$$r=\begin{cases}-2 & d_o \leqslant 1 \\ -1 & d_o > 1 \text{ 且方向近似相同} \\ 2 & d_o > 1 \text{ 且方向近似相返}\end{cases} \tag{8-22}$$

当机器人处于十分危险的环境,即与障碍物距离太近时,环境反馈给机器人一个 $r=-2$ 的奖赏;当机器人的运动方向与动态障碍物的运动方向近似相同时,即两者的夹角在 $[-90°,90°]$ 范围内时,移动机器人得到一个 $r=-1$ 的奖赏值,说明此动作策略是失败的;反之,移动机器人得到一个 $r=2$ 的奖赏值。

8.3.6 仿真实验及结果分析

如图 8-14 所示为本实验构造的仿真环境,是一个 $30\text{ m} \times 30\text{ m}$ 的正方形区域,黑色区域代表静态障碍物。移动机器人的起始位置为 $(4,4)$,目标点位置为 $(28,28)$,环境中的障碍物位置及形状信息对于机器人是未知的。实验的参数设置如下:学习率 $\alpha=0.1$,折扣因子 $\gamma=0.5$,最大幕数 episode$=5\,000$,最大执行步数 maxstep$=500$,降温系数 $\lambda=0.98$,初始温度 $T_0=100$。

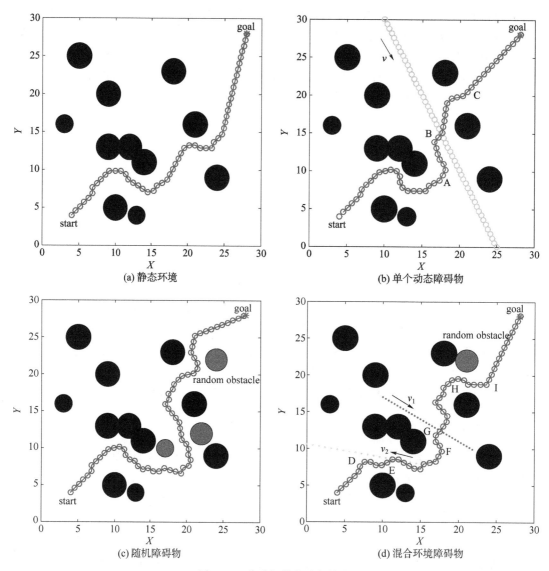

图 8-14　移动机器人路径轨迹

此次实验共进行 5 000 幕（episode）训练测试，每次训练的最大执行步数为 500 步。图 8-14(a)为静态环境下的路径规划仿真结果，显然经过训练移动机器人能够无碰撞的从起点到达目标点，并找到一条近乎最优的路径，路径长度为 42.4 m，共执行 53 步。相比于图 8-14(a)的仿真环境，图 8-14(b)的仿真环境中增加了一个以速度 v 匀速运动的障碍物。图 8-14(b)可以看出，机器人在点 A 处选择了避开动态障碍物的子任务，到达 B 点位置后动态避障子任务完成，根据环境状态再次选择静态避障子任务，在 C 点机器人处于安全环境状态，因此结束静态避障子任务，选择趋向目标点的子任务，机器人所得到的最优路径长度为 44 m，共执行 55 步。

图 8-14(c)所示为仿真环境为在机器人运动过程中，依次随机添加障碍物，改变环境信息，图中的红色区域即为随机添加的障碍物。经过训练，机器人依然能够成功躲避随机障碍物，得到一条接近最优的路径，其收敛结果如图 8-15 所示，训练初期，环境信息未知，因此训

练成功率较低,但是随着移动机器人学习的时间和次数的不断增加,路径规划成功率最终接近于 1。机器人获得的近似最优路径长度为 51.2 m,共执行 64 步。图 8-14(d)所示为混合障碍物环境下的仿真结果,环境中存在多个静态障碍物、两个匀速运动的障碍物和随机添加的障碍物,由于环境信息复杂,机器人需要更多地探索,因此将降温系数增大为 $\lambda = 0.99$,减缓降温速度,增大训练初期机器人动作选择的随机性。

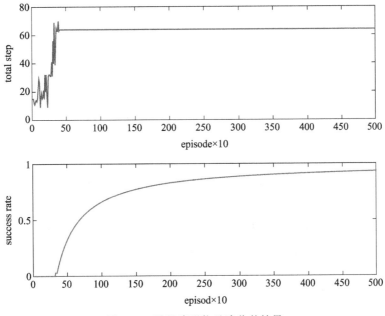

图 8-15　随机障碍物避障收敛结果

由图 8-14(d)可见,在 D 点位置机器人进入动态避障子任务,躲避以速度 v_2 匀速运动的障碍物,在 E 点动态避障任务完成,选择静态避障子任务,到达 F 点后遇到以速度 v_1 匀速运动的第二个障碍物,再次选择动态避障子任务,选择与障碍物运动方向相反的动作,到达 G 点后成功避开第二个动态障碍物,再次选择静态避障策略,在 H 点机器人遇到随机添加的障碍物,成功避开障碍后机器人在 I 点进入安全环境状态,因此选择趋向目标点的子任务,成功到达目标点。机器人通过训练得到的近似最优路径长度为 45.6 m,共执行 57 步。图 8-16 为混合障碍物环境下机器人学习过程的收敛情况,由于增大了动作选择的随机性,因此在初期成功率较低,有一个逐渐好转的过程。

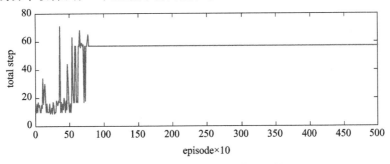

图 8-16　混合环境障碍物避障收敛结果

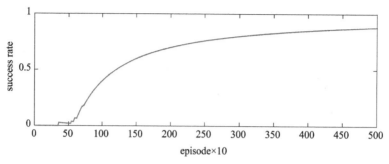

图 8-16　混合环境障碍物避障收敛结果(续)

8.4　硬件平台搭建与实验

采用差分驱动 Pioneer3-AT 移动机器人平台、用于环境探测的激光扫描测距仪 UTM-30LX 和用于数据处理的工控机搭建系统的硬件平台。利用 Ubuntu 12.04 和机器人操作系统(Robot Operating System,ROS)搭建系统的软件平台。将 ROS 于 Gazebo 相结合搭建三维仿真环境,并进行三维仿真实验以及实物实验。

8.4.1　机器人硬件平台搭建

1. Pioneer3-AT 机器人

Pioneer3-AT 为四轮差分驱动方式移动机器人,拥有上下两层的控制结构。第一层为车载工控机,主要用于数据处理量较大的计算场景,第二层 SH2 微控制器,主要用于移动机器人上较低层级的控制,上下两层通过串行口进行连接通信。机器人 ARCOS 系统可以与运行在车载计算机或者其他 PC 计算机上的客户机软件(如 ARIA)联合,使用客户端/服务器(C/S)模式接收各种客户端软件的操作请求,完成机器人的控制任务。在 Pioneer3-AT 平台的工控机上安装 Ubuntu12.04,并在此基础上安装 ROS 系统,通过 RosAria 节点进行通信。如图 8-17 所示为差分驱动移动机器人 Pioneer 3-AT。

2. 激光扫描测距仪

激光扫描测距仪通过测量从发射激光束到光电元件接收到前方物体反射的激光束的时间差,推算与前方物体间的距离。图 8-18 所示为本章所使用的 UTM-30LX 二维激光扫描测距仪,其具体技术参数如表 8-1 所示。

图 8-17　差动移动机器人 Pioneer 3-AT

图 8-18　激光扫描测距仪 UTM-30LX

表 8-1　UTM-30LX 二维激光扫描测距仪参数

参数	参数值
电压	12.0 V±10%
电流	0.7 A(瞬间冲击电流 1.0 A)
测量范围	0.1～30 m
激光波长	870 nm
扫描角度	270°
扫描周期	25 ms/scan(40 Hz)
角度分辨率	0.25°
接口	USB 2.0
重量	233 g

8.4.2　机器人软件系统搭建

1. ROS 系统简介

ROS(Robot Operating System,机器人操作系统)起源于斯坦福 AI 机器人项目[19]。该系统不同于传统意义上用于程序管理和调度的操作系统,它能为异构计算机集群的主操作系统提供结构化通信。ROS 提供了标准的操作系统环境,包括底层设备控制、通用功能的实现、进程间消息转发和功能包管理等[19]。

ROS 系统的主要设计特点[20]如表 8-2 所示,ROS 系统还能够进行重力模拟、创建动态环境、模拟不同类型的机器人和创建各种传感器等,拥有巨大的可能性。ROS 系统致力于机器人研究领域的代码复用率,采用分布式的处理框架,允许单独设计可执行文件等。

2. ROS 系统结构

ROS 的系统架构主要被划分为文件系统级、计算图级、社区级三部分,其中文件系统级表示了 ROS 中程序文件的组织和构建形式;计算图级体现了进程和系统之间的通信;社区级的概念表示能够通过独立的网络社区分享 ROS 的软件资源和知识。

表 8-2　ROS 设计特点

设计特点	特点描述
点对点设计	系统内进程分散于不同主机上,通过端对端的拓扑结构进行连接
多语言支持	支持 C++、Python、Octave 的等多种语言的多种接口实现
精简	模块化设计,各模块可单独编译;利用已有开源项目代码
工具包丰富	具有参数可视化、图形绘制、自动生成文档等工具
免费且开源	遵循 BSD 开源协议,所有源码公开发布

1) 文件系统级

文件系统级表示 ROS 源代码的组织形式,其结构框架如图 8-19 所示。

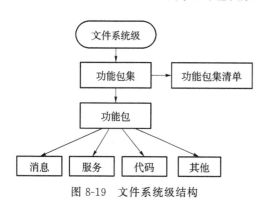

图 8-19　文件系统级结构

在 ROS 文件系统级中功能包(package)和功能包集(stack)是两个非常重要的概念。

(1) 功能包(package):包含 ROS 运行的进程(节点)、配置文件、ROS 依赖库、第三方软件或者任何其他逻辑构成,是 ROS 软件组织的基本形式。

(2) 功能包集(stack):功能包的集合,在 ROS 系统中存在大量不同用途的功能包集,例如导航功能包集,如果说功能包的目标是创建易于代码复用的最小代码集合,那么功能包集的目标则是简化代码共享的过程。

2) 计算图级

计算图级描述了程序的运行过程,包括节点、消息、主题和服务等基本概念。

(1) 节点(Node)

节点是主要的计算执行进程,类似于"软件模块",ROS 中的模块都是由多个节点组成。设计节点时,最好让其具有特定单一的功能。当系统运行时,可以通过工具 rxgraph 显示节点状态图,各节点间的连线即表示进程间的点对点通信。

(2) 消息(Message)

节点之间通过消息完成彼此通信。每个消息都是一个严格的类型化数据结构,包含一个节点发送给其他节点的数据信息。ROS 支持多种标准类型的消息、自定义类型的消息,以及消息的嵌套。

(3) 主题(Topic)

主题是节点间用来传输数据的总线。通过主题进行消息路由不需要节点之间直接连接,同一个主题也可以有多个订阅者。

(4) 服务(Service)

当节点间需要进行同步或者事件触发时,发布/订阅的通信方式将无法满足需求,而服务允许与某个节点直接进行交互。服务由一个字符串名称和一对严格的类型化消息定义:一个用于请求,另一个用于响应。服务的名称必须唯一。

ROS 系统中还包含了用于节点的名称注册和查找的节点管理器(Master)、将数据通过关键词存储在统一系统的核心位置的参数服务器(Parameter Server)和用于消息数据存储和回放的消息记录包(Bag)等。

8.4.3 基于 ROS 与 Gazebo 的机器人仿真

1. Gazebo 简介

机器人仿真是机器人工具箱中的必备工具。一个设计优良的模拟器能够快速测试算法、设计机器人模型和模拟现实场景进行回归测试。Gazebo[21] 能够准确有效地模拟复杂的室内室外的机器人群体,具有强大的物理引擎、高质量的图形、方便编程和图形接口,且 Gazebo 的资源是开源的。Gazebo 的主要特点如下:

(1) 动力学仿真,访问多个高性能物理引擎,如 ODE、Bullet、Simbody 等。

(2) 先进的 3D 图形,利用开源的 OGRE 渲染引擎,Gazebo 能够提供真实的环境渲染,包括高质量的照明、阴影和纹理。

(3) 传感器和噪声,生成激光测距仪、2D/3D 摄像头、Kinect 类型传感器、接触式传感器等传感器的数据和噪声。

(4) 插件,开发自定义的机器人、传感器和环境控制插件,插件提供直接连接 Gazebo 的接口。

(5) 机器人模型,用 SDF 创建自己的机器人模型,并提供 PR2、Pioneer2-DX、iRobot Create 和 TurtleBot 机器人模型。

(6) TCP/IP 传输,能够在远程服务器上运行模拟器,并可与 Gazebo 连接等。

2. 机器人仿真模型设计

标准化机器人描述格式(URDF)是一种用于描述机器人的 XML 格式文件,主要描述了机器人的名称、动力学和运动学模型、视觉再现(如颜色、纹理、几何形状等)、碰撞模型等。

一个机器人的 URDF 文件主要由连接(link)和关节(joint)两大要素组成,连接机器人的各个组件。如图 8-20 所示,link 元素描述了一个刚体的惯性和视觉特点,joint 元素描述了关节的运动学和动力学,并指定其安全范围。两个 link 通过 joint 连接,并成为父连接(如 link1)和子连接(如 link2)。

Pioneer3-AT 移动机器人仿真模型的建立需要加载一些自行创建的图形(mesh)以及添加一个 Hokuyo 激光测距仪模型,使得模型更加丰富和细致。其模型文件主要包括以下几部分:

(1) <robot> 字段包含机器人的名称,以及模型文件中的所有描述内容(如机器人的描述、传感器的描述),机器人的名称能够在 ROS 的所有子系统中显示。

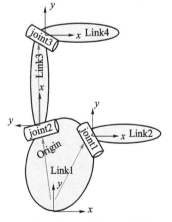

图 8-20 用 link 和 joint 概念表示的机器人结构

（2）＜link＞字段包含机器人组件的名称以及可视化设置

＜link＞字段中包含有如下几个字段：＜inertial＞字段设置组件的质量及其惯性属性，用于惯性计算，这对重力模拟是非常必要的；＜origin＞字段设置组件模型的初始位置；＜visual＞字段定义了组件的几何形状＜geometry＞、材质＜material＞（颜色和纹理）和原点＜origin＞；＜collision＞字段定义模型的碰撞属性，用于计算模型直接可能的碰撞。

（3）＜joint＞字段定义了两个组件模型＜link＞之间的连接，如：

```
<joint name= "base_footprint_joint"type= "fixed">
    <origin xyz= "0 0 0"/>
    <parent link= "base_footprint"/>
    <child link= "base_link"/>
</joint>
```

其中，＜parent＞字段定义了关节连接的父坐标系；＜child＞字段定义了关节连接的子坐标系；type定义了它们的连接类型（如固定关节 fixed、转动关节 revolute、旋转关节 continuous 等）。

（4）添加 Hokuyo 激光测距仪模型，如：

```
<include filename="$(find diff_robot_model)/urdf/erratic_hokuyo_laser.xacro"/>
<erratic_hokuyo_laser parent= "base_link">
    <origin xyz= "0.18 0 0.11"rpy= "0 0 0"/>
</erratic_hokuyo_laser>
```

其中，＜include＞字段用于添加模型文件；＜erratic_hokuyo_laser＞字段指定连接的父坐标系以及模型的安装位置。

（5）添加机器人模型在 Gazebo 仿真环境中运动所需的差分驱动程序，如：

```
<gazebo>
<controller:diffdrive_plugin name= "differential_drive_controller"
    plugin= "libdiffdrive_plugin.so">
    <alwaysOn> true</alwaysOn>
    <update> 100</update>
    <updateRate> 100.0</updateRate>
    <leftJoint> p3at_back_right_wheel_joint</leftJoint>
    <rightJoint> p3at_front_left_wheel_joint</rightJoint>
    <wheelSeparation> 0.4</wheelSeparation>
    <wheelDiameter> 0.215</wheelDiameter>
    <torque> 5</torque>
    <interface:position name= "position_iface_0"/>
    <topicName> cmd_vel</topicName>
</controller:diffdrive_plugin>
</gazebo>
```

其中，＜gazebo＞字段中添加了机器人的控制器，以及机器人的参数配置，如车轮间的距离、车轮直径、转矩等。

完成后的 Pioneer3-AT 移动机器人仿真模型如图 8-21 所示。

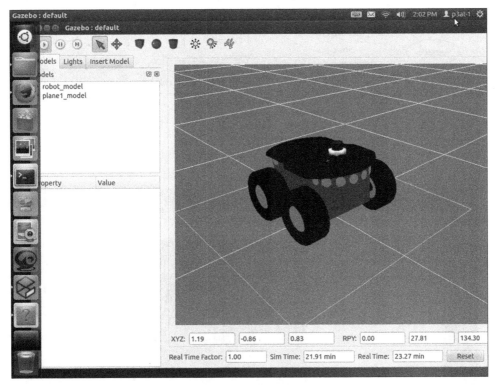

图 8-21 Pioneer3-AT 机器人仿真模型

8.4.4 实验结果与分析

1. 三维仿真实验

ROS 与 Gazebo 相结合的仿真环境,能够模拟真实的实验场景。设置两种仿真实验场景,分别对移动机器人进行路径规划训练。在系统运行过程中,可以使用 rxgraph 工具在线监视各个节点的运行状态,即用一个有向图显示运行的节点和这些节点通过主题实现的发布者到订阅者的连接,如图 8-22 所示。RLearning 节点通过订阅 gazebo 节点发布的激光数据主题/base_scan/scan 和里程计数据主题/odom 获取机器人的位姿信息和周围的环境信息,经过算法学习将机器人运动姿态信息通过/cmd_vel 主题发布出去,gazebo 节点订阅/cmd_vel 主题信息,并控制机器人运动。rosout 节点可以理解为 ROS 服务器,/rosout 主题会向服务器中的诊断聚合器发布日志信息。

实验场景一:

图 8-23 所示为一个 5 m×8 m 的三维仿真实验场景,移动机器人起点位置为(0,0),目标点位置为(0,6),环境四周为墙壁,移动机器人需要避开周围及正前方的障碍物,到达对面的目标点。图 8-24 所示为移动机器人经过训练后得到的运动轨迹。

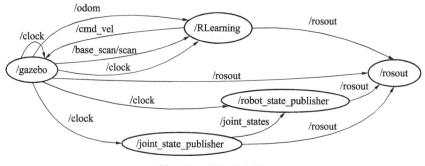

图 8-22 节点状态图

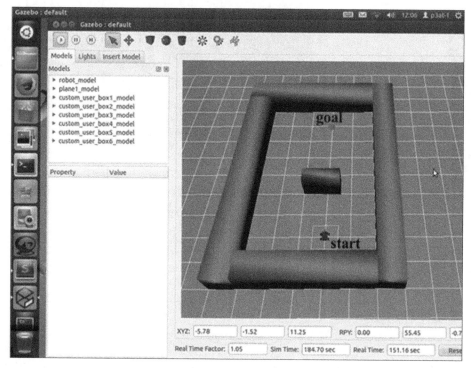

图 8-23 实验场景一

实验场景二：

图 8-25 所示为一个 13 m×12 m 的三维仿真实验场景，环境中放置了 8 个木箱作为障碍物，四周封闭的为墙壁。机器人的起点位置为(0,0)，目标点位置为(7,8)，机器人需要从起点无碰撞的顺利到达目标点。ROS 系统提供了 Rviz 3D 可视化工具，它集成了能够完成 3D 数据处理的 OpenGL 接口，能够将传感器数据在模型化世界中展示。图 8-26 所示为机器人运动过程中的监控界面，红线左侧的图形即为此刻 Rviz 显示的激光扫描数据，图中显示为蓝色点状，红色箭头表示机器人运动过的轨迹与方向。图 8-27 所示为机器人从起点到达目标点的运动轨迹。

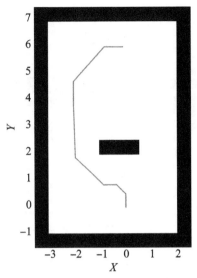

图 8-24 场景一中机器人路径轨迹

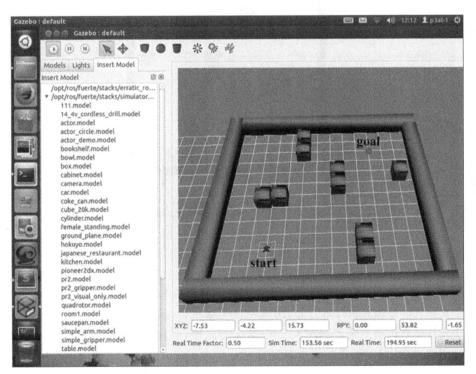

图 8-25 实验场景二

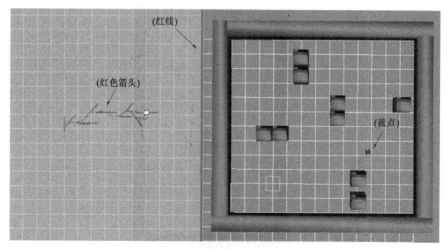

图 8-26　机器人运动过程

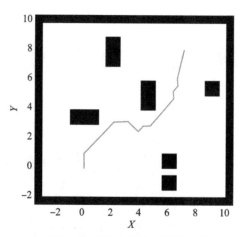

图 8-27　场景二中机器人路径轨迹

2. 实物实验

经过三维仿真环境下的训练,下面将在实物机器人上进行运用。图 8-28 所示为室内搭建的一个 5 m×8 m 的实验场景,四周用障碍物围起来,且在机器人正前方放置一排障碍物,Pioneer3-AT 移动机器人需要搜索到一条最优的路径,实现从起点(0,0)出发,避开环境中的所有障碍物,到达对面的目标点位置(0,6)。

图 8-29 所示为实物实验程序运行过程中的节点状态图,RLearning 节点通过订阅 hokuyo_node 节点发布的激光数据主题/scan 以及 RosAria 节点发布的里程计数据主题/odom 获取机器人的位姿信息和周围的环境信息,经过算法学习将机器人运动姿态信息通过/cmd_vel 主题发布出去,RosAria 节点订阅/cmd_vel 主题信息,并控制机器人运动。rviz 节点用于显示激光扫描数据,rosout 节点可以理解为 ROS 服务器,/rosout 主题会向服务器中的诊断聚合器发布日志信息。

图 8-28　实物实验场景

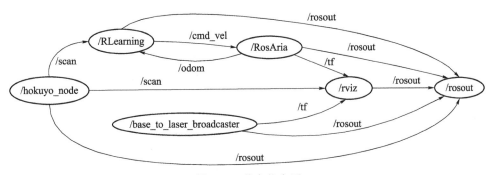

图 8-29　节点状态图

图 8-30 所示为移动机器人在实物场景下的运动轨迹,结果表明移动机器人能够无碰撞的顺利到达目标点,该实验验证了本章中强化学习算法的有效性与可行性。

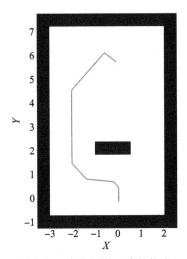

图 8-30　实物机器人路径轨迹

8.5 本章小结

本章首先针对机器人路径规划过程中面临的探索与利用间的权衡问题,提出一种基于近似动作空间模型策略选择的 Q-学习算法,降低机器人真实动作模型的复杂程度,提高计算效率;其次,针对复杂动态环境下的机器人路径规划问题,采用分层强化学习的方法,将路径规划系统从上至下分为三层结构,并将路径规划任务划分为静态障碍物避障、动态障碍物避障及趋向目标点运动三个基本子任务,减小复杂环境下系统的状态空间;最后,搭建移动机器人系统的软硬件平台,硬件平台包括 Pioneer3-AT 移动机器人和 UTM-30LX 二维激光扫描测距仪,软件平台包括 Ubuntu12.04 和 ROS(Robot Operating System,机器人操作系统),利用 ROS 与 Gazebo 设计 Pioneer3-AT 移动机器人的三维仿真模型并搭建三维仿真环境,进行了基于强化学习方法的移动机器人路径规划的三维仿真实验,并结合 Pioneer3-AT 移动机器人进行实物实验。进一步工作主要包括,第一,在动态环境下研究机器人仿真与实物实验;第二,研究异构多源数据融合算法,实现机器人的运动过程中更加精确的定位。

本章参考文献

[1] Tzafestas S G.Mobile robot control and navigation:A global overview[J].Journal of Intelligent & Robotic Systems,2018,91(1):35-58.

[2] Kearns M,Singh S.Near-optimal reinforcement learning in polynomial time,Machine Learning,49(2-3):209-232,2002.

[3] Bulut V.Optimal path planning method based on epsilon-greedy Q-learning algorithm [J].Journal of the Brazilian Society of Mechanical Sciences and Engineering,2022,44 (3):1-14.

[4] Wang Z,Shi Z,Li Y,et al.The optimization of path planning for multi-robot system using Boltzmann Policy based Q-learning algorithm[C]//2013 IEEE international conference on robotics and biomimetics(ROBIO).IEEE,2013:1199-1204.

[5] Nikolaev A G,Jacobson S H.Simulated annealing[M]//Handbook of metaheuristics. Springer,Boston,MA,2010:1-39.

[6] 殷昌盛,杨若鹏,朱巍,等.多智能体分层强化学习综述[J].智能系统学报,2020,15(4): 646-655.

[7] Dieterich T G.Hierarchical reinforcement learning with the MAXQ value function decomposition[J].Journal of artificial intelligence research,2000,13:227-303.

[8] Vezhnevets A S,Osindero S,Schaul T,et al.Feudal networks for hierarchical reinforcement learning[C]//International Conference on Machine Learning.PMLR, 2017:3540-3549.

[9] Nachum O,Tang H,Lu X,et al.Why does hierarchy(sometimes)work so well in reinforcement learning? [J].arXiv preprint arXiv:1909.10618,2019.

[10] Levy A, Konidaris G, Platt R, et al. Learning multi-level hierarchies with hindsight [C]//Proceedings of International Conference on Learning Representations. 2019.

[11] Vezhnevets A S, Osindero S, Schaul T, et al. Feudal networks for hierarchical reinforcement learning[C]//International Conference on Machine Learning. PMLR, 2017:3540-3549.

[12] Gupta A, Kumar V, Lynch C, et al. Relay Policy Learning: Solving Long-Horizon Tasks via Imitation and Reinforcement Learning [C]//Conference on Robot Learning. PMLR, 2020:1025-1037.

[13] Pateria S, Subagdja B, Tan A, et al. Hierarchical reinforcement learning: A comprehensive survey[J]. ACM Computing Surveys(CSUR), 2021, 54(5):1-35.

[14] Kulkarni T D, Narasimhan K, Saeedi A, et al. Hierarchical deep reinforcement learning: Integrating temporal abstraction and intrinsic motivation[J]. Advances in neural information processing systems, 2016, 29.

[15] Nachum O, Gu S, Lee H, et al. Data-Efficient Hierarchical Reinforcement Learning [C]//32nd Conference on Neural Information Processing Systems(NeurIPS 2018). Curran Associates, Inc., 2019:3303-3313.

[16] Yin H, Pan S. Knowledge Transfer for Deep Reinforcement Learning with Hierarchical Experience Replay [C]//Proceedings of the AAAI Conference on Artificial Intelligence. 2017, 31(1).

[17] Ghavamzadeh M, Mahadevan S, Makar R. Hierarchical multi-agent reinforcement learning[J]. Autonomous Agents and Multi-Agent Systems, 2006, 13(2):197-229.

[18] Xu J, Kang X, Zhang R, et al. Optimization for master-UAV-powered auxiliary-aerial-IRS-assisted IoT networks: An option-based multi-agent hierarchical deep reinforcement learning approach[J]. IEEE Internet of Things Journal, 2022.

[19] Fruit R, Pirotta M, Lazaric A, et al. Efficient bias-span-constrained exploration-exploitation in reinforcement learning[C]//International Conference on Machine Learning. PMLR, 2018:1578-1586.

[20] Quigley M, Conley K, Gerkey B. ROS: an open-source Robot Operating System[C]// ICRA workshop on open source software. 2009, 3(3.2):5.

[21] Furrer F, Burri M, Achtelik M. Rotors- a modular gazebo mav simulator framework [M]//Robot operating system(ROS). Springer, Cham, 2016:595-625.

第 9 章
多机器人强化学习工具箱设计

9.1 引　　言

为了模拟无人驾驶地面移动小车、无人飞行器和环境交互时的动作策略和回报,验证本书涉及的多机器人强化学习算法,同时也方便读者研究与本书相关的算法。

本章设计了一套基于 MATLAB 软件的多机器人强化学习仿真工具箱。首先,搭建了健全系统的强化学习仿真运算框架,实现了机器人运动学模型设计、地图环境仿真、强化学习算法等模块;其次,设计实现了持久层模块,借助数据库技术改善了 MATLAB 软件处理超大矩阵数据的能力,为算法验证和实验验证提供了仿真支撑;最后,设计了几何地图与栅格地图相结合的多义地图框架,并通过预定义接口、面对对象编程方法优化了各模块间的交互耦合方式,方便使用、改进或针对该工具箱进行二次开发。

9.2　多机器人工具箱模块设计

设计该仿真工具箱时,考虑到程序的健壮性、易用性,将主要功能模块化、封装化,便于分离、拼接各项功能,通过合理架构让每个模块都能独立运行、调试,使得用户能够更加灵活地对仿真过程进行剪裁和扩展;考虑到工具箱各个模块间的衔接,拟定各模块类别的主要接口,通过规范化的接口编程思想简化代码移植和模块间的拼接工作;考虑到程序的高效能,在程序算法设计及实现过程中,尽可能利用 MATLAB 的数学核心算法库(Math Kernel Library,MKL)[1],以提升算法效率;与此同时,考虑到 MATLAB 把所有独立变量看作各类基本类型的数值,通过在各个模块中设置合理的校验功能函数,验证数据值是否符合程序要求,避免低级编程错误。

本工具箱主要实现了以下功能:

(1)灵活的数据读取、数据展示功能,方便在仿真实验中调整各项参数,及时查看程序运行过程中的实验数据;

（2）典型的无人驾驶地面移动小车、无人飞行器的运动学模型设计及仿真；

（3）地图环境搭建及图形展示功能；

（4）强化学习框架以及主要强化学习算法实现；

（5）持久层模块设计，当 MATLAB 内存吃紧时，将超大规模矩阵存储至数据库中，实现数据热备份；

常用算法设计模块的可视化界面（Graphical User Interface，GUI）设计，便于用户直观操作；

为了搭建一个功能强大但操作简便的 MATLAB 工具箱，本章经过合理的框架设计、模块拆分，分别实现了公用工具类函数库、配置模块、地图模块、机器人模块、强化学习算法模块、持久层模块等功能。针对各个模块的特点，抽象出一系列功能接口，并依据各模块的功能接口实现程序单元测试，使得每个模块都能单独校验，并且在设计和编写代码过程中，嵌入了可变参数、句柄控制等技术，增强代码配置的灵活性，工具箱的主要功能模块如图 9-1 所示。

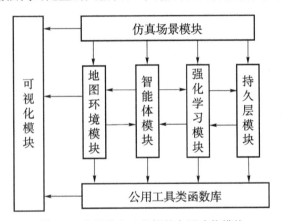

图 9-1　多机器人工具箱的主要功能模块

本工具箱的大部分功能都是通过脚本文件实现的，若仅通过脚本函数实现强化学习仿真实验，实验过程中需要调用 50 多个功能函数，要求工具箱的使用者反复确认各功能函数的调用是否存在调用名称错误或歧义调用。为了提高工具箱的易用性、也为了方便扩展和维护，本工具箱使用类声明以及公有函数、私有函数功能，明确各个类的使用范围，通过在设计文档中规范某些函数接口的名称及相应功能，将实现类似功能的各类接口规范化，方便在实验场景下替换不同类别。（注：接口功能主要用在面对对象编程中，在 MATLAB 软件中没有对应的接口功能，本文提到的接口指在设计文档中声明、需要被实现的公有函数。）

为了确保 MATLAB 工具箱的运行效率，在编程过程中遵循以下原则：

（1）坚持接口优先原则。为工具箱设置统一的命名规范，针对同一模块下功能属性相同的类（例如 Car-like 型 UGV 小车类和四旋翼飞行器类）实现统一的函数命名。

（2）合理调用函数，任何公有函数都应通过类型检查，尽可能将特例功能放在私有函数中实现。

（3）用矩阵运算替代不必要的循环策略，在高频使用的矩阵数乘、矩阵求和、矩阵查找等运算中均通过矩阵运算函数实现。

9.2.1 多机器人模块设计

机器人模块包含各类驱动模式的无人驾驶地面移动小车和无人飞行器离散化运动学模型,实现机器人初始化、环境信息获取、动作更新、位置更新等一系列功能。

主要的公共接口包括:

(1)机器人初始化接口。该接口主要负责规范各机器人的物理参数,例如机器人的车型长度、车型宽度、机器人的最大移动速度、机器人的初始速度、机器人的初始位置以及必要的环境信息(例如环境地图刷新频率)等。对于 Car-like 型 UGV 小车来讲,还应考虑小车的前后轮距、小车前轮的最大转角等。

在机器人模块中使用的是离散化后的运动学模型参数,为了保障离散化后的运动学模型能够工作在可靠范围内,还需要针对各机器人的初始参数实现参数校验功能,例如:校验机器人初始速度是否符合机器人的移动速度范围要求、机器人的初始位置是否与障碍物位置冲突等。

(2)机器人行动执行接口。该函数接口与环境地图接口耦合,负责获取机器人的当前行动,根据行动选项调用运动学模型,获取运动学模型的运行结果,并结合当前的地图环境,判断该运行结果是否合法。

(3)机器人观测器接口。该函数接口用于规范化该机器人的观测能力,同一机器人能够装配不同参数的观测器接口,获得不同观测范围、不同观测精度能力。

观测器接口包含四个主要子接口:

(1)初始化接口:规定该观测器获得哪种类型的观测范围和观测精度。

(2)观测值获取及量化:该接口与地图环境模块耦合,根据机器人当前的位置和朝向等状态,从地图环境中获取该机器人的真实观测,之后根据该传感器的观测能力对真实观测进行量化,获得最终观测结果。

(3)获取观测对应的哈希值接口:当机器人的观测范围和观测能力确定时,能够获得多少种不同观测结果就已经确定了。针对不同的观测范围和观测精度,为了描述不同观测的唯一性,针对不同观测实现了相应的哈希编码矩阵,方便后期强化学习训练时组建最小维度的值函数矩阵。针对观测器的哈希编码算法如表 9-1 和表 9-2 所示。为了提高程序运行效率,避免重复运算,将表中的 1~2 步骤获得的中间变量在观测器初始化时实现,并作为类属性的一部分保存下来。

表 9-1 常规观测矩阵哈希编码算法[2]

算法 9-1 常规观测矩阵哈希编码算法

输入:观测范围 n,各点观测精度 m,当前观测矩阵 O。

输出:描述当前观测的哈希值 h,观测值的总数 Q。

1.建立 $n+1$ 维的哈希硬编码插槽 $S,s_i=m^{i-1},i\in[1,n]$。

2.规范各观测点的观测值,使得 $o_i\in[0,m-1],i\in[1,n]$。

3.$h=\sum_{i=1}^{n}O_i\cdot s_i$。

4.$Q=s_{n+1}$。

表 9-2　不同类型观测矩阵哈希编码算法

算法 9-2　不同类型观测矩阵哈希编码算法
输入:各类型观测范围$\{n_j\}$,各类型观测精度$\{m_j\}$,当前观测矩阵$O=\{o_1,\cdots,o_z\}$其中$j\in[1,z]$表示有z类观测。
输出:描述当前观测的哈希值hh,观测值的总数QQ。
1. 针对各类型观测实现表 9-1 所述算法,获得各类型观测的观测哈希$\{h_j\}$和最大哈希值$\{Q_j\}$。
2. 根据各观测类型的最大哈希值建立$z+1$维哈希硬编码插槽$S,s_j=s_{j-1}\cdot Q_{j-1},j\in[1,z]$。
3. $hh=\sum_{i=1}^{z}h_i\cdot s_i$。
4. $QQ=s_{z+1}$。

（4）可视化函数接口。该接口的关联函数中包含了绘制机器人的所有函数,包含车体绘制,行驶轨迹绘制等功能。

（5）机器人模型中主要的私有接口包括:运行状态评估函数,根据各机器人的物理参数,评估更新后的状态是否符合要求。要评估的状态包括机器人当前速度、当前加速度、当前角速度等信息。

9.2.2　地图环境模块设计

地图模块用于实现各类型的地图区域,并将地图作为强化学习的仿真场景,负责反馈各个机器人的位置,校验各机器人的行动是否符合规定的物理特性,反馈正经。

本章综合考虑了运动学模型和地图仿真场景的运算效率,在实现基于运动学模型的地图环境模型时,将仿真环境分为几何地图和量化后的栅格地图两个层次,将对数据精度要求高的机器人定位问题、运动学模型更新问题放在几何地图层次上求解,将对存储空间要求高的环境各点信息存储问题、环境回报问题放在栅格地图上求解,通过双层地图的构架优化了运算频率和存储空间。

地图环境模块主要包含以下公用接口:

（1）地图环境初始化接口。该接口负责规范化地图环境的物理参数,例如地图的长宽、障碍物数目、障碍物位置、地图的回报列表等。根据地图的配置参数,通过进一步计算可以获得部分间接参数,例如地图需要被覆盖的点数量、该地图上能够获得的总回报等参数。

（2）位置获取接口。在地图上存储各机器人的真实位置和真实航向等信息,当机器人根据自身运动学模型更新位置后,地图模块中验证新位置是否合法,是否和其他机器人碰撞。考虑到本书采用的是几何和栅格双层地图表示法,更新几何位置时更高频率的位置更新,有助于降低运动学模型的离散化误差,因此在位置获取接口中,几何位置更新算法更新频率相对较高,仅在几何位置更新完毕后,获取对应的栅格位置。

（3）观测获取接口,该函数与机器人模块的观测器模型耦合。根据机器人的观测器范围,在栅格地图上计算可能覆盖到的栅格点。并将真实的环境信息返回给机器人。

（4）回报反馈接口。该函数与位置获取接口紧密相关，在调用位置获取接口时，记录下机器人在本次行动中经过的各个栅格点。针对各栅格点在访问前及访问后的变化情况，根据初始化模块获得的地图回报列表，计算当前的反馈信息，将反馈信息递交给强化学习模块。

（5）地图绘制接口。用于绘制在每步更新前后地图的变化情况。针对栅格地图，通过pcolor函数绘制地图上各栅格点的当前状态，用不同颜色表述未访问、已访问、障碍物等不同的访问情况，地图效果图如图9-2所示。

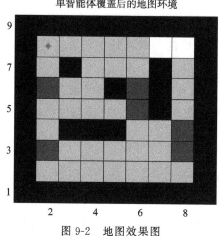

图 9-2　地图效果图

9.3　强化学习函数模块设计

强化学习模块包含多种类型的强化学习算法，是与机器人模块联系最紧密的模块。该模块主要负责在机器人模块相关功能的基础上实现强化学习算法。

9.3.1　强化学习模块设计

强化学习模块主要包含以下公有函数接口：

（1）算法初始化接口：该模块主要包含学习因子设置、值函数矩阵分配以及模型鉴别适配功能等。模型鉴别主要是验证当前已声明的机器人个数、机器人观测是否具有局部观测特性等。考虑到在MATLAB软件中，矩阵维度更改时MATLAB会直接新建更大的连续内存区域并调用内存搬移指令存储当前矩阵，会对程序性能造成恶劣影响。因此在初始化模块中一次性分配好算法执行过程中所需要的各项矩阵。

（2）信念空间更新接口：自环境中获取机器人的观测后，根据当前观测、上一步行动、上一时刻信念状态来推测当前的信念状态，并根据信念状态分析当前的地图状态，作为中间变量存储在类变量空间中。

（3）策略选取接口：在机器人实现观测行动后，会从地图环境模块中获取相应的观测信息和观测哈希值，根据观测值以及历史学习数据，通过某些策略选取下一步机器人的行动。

（4）算法更新接口：在机器人实现行动更新操作后，会从地图环境模块中获取相应的行动回报。根据机器人的行动、行动前的观测、行动后获得的观测、行动后获得的行为回报等信息，实现算法策略的更新。

（5）数据展示接口：为了更有效地分析不同算法间的区别，通过数据展示接口将不同动作的选择倾向划分为不同颜色，以状态的维度作为展示地图的维度，描绘强化学习后机器人的策略倾向，判断学习收敛效果。

9.3.2 持久层模块设计

对于本章建立的 POMDP 模型和 DEC-POMDPs 模型，随着机器人的观测器范围和观测精度提升，机器人将获得上千万种不同观测情况，导致最终的策略空间几何膨胀。单纯依赖 MATLAB 软件会提示内存不足的错误，也不便于值函数的重复利用。

持久层模块负责向多机器人工具箱的其他模块提供多类型数据源数据读取、检索、数据更新、数据存储功能，在解决内存不足问题的同时，也避免长期实验时由于程序异常中断或计算机断电导致的内存数据丢失问题。

MATLAB 提供了基本的数据库连接和数据库操作函数，本工具箱在 MATLAB 基本函数的基础上进行了封装，通过 MATLAB 的 ODBC 驱动模块，将 MATLAB 软件与 MySQL 数据库连接。将数据库连接作为类对象进行操作，并封装了常用的 DDL 数据定义语句（创建语句 CREATE、删除语句 DROP 等）和 DML 数据操作语句（选择语句 SELECT、更新语句 UPDATE 等）。考虑到频繁使用的 SQL 语句字符串大部分一致，在类属性中存储了典型的 SQL 语句字符串，真正使用 SQL 字符串时仅需要实现变量和不可变部分的拼接。

该模块主要包含以下公有函数接口：

（1）数据库初始化接口。该函数接口负责设置本次实验中要用到的数据库驱动类型、数据库名称、数据库账号密码等信息。当设置好机器人模块后，获得机器人可能产生的动作总数、可能获得的不同观测总量，从而得知数据库中存放的值函数表的行列信息，若目标表不符合要求，在数据库初始化阶段完成数据表创建工作。

（2）数据库全表数据更新接口。更改强化学习参数后，需要重置数据表中的所有数据，在该函数中通过 UPDATE 语句更新数据表值。

（3）值函数更新接口。在 MATLAB 中完成强化学习模块的算法更新函数后，通过值函数更新将数据写入数据库中。

（4）值函数查询接口。在值函数表中，行动过程中获得的状态值或观测值的哈希编码与值函数表记录的 ID 值唯一对应。根据该观测值获取相应状态下与各个动作对应的策略值，为策略选择提供可靠信息。

在公有函数接口以外，该模块还应包含创建数据库的脚本文件，用于布置最基本的数据库环境，在 MySQL 环境下通过 SOURCE 语句一键搭建数据库。

持久层模块包含以下私有函数接口：

（1）获取数据表记录的长度。为了确保数据库操作的安全规范，也为了节省程序耗时，在持久层模块中没有实现数据库的 INSERT 插入语句。在重复实验时，为确保数据表记录中的长度没有发生过改变，在程序初始化时通过本函数接口实现数据表的记录校验。

除此以外，为了更高效地使用数据库持久层，节省程序运行时间，本工具箱还做出以下优化措施：

（1）创建表索引加快查询速度；

（2）设置全局统一的紧凑编解码方法，将不等序的观测阵列转换为与之唯一对应的哈希值，根据哈希值实现高效的值函数索引，避免了多维矩阵检索的时间消耗，也避免了观测矩阵输入失误导致的逻辑错误；

（3）考虑到本工具箱是单线程运行的，无须太过复杂的数据库事务管理功能，将 MySQL 数据库引擎更改为 MyISAM，并通过该数据引擎将数据以紧密格式存储，提高数据检索和存储效率；

（4）初始化值函数矩阵时，有可能需要事先在数据库中存储长达百万行的记录，相对于常规的数据库 INSERT 方法，在本工具箱中，首先将分割后的小型矩阵存储 txt 文件中，后调用 MySQL 的 INFILE 语句装载 TXT 文档，新建值函数矩阵时将节约 90% 以上的时间。

9.3.3　仿真场景模块设计

在仿真实验中，通常需要研究某一特定环境条件对仿真效果的影响，并确保其他仿真条件不被改变。本工具箱提供了一种简洁大方的仿真场景编程模式，在脚本文件中将模型配置相关的参数放置在类的初始化阶段，把必要的程序流程归纳在公有的接口函数中实现，确保实现类似功能的兄弟类（例如 Car-like 型移动小车和四旋翼飞行器），除了初始化阶段不同外，其他公有函数均具有相同名称、相同功能。从而确保仿真场景一旦搭建完毕，更换任何模块的类型只需更改不超过 10 行代码。

仿真场景模块涉及上文介绍的机器人模块、地图环境模块、强化学习模块、持久层模块等，是上述各模块的实际使用场景，仿真场景模块负责描述来自各模块的各函数接口之间的逻辑关系。

仿真场景主要包含以下公有函数接口：

（1）场景初始化配置接口。该接口负责完成以下任务。

配置仿真场景参数，包括任务执行满意度（当任务完成到哪种程度时即认为本次仿真任务成功）、任务重复次数等。在此基础上生成实验数据记录矩阵，将需要分析的各项数据存储下来。

生成实验中需要的各个模块，例如采取哪种类型的机器人、采取哪种类型的地图环境、采取哪种类型的强化学习算法等。

在此接口中还需要验证各个部件之间是否兼容，例如：若采取的强化学习算法是多机器人强化学习算法，则要求机器人的总数大于 1；若实现局部观测强化学习算法，则要求机器人模块的观测器部件提供概率矩阵。

（2）场景主循环模块。负责按照图9-3所示框架，按固定流程调用各模块中的公有函数，并判断当前的实验仿真进度，当满足任务要求时结束本次任务并进入下次循环。

（3）数据存储、展示、分析接口。负责在实验过程中记录各项数据。并在实验结束后实现数据展示和数据分析功能。

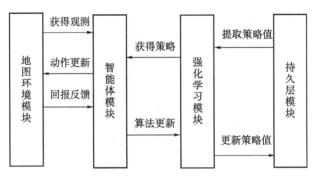

图9-3　仿真场景一步策略更新中各模块的交互

9.4　工具类函数设计

9.4.1　公用工具类函数库设计

在实现多机器人工具箱的其他模块时，通常会用到部分重复性的功能代码，为了降低多机器人工具箱的代码开发和代码维护难度，将部分公用的方法函数归类在公用工具类函数库中。

例如在机器人模块中，如表9-1和表9-2所示的针对观测器设计的哈希编码算法，为了方便根据机器人观测的哈希值逆推机器人的当前观测，要求在不同的机器人模块中有一致的哈希编码风格，因此该算法实际上被放置在公用工具类函数库中。

在绘制各机器人时，随着机器人的航向不同，根据机器人运动学模型绘制得到的图形也应体现航向区分。在此过程中设计了几个典型的坐标转换函数，以及箭头绘制模块，也放置在公用工具类函数库中。

9.4.2　可视化界面设计

为方便在仿真实验中调节各项参数，本章针对常用操作设计了相应的GUI用户交互界面，主要实现地图配置、机器人配置、强化学习算法配置、场景模拟及数据展示功能。

常规的地图配置界面如图9-4所示，通过各项GUI配置界面，实现了40多个环境参数的数据捕获、数据校验、初始化和结果输出功能，并及时提示用户不合理的输入参数。

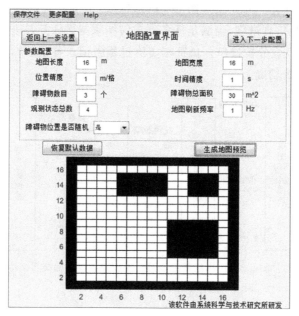

图 9-4　地图配置界面

　　常规的仿真及数据展示界面如图 9-5 所示，在结果展示模块中设置了各类型图片的更新频率。为了改善图形绘制效率，在使用频率较高的图像展示模块中大量嵌入了 Handle 操作代码，刷新图片时仅更新图片中的部分对象，以提升工具箱运行效率。

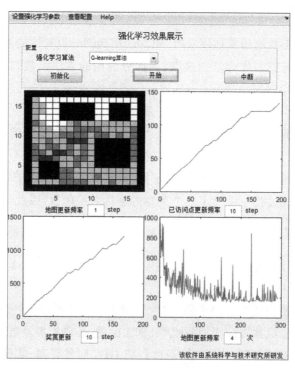

图 9-5　强化学习在线仿真及数据展示界面

9.5　本章小结

　　本章设计了一套基于 MATLAB 软件的多机器人强化学习仿真工具箱。首先,搭建了健全系统的强化学习仿真运算框架,实现了机器人运动学模型设计、地图环境仿真、强化学习算法等模块;其次,设计实现了持久层模块,借助数据库技术改善了 MATLAB 软件处理超大矩阵数据的能力,为算法验证和实验验证提供仿真支撑;最后,设计了几何地图与栅格地图相结合的多义地图框架,并通过预定义接口、面对对象编程方法优化了各模块间的交互耦合方式,方便使用、改进或针对该工具箱进行二次开发,提高了程序运行效率。进一步的工作包括:第一,在工具箱中对地图仿真场景进行更精细的划分;第二,在工具箱中加入 SARSA、Actor-Critic、多步 Q-Learning 等强化学习算法。

本章参考文献

[1] Paluszek M,Thomas S.MATLAB machine learning[M].Apress,2016.

[2] Yan C,Xie H,Yang D,et al.Supervised hash coding with deep neural network for environment perception of intelligent vehicles[J].IEEE transactions on intelligent transportation systems,2017,19(1):284-295.

第 10 章
多机器人移动自组织网络研究

10.1 引　言

通信是确保多机器人系统在复杂环境中协作的必要条件,尤其是考虑机器人仅有局部观测的情况下,其主要依靠因特网技术,将感知的环境信息与队友交互,或将现场信息发送至远程控制室。但是,机器人团队往往需要面临因特网不存在或者已被破坏的情况,比如灾后救援现场。这就对多机器人协作提出了新的要求,机器人团队需要在没有因特网的环境中能快速自组织网络。

机器人自组织网络应用广泛[1],比如民用方面可以利用其进行秋季收割和春季播种,军事方面可以利用其进行安全巡逻等任务。一般而言,无线局域网、蜂窝网等无线网络在多机器人系统中采用较多,因为一般多机器人系统需要较大规模的通信网络保证。而对于其他一些特殊情况,如突发灾情之后的快速营救、战斗中队伍的部署和迅速展开等,上述几种网络便不再适用。此时,有必要研究机器人团队在缺少人为建设的网络时的快速组网技术[2]。

本章研究基于 Linux 平台的多机器人系统移动自组织网络,首先对 Ad hoc 协议在 Linux 网络协议栈中的实现进行了分析,完成移动机器人自组织网络中的固定节点实现、移动节点的实现以及上位机中的软件实现,组建以机器人为移动节点的小规模动态自组织网络,并探讨 OLSR 协议和 AODV 协议的实现可行性和实现方法;其次,在对两种协议进行了原理分析和理论上的优缺点比较之后,针对移动机器人自组网系统需要评估的性能进行了具体的场景布置,如实验地点、实验网络拓扑等;最后,针对不同场景进行了系统的性能评估实验,利用动态实验、静态实验等多种实验手段和分组数据分类统计等分析方式,获得了节点在部署两个不同协议时的几个重要考量值,包括重连时间、分组投递率、分组延时以及网络吞吐量等。

10.2 自组织网络原理

10.2.1 自组织网络

对于一般无线通信网络结构,蜂窝网和无线局域网是比较常用的移动无线通信方式。无线局域网通过无线接入点(Access Point,AP)将移动节点接入固定网络,它主要是提供无线工作站和有线局域网之间的互相访问,在 AP 信号覆盖范围内的无线工作站可以通过它进行相互通信,没有 AP 基本上就无法组建真正意义上可访问 Internet 的局域网;而蜂窝移动通信网络移动节点接入固定网络的方式是基于基站中心的,蜂窝系统是覆盖范围最广的陆地公用移动通信系统。在蜂窝系统中,覆盖区域一般被划分为类似蜂窝的多个小区。每个小区内设置固定的基站,为用户提供接入和信息转发服务。移动用户之间以及移动用户和非移动用户之间的通信均需通过基站进行。基站则一般通过有线线路连接到主要由交换机构成的骨干交换网络。这两种网络均都属于单跳网络。

自组织网络即 Ad hoc 网络,而无线移动自组织网络则称为 MANET(Mobile Ad hoc Network)[3]。Ad hoc 网络的前身是分组无线网(Packet Radio Network,PRNET)。对分组无线网的研究源于军事通信的需要,并已经持续了近 20 年。早在 1972 年,美国国防部高级研究计划局(Defense Advanced Research Project Agency,DARPA)就启动了分组无线网项目,研究其在战场环境下数据通信中的应用。项目完成之后,美国国防部高级研究计划局在 1993 年启动了高残存性自适应网络项目(Survivable Adaptive Network,SURAN)。研究如何将 prnet 的成果加以扩展,以支持更大规模的网络,还要开发能够适应战场快速变化环境下的自适应网络协议。1994 年,美国国防部高级研究计划局又启动了全球移动信息系统(Globle Mobile Information Systems,GloMo)项目,在分组无线网已有成果的基础上对能够满足军事应用需要的、可快速展开、高抗毁性的移动信息系统进行全面深入的研究,并一直持续至今。1991 年成立的 IEEE802.11 标准委员会采用了"Ad hoc 网络"一启来描述这种特殊的对等式无线移动网络。

Ad hoc 网络是一种多跳的自组织网络,由多个节点组成,每个节点既是主机,又是路由器,由此实现通信网络自组的功能。Ad hoc 网络拓扑结构具有很高的动态性,节点位置也可以任意变动,当两个节点之间由于距离太远不能直接通信时,可以通过它们中间的节点进行通信,此时中间节点的作用就是路由中继,基本 Ad hoc 网络示意图如图 10-1 所示。Ad hoc 网络具有的特征区别于单跳网络和中心接入网,其性质最主要表现是多跳和无中心化。Ad hoc 网络中的节点既有和路由器相同的转发网络分组的功能,又具有和主机相同的处理信息的功能。

Ad hoc 网络中的移动节点带有无线收发装置,在任意某个时刻都能依靠无线信号进行连接,组成拓扑结构变化的无线网络。Ad hoc 网络中的节点可以任意移动,这使得整个网络的拓扑结构也发生变化。在这一环境中,因为每一个移动节点自身的信号范围极其有限,不能将数据分组传递至任意一个其他节点,它们需要利用其他可以通行的节点来帮助转发数据分组。也就是说,在无法利用现成网络设施的环境中,Ad hoc 网络可以提供一种通信支持,扩展无线网络的覆盖范围[4]。比如在一些特殊环境中举行会议时,可以通过 Ad hoc 网络,在不借助路由器、集线器或基站的情况下,将笔记本电脑、平板电脑等各种移动终端快速组织成无线网络,以完成提问、交流、展示和资料的分发;比如文献[5]基于 Ad hoc 网络研究了航空自组织网络(Aeronautical Ad hoc networking,AANET),通过商用客机之间的自主和自配置无线网络,将空对地(Air-to-Ground,A2G)网络的覆盖范围扩展到海洋和远程空域,从而在云层上提供宽带通信,具有更动态的拓扑、更大和更可变的地理网络规模、更严格的安全要求和更恶劣的传输条件;文献[6]研究了无人机在 Ad hoc 模式下的运行及其与基于车载自组网(Vehicular Ad hoc Networks,VANETs)的车辆的协作,以帮助进行恶意车辆的路由和检测。

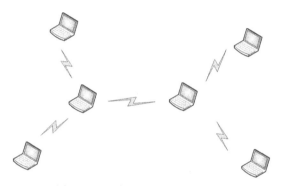

图 10-1　基本 Ad hoc 网络示意图

移动 Ad hoc 网络有自组织、分布式、无中心、抗毁性强等优点并且能在无须架设通信设备的情况下进行快速组网,而机器人具有可以远程操控和复杂条件下作业的特性,因此,多机器人移动自组织网络系统具有以下几个特殊应用的场景:

(1)复杂天气和地理条件下作业,如地质勘查或野外探测。在深山或野外条件下进行地质勘查等作业时,可能并没有通信设施,这种情况需要 Ad hoc 网络节点进行快速组网,为这种复杂条件下机器人的运动和控制提供可靠的通信保障。但是,由于移动 Ad hoc 网络的信号覆盖范围较小,一般不会超过百米,若受到高山等地势地貌或者自然环境因素的影响,信号范围还会受到非常严重的影响。所以,在对使用 Ad hoc 网络的多机器人系统进行编队等操作时,首先应当考虑信号范围的影响,避免出现某个机器人与其他节点丢失联系的情况[7]。

(2)特殊环境下的救援作业,如煤矿事故救援。当有地方发生地震、水灾、矿井坍塌等毁灭性灾害后,原来的通信设施可能遭到破坏,并且人员难以深入调查,这时也需要移动机器人自组织网络进行环境探测,为救援人员取得第一手环境资料。如煤矿救援机器人网络系统,这一系统首先需要网络延伸能力,能建立较长的有效网络,另外网络节点的供电应当要能持续一周左右,保证整个系统的稳定工作,为救援提供支撑[8]。

(3)水下作业,如深海环境探测。很多水下条件不明的时候,进行人员探测可能会遇到危险,如果使用搭载 Ad hoc 网络的多机器人系统则可以避免这种情况。目前比较著名的水下实验网络项目有 SeaWeb 计划、FRONT 计划、MAST 计划等[9,10]。

10.2.2　Ad hoc 网络基本结构

一般来说,Ad hoc 网络具有两种形式的拓扑,一种是对等式平面拓扑结构,另一种是分层式拓扑结构[11]。

在对等式平面拓扑结构中,所有节点都是平等的,功能也相同,如图 10-2 所示。这种结构中节点间的协作机制较为简单,组建起的网络也较为健壮,鲁棒性好,也不需要移动性管理。但是这种结构最大的缺点是随着网络规模的扩大,路由维护所占网络带宽也会越来越大,以致到一定程度时不能进行业务数据的传输。此时对等式平面结构的 Ad hoc 网络会因节点的增加出现性能瓶颈,网络规模受到很大限制。因此对等式平面结构适合较小规模的 Ad hoc 网络。

在分层结构中,整个网络被划分成很多类似于子网的小单元,称之为"簇",如图 10-3 所示。每个簇中包括若干个节点,其中有一个簇头(Cluster-Header),其他节点为簇成员(Cluster-Member)。每个簇中,簇成员的地位和功能是平等的,而簇头负责其所在的簇和其他簇之间的通信。在大规模网络中,簇头之间也可以分为更多的簇来进行通信。这样,整个网络便具有分层结构。这种结构受网络规模的影响较小,扩展性更好。但分层结构的引入使得网络节点的控制和管理变得非常复杂,协议也较为难以实现。比如文献[12]提出了一种被动多跳聚类算法(Multi-Hop Clustering,PMC),基于多跳聚类算法的思想,在簇头选择阶段,基于优先级的邻居跟随策略来选择最优的邻居节点加入同一个簇,该策略使得集群间节点具有较高的可靠性和稳定性。

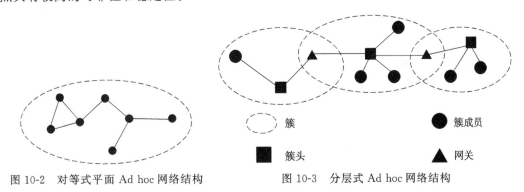

图 10-2　对等式平面 Ad hoc 网络结构　　　图 10-3　分层式 Ad hoc 网络结构

相对于需要建设实际基础设施的网络,无线移动自组织网络具有以下特点[13]:

(1) 拓扑动态化

无线 Ad hoc 网络中的节点可以任意移动,使得网络拓扑不断变化。另外,无线信号稳定程度的快速变化,也决定了网络拓扑会不可预测地并且任意和快速地改变[13]。

(2) 网络自主性

无线 Ad hoc 网络相对一般通信网络来说,最大的区别在于它可以在位置和时间变化时自主建立网络而非依赖预设的基础设施。

(3) 控制分布式

移动 Ad hoc 网络中的节点可以通信处理信息和转发信息,无须控制中心,节点之间相互平等,承载节点间通信的路由协议也是分布式的,这使得 Ad hoc 网络具有很强的抗毁性和鲁棒性。但是在普通通信网络中,因为有基站、网络控制中心和路由器等控制设备的存在,并不是所有终端或节点在网络拓扑中都具有相同的地位。

（4）能量消耗少

无线 Ad hoc 网络的节点一般依靠电池作为工作能耗的来源,降低功耗是各种 Ad hoc 网络协议在被设计时都需要考虑到的一个极为重要的因素。

（5）带宽限制和网络吞吐量多变

移动 Ad hoc 网络使用的硬件通信方式遵守 IEEE802.11 标准,网络吞吐量相对于有线计算机网络来说要低很多;而且由于会受到很多干扰因素,例如多路访问、噪声和信号不稳定等,Ad hoc 网络中节点的实际带宽比理论带宽要小很多。

（6）多跳通信

无线 Ad hoc 网络中节点的信号覆盖范围有限,支持多跳通信是对于协议的最基本要求。

此外,如果要使 Ad hoc 网络能够抗干扰并确保可靠通信,可以将其与其他网络技术相结合,如多径传输技术、网络编码技术、协作中继技术等,具体实现为增加冗余数据包等方式。

10.2.3　Ad hoc 网络协议的分类

Ad hoc 网络协议分类的方法众多,如图 10-4 所示,按照是否使用地理定位设备可分为地理定位辅助路由协议和非地理定位辅助路由协议;在非地理定位辅助路由协议中,依据不同的网络结构可划分出对等式平面路由协议和分层路由协议;而在对等式平面路由协议中,依据路由发现的策略又区分为先验式路由协议和反应式路由协议[14]。

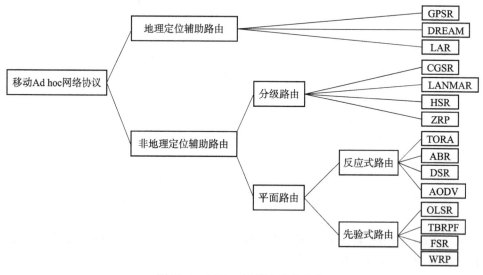

图 10-4　Ad hoc 网络协议的分类

同时,也有另外的一些分类方法,如按照协议的工作原理可将 Ad hoc 协议划分为距离矢量以及路由协议链路状态路由协议;依据协议特性分类又可分为节能(Energy Saving)路由协议和 QoS(Quality of Service)路由协议等[15,16]。

在这些路由协议中,比较典型和完善的路由协议有位置辅助路由协议(Location Aided Routing Protocol,LAR)[17]、优化链路状态路由协议(Optimized Link State Routing Protocol,OLSR)[18]、按需平面距离矢量路由协议(Ad-hoc On-demand Distance Vector Protocol,AODVA)[19]和动态源路由协议(Dynamic Source Routing Protocol,DSR)[20]。

10.2.4　先验式路由协议与反应式路由协议

目前,移动 Ad hoc 网络协议依据路由的发现策略可以分为先验式路由协议和反应式路由协议。

先验式路由协议(Proactive Routing Protocol)是由路由表作为发现策略基础的路由协议,所以又被称为表驱动路由协议(Table-driven Routing Protocol)。使用这一类协议的网络中,各个移动节点进行交换网络拓扑信息的交换,这一机制是周期性的,并维护一张或多张路由表,从而会得到网络内其他任何一个移动节点的路由通路。每个移动节点知道如何向网络中的任何其他节点传输信息,但并不在乎现在是否需要这些路由进行通信。基于这一设计上的特点,先验式路由协议在发起数据传输时,只需要较少时间就可以完成任务。当需要向某个移动节点传输数据时,源节点会遍历路由表中存在的所有路由条目,只要得到通往该目的节点的路由,就可以马上传输数据。这种路由协议的缺点是路由协议信息量较大,这是因为维持和刷新路由表所需要的数据负载较大,这也有可能使路由处于不收敛状态。典型的先验式路由协议有:OLSR、FSR 和 WRP 等。

反应式路由协议(Reactive Routing Protocol)只有在需要传输数据的时候才会建立节点之间的路由,故而又被称为按需路由协议(On-demand Routing Protocol)。反应式路由协议没有传统意义上的路由表,移动节点仅掌握周边节点的路由信息和部分有需要的网络拓扑,这些信息都存储在路由缓存(Route Cache)中,在需要进行数据传输时才由源节点发起路由发现过程。一般来说,反应式路由协议的整个数据传输过程一般由路由发现、路由维护和路由拆除三部分组成。基于这一设计上的特点,反应式路由协议不需要周期性刷新路由表或广播路由信息,节省了相当多的网络带宽资源和电池能耗。但是这种协议具有一些缺点,因为每次发送数据分组都要重新进行路由发现的过程,所以传输延时过长,实时信息的传输效果较差。典型的反应式无线移动路由协议有:AODV、DSR 和 TORA。

先验式路由协议在各移动节点中始终维护着多张路由表,这些路由表随着网络拓扑变化而相应变化,而这一类协议的路由选择也较为快速准确,但缺点是协议本身的信息所占带宽较大;反应式路由协议仅在需要传输数据或其他必要情况下才将路由信息存入节点的路由缓存或路由表,这类路由协议有效减少了路由控制信息所占的带宽,但数据交换延时有所增加。

10.2.5　链路状态路由协议和距离矢量路由协议

传统的路由协议按工作原理可以分为链路状态（Link-State）路由协议和距离矢量（Distance-Vector）路由协议。虽然传统的计算机固定拓扑网络协议不适用于 Ad hoc 网络特别是机器人移动自组织网络，但很多现有 Ad hoc 协议中有很多是从传统路由协议发展而来的，或者使用了传统路由协议的设计思想。

链路状态路由选择协议基于 Dijkstra 的最短路径优先（Shortest Path First，SPF）算法[21]，所以又称为最短路径优先协议。相对于距离矢量路由协议，该类协议的设计思想和运行机制复杂很多，但基本功能和配置却相当简单明了，算法也非常容易理解。使用该类协议的节点中的链路状态信息包括：路由接口、接口的 IP 地址、接口的子网掩码、网络类型、链路的开销、链路上的所有相邻路由器。链路状态路由协议具有层次性，网络中的各个移动节点只是通知邻居节点一些链路状态的信息而不是向邻居节点发送路由表项。和距离矢量路由协议相比，链路状态协议对路由的计算方法有很大不同。使用该类协议的节点并不只是简单地像邻居节点学习路由信息，而是把网络上的节点分成不同区域，收集区域中的所有节点保存的链路状态信息，并根据这些信息规划出网络拓扑结构，每个节点再根据网络拓扑计算出路由通路。

距离矢量路由协议中路由信息是以矢量信息传播的，这里面包括距离和方向，其中距离是根据度量来决定的，解释了某个节点在某个特定方向上离本节点的距离。距离矢量协议直接传送各自的路由表信息。网络中各个节点从邻居节点获得路由信息，并将这些信息和本地路由信息一起转发给其他邻居，通过这种方式实现了路由信息的全网同步。每个节点都不能规划出整个网络的拓扑结构，它们只是了解自己直连的网络的状况以及邻居节点所持有的信息。

距离矢量协议的理论设计和实际实现都较为简单，但其缺点是收敛速度慢，网络维护分组数据量大，需要占用很大网络带宽，还需要其他冗余的代码设计来避免出现路由回路的情况。距离矢量路由算法中，每一个节点都会维护一张矢量路由表，表中包含当前所知道的到每个目的节点的最近距离、通往该节点的端口和下一跳邻居节点。邻居节点之间会进行一些信息交换，移动节点可以根据这些信息来更新路由表。距离矢量路由算法中经常使用的是 Ford-Fulkerson 算法[22]，其主旨是运用标号的方法来重复查找一个拓扑中的可增广路径并调整，一直找到不再有可增广路径。使用距离矢量路由算法的网络中，移动节点在每次更新路由表时会将它的整个路由表发送给邻居节点。距离矢量路由算法导致路由循环的可能性比链路状态协议要大，但其计算更简单。普通计算机网络中基于距离矢量算法的协议有 RIP、IGRP、EIGRP、BGP 等协议[23]。

综上所述，链路状态路由协议通过路由表维护一个完整的拓扑网络并计算到所有可能目的节点的最短路由；距离矢量路由协议寻找路由时主要依靠邻居节点，通过比较目的节点到每一个相邻节点的距离，找到最近的邻居节点，以此确定它的下一跳。因此，本章将选择 OLSR 协议和 AODV 协议来进行实现。OLSR 协议属于先验式路由协议，由传统链路状态路由协议发展而来；AODV 协议属于反应式路由协议，由传统距离矢量路由协议发展而来。

10.2.6　Linux 系统协议体系

本章所部署的 Ad hoc 协议均基于 Linux 系统的,为了使这些 Ad hoc 协议具有通用性、可移植性和扩展性,实验中按照标准的 Linux 协议体系进行实现,所使用的协议也按照标准 TCP/IP 协议体系,节点地址使用通用 IP 地址。

目前通用的 Linux 系统内核协议栈包括 OSI 七层模型,从下到上依次为物理层、数据链路层、网络层、传输层、会话层、表现层和应用层。此外,由于 Linux 系统中将硬件端口以文件形式管理的特点,在物理层和数据链路层之间还有一层驱动层,专门负责上层协议对底层硬件的驱动[24,25]。

如图 10-5 所示,本章中在 Linux 系统协议栈下的工作主要集中在驱动层、数据链路层、网络层和传输层。驱动层主要完成节点的网络设备与节点主机的驱动融合,使网络设备可以被正常驱动;数据链路层和网络层主要完成 Ad hoc 网络协议的部署,实验中所实现的协议都是跨层协议,涉及这两层内容;传输层的工作主要包括抓包分析、TCP 和 UDP 数据包生成与发送、带宽数据统计等网络性能测试,目的是证明所实现网络协议的有效性以及测试协议的实际性能。其中值得注意的是,收发包等软件操作是在应用层完成的,但实际数据包的接收和发送过程在传输层完成。本实验中涉及的 Linux 内核网络栈文件包括 ne.c、dev.c、ip.c、tcp.c、udp.c 等。移动节点的网络层次模型如表 10-1 所示。

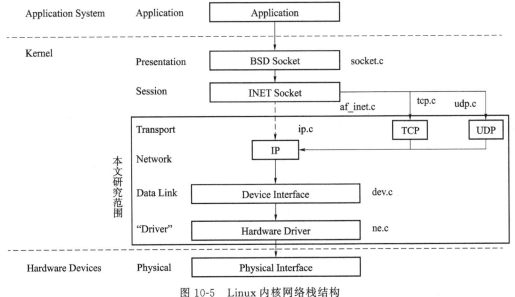

图 10-5　Linux 内核网络栈结构

表 10-1　移动节点网络层次模型

传输层	UDP/TCP
网络层	OLSR/AODV
链路层	IEEE802.11
物理层	无线电传输

10.2.7　IPv4

本章所涉及实验中均使用 IPv4 地址。虽然有的协议支持 IPv6 编址方式,但是考虑到 IPv4 地址数量对于实验来说远远足够,而且对于首次开发较早的代码来说使用较为方便,所以实验中依然使用了传统的 IPv4 协议,这样也使协议间性能的可比较性更强。

IPv4 地址长度为 32 位,地址范围为 0.0.0.0 至 255.255.255.255。为了地址的重复利用等原因,IPv4 地址被划分为 A、B、C、D、E 五类,其中 C 类地址的使用没有限制,其私有地址范围是 192.168.0.1 至 192.168.255.254,广泛用于局域网中主机的通信。本章中所有节点分配的地址范围均为 192.168.*.* 形式的。IPv4 地址支持单播、组播、广播,即一个节点与一个节点、若干个节点、子网中所有节点的通信。

10.3　自组织网络系统的软硬件设计

10.3.1　硬件设计

1. 固定节点的设计

固定节点(包括上位机节点)和移动机器人的主机都采用华北工控 BIS-6620II 型工控机,它结构小巧,采用 Menlow 平台,功耗仅 5.5 W,板载低功耗高性能的 Intel Atom Z5XX 系列处理器。由于该型工控机的视频输出接口为 DVI 接口,为了实现一些节点的实时状态监控,节点所配备的显示器为 PHILIPS 公司的 190Eplus 型显示器。节点的储存单元为 Kingston 公司生产的 32 GB 高速存储卡,搭载的 Linux 系统为 Ubuntu10.04 版本,在系统的网络协议栈中对 OLSR 和 AODV 协议进行了实现。外接网卡使用 Ralink 公司生产的 RT3070 无线 USB 网卡芯片,最大传输速率为 150 Mbit/s。外接电源使用高倍率放电聚合物锂离子电池组,电压为 11.1 V,电池容量为 6 000 mAh,最大放电倍率为 20 C。为实现节点的移动,实验中将主机原电源适配器切断,把原来与电源适配器相连的一端改装为 T 型头接口,使其可以使用外接电源供电。经实际测试,在此配置下,每个节点的供电时间约为 4 小时。固定节点的结构外观如图 10-6 所示。

图 10-6　Ad hoc 网络固定
节点的结构外观

另外,虽然上位机节点和普通节点都使用相同工控机进行实现,但是由于实验中需要采集数据以及监控实验状态,因此在上位机中实现更多软件调试。

2. 移动机器人节点的设计

本实验中所使用的移动机器人节点是轮式机器人,该机器人是在商业模型车的基础上开发而成。实验中在模型车上集成了基于 STM32F4 系列单片机的运动控制器,该微处理器基于 ARM 的 cotex－M4 内核,工作频率可达 168 MHz,并集成了单周期 DSP 指令和FPU(浮点运算单元)。模型车上还配备了车载计算机,与固定节点所使用的工控机相同。单片机主要用于底层的运动控制,如电动机的闭环控制,机器人的转向控制以及机器人电源的管理等。车载计算机用于复杂传感器的信息处理,如激光传感器的数据读取、摄像头的图像处理等,也用于决策的计算,如定位导航、路径规划等。

本实验所使用的轮式移动节点主体是 HPI 公司的 flux hp 型模型车,它的动力强劲,机械性能优越。移动节点搭载的激光雷达是日本 HOKUYO 公司的 UTM-30LX 型雷达,它有 270°、30 m 的扫描范围,扫描频率可达 40 Hz,精度在 3～5 cm 之间。GPS 接收设备是Hemisphere 公司生产的 GPS OEM 模块 SX－2A,这个模块是一块单频 12 通道接收机,它的单点定位精度不超过 2.5 m,差分模式定位精度不超过 0.5 m,数据通过 RS232 接口进行通信。IMU 使用的是 ADI 公司 MEMS 生产的惯性测量单元 ADIS16365,这是一款由三轴陀螺仪和三轴加速度计组成的六自由度惯性感应系统。此款 IMU 内部采样率高达 819.2 Hz,陀螺仪量程有 $\pm300°/s$ 、$\pm150°/s$ 和 $\pm75°/s$ 三个量程;内置加速度计的分辨率为 3.33 mg,并且提供了工厂校准和补偿测试,集成了 FIR 数字滤波器,有效减少了系统集成所需要的时间,移动机器人的结构外观如图 10-7 所示。

移动机器人的车载计算机上安装了机器人操作系统(Robot Operating System,ROS),该系统是开源的次级操作系统,它提供了一系列程序库和工具以帮助开发者创建机器人应用软件,它提供了硬件抽象、设备驱动、库函数、可视化、消息传递和软件包管理等诸多功能。ROS 系统遵守 BSD(Berkerley Software Distribution)开源许可协议。

图 10-7　Ad hoc 网络移动
机器人结构外观

10.3.2　软件搭载与设计

1. Wireshark 网络分组分析软件

Wireshark 网络分组分析软件的前身是 Ethereal,它是一个支持 Windows 和 Linux 平台的常用网络分组提取和分析软件[26]。Wireshark 能够抓取网络中的数据分组,对其进行分析,并将尽可能详尽的分析结果提供给用户。

过去,网络分组分析软件一般是开发来作为专门用于营利的软件,价格十分昂贵。开源并且免费的 Wireshark 的出现改变了这种状况。在 GNUGPL 通用许可证的保障范围下,用户可以免费获得软件及源代码,并且可以利用这些源代码进行修改、复制和粘贴等。目前来说,Wireshark 已成为全球范围内最广泛使用的网络分组分析软件之一并且仍有很多开发者参与其中,使得 Wireshark 能分析的数据封包涵盖了几乎所有当前的网络通信协议。

由于 Ad hoc 协议的实现与 IP 协议是平行的,这意味着数据分组在使用 Ad hoc 协议传输的同时也可以使用原有的 IP 协议进行传输,为了验证实验中数据分组传输时使用的所实现的 Ad hoc 协议,本章使用 Wireshark 软件来进行网络封包抓取,并对所抓分组进行分析。

该程序在 10.5.2 节的验证性实验中被使用。

2. iptables 信息包过滤软件

iptables 是 Linux 内核中使用的 IP 信息包过滤系统,在最新升级的很多 Linux 系统中已经进行了集成,而旧版内核需要用户自行安装。当 Linux 系统连接到网络环境中时,该系统可以让用户在 Linux 系统上控制 IP 信息包过滤规则和并配置防火墙。

iptables 防火墙在过滤数据分组时,有一套需要遵守的规则,这些规则被储存在专用的数据分组过滤表(table)中,而这些表都在 Linux 内核中被集成。数据分组过滤表中有很多所谓的链(chain),而这些过滤规则则被存放在链中,即链是存储过滤规则的最小单位。iptables IP 数据分组过滤系统是一种非常实用的工具软件而且功能非常齐全,可用于过滤规则的增删改查和配置防火墙。一般 iptables IP 数据分组过滤系统被认为是一个独立软件,但它实际上有个组件,分别是 netfilter 和 iptables。netfilter 组件也处于内核空间(kernelspace),属于 Linux 内核的一部分,其中包含很多数据分组过滤表,另外还有很多内核用以控制数据分组过滤处理的规则的集合。iptables 组件是提供给使用者的工具,它处于 Linux 系统的用户空间(userspace),它使得用户可以较为容易地对信息包过滤表中的规则进行增删改查。

iptables 的一大优点是它使 Linux 用户可以完全控制防火墙配置和信息包过滤规则。另外,iptables 是免费提供的,大大节省了实验成本。

在搭建 Ad hoc 网络时,移动节点和上位机之间有失联的过程,除去此过程外,稳定连接的过程中信号的传输和带宽应当也是稳定的,为了测试拓扑稳定情况下网络的状态,本章使用了 iptables 信息包过滤系统。

在实际实验场景中,两个节点之间要有较大距离,或者需要障碍物隔离,目的是使数据包在节点之间两两传输,而不能由于信号过强而导致跳过某些中间节点的情况出现,这些情况会对协议的真实性能测试产生很大影响,导致实验结果偏差太大。本章对于拓扑动态变化的场景是进行实地场景设置和实验,对于拓扑稳定时的性能实验进行了一些处理,使用 iptables 限制节点之间的通信,使得数据包必须被一跳一跳地传输,使得实验可以在一个例如实验室的较小环境中有效进行。使用了 iptables 信息包过滤系统后,部分实验变得更加简单、易于实现,减少了人力和时间的消耗[26]。

该程序在 10.5.5 节中被用来设置拓扑环境。

10.3.3 大规模数据统计处理程序设计

除了上述第三方提供的网络软件之外,本实验还自主设计了针对大规模数据进行统计和处理的程序,可以对数万条 Ping 消息分组进行处理。

在网络协议的通信实验和测试中,由于不同的实验环境和实验方法,会产生大量的数据,如网络连通性的测试记录等。这些数据都是原始实验数据,其中包含每个数据分组的端到端分组延时、分组丢失情况等,无法直观反映出网络情况的变化和网络质量。实验最终要体现出的数据信息一般为平均分组延时、分组投递率/分组投递率、断路重连时间等。所以在这种情况下就需要有一个网络数据统计程序来对这些原始数据进行统计和分析,并且要能满足网络实验所产生的数据量规模。

实验中开发的数据统计程序同样是在 Linux 系统下生成的,用 gcc 编译器进行编译生成。程序中使用了 C 语言标准库的 stdio.h 和 string.h 等文件中的库函数,利用 C 语言文件编程支持和文件流读写操作简单有效地完成了数据处理统计工作,将实验统计结果直观反映出来。

该程序在 10.5.3 节至 10.5.5 节都被使用来进行数据统计。

数据统计程序的主要要求是能在大规模格式化网络数据中提取有效数据,该部分的实现源代码如下:

```c
for(i=0;i<=MAXLINE;i++)//get icmp_seq
{
if(*(temp1+i)=='=')
{
seq[0]=*(temp1+i+1);
if((*(temp1+i+2)>=0x30)&&(*(temp1+i+2)<=0x39))seq[1]=*(temp1+i+2);
if((*(temp1+i+3)>=0x30)&&(*(temp1+i+3)<=0x39))seq[2]=*(temp1+i+3);
seqi=atoi(seq);
break;
}
}
for(i=0;i<=MAXLINE;i++)
{
if((*(temp2+i)=='t')&&(*(temp2+i+1)=='i')&&(*(temp2+i+2)=='m'))
{
temp2=temp2+i+5;
int j;
for(j=0;j<10;j++)
{
if(((*(temp2+j)>=0x30)&&(*(temp2+j)<=0x39))||(*(temp2+j)=='.'))
datac[j]=*(temp2+j);
else break;
}
data[seqi-1]=atof(datac);
break;
}
}
}
```

10.3.4 ifstat 流量监测

Ifstat 工具是 Linux 系统下常用的网络接口检测工具之一,可以用来监控流量 I/O 状态和 CPU 状态,支持 Linux 2.2.0 以上内核。ifstat 可以直接使用 Linux 系统的相关安装命令来安装,如 Ubuntu 系统下的 apt-get 命令,该软件占空间少,精巧使用。用户可以自己定义这个工具来检测一个或者多个网络接口,并增加合适的选项,使结果更容易观察。ifstat 提供了多种附加命令,如监控所有网络接口、隐藏无流量接口、查询远程主机、同时统计各端口流量和总流量等功能。

本实验中使用该软件主要是为了统计和分析网络稳定带宽和流量,但是 ifstat 只有网络流量的实时监测,而没有流量统计和平均网络带宽的分析功能。为了解决这个问题,文中用到了前面所述的统计程序。实验中的操作手段是,在 ifstat 统计端口流量时将每个统计值都打上时间戳,并将 ifstat 的输出结果控制输出到文本文件中,这样就相当于得到了一个流量统计的日志文件,只是文件内的内容都是当时的实时流量而已。再用统计程序对该文件进行分析,分析出总上行流量、总下行流量、平均上行流量、平均下行流量、合计总流量和合计平均流量。

实现以上功能后,在实验中就可以统计网络吞吐量等重要分析值,这一程序被应用在10.5.2 节和 10.5.4 节。

10.4 移动机器人自组织网络系统的软硬件实现

为了了解不同类型协议的特点和性能,本节特别选取了成熟和具有代表性的 OLSR 协议和 AODV 协议来进行实现。本节对两种协议实现的可能性进行了讨论,并对两种协议的工作原理、关键技术以及实现方式进行了阐述。

10.4.1 协议实现的可能性和基础框架

1. 协议实现的可能性分析

Linux 操作系统在实现时对自身进行了划分,一部分是核心软件或程序,即内核空间Kernel,另一部分为普通应用程序,被称作用户空间。内核空间运行在系统的特权级别上,可以驻留于受保护的内存空间,拥有访问硬件设备的所有权限;相对来说,用户空间只能使用部分资源,设备访问也受到限制。这种设计的优势在于其良好的安全性,有效防止了有害的用户程序对内核空间的干扰或攻击,使系统运行稳定可靠。

在各大 Linux 系统中,内核空间的协议栈中已经实现了 IP 协议族等通用协议。实现新的协议原理上来说有两种方法,一种是直接修改内核协议栈代码,另一种是在用户空间以应用程序的方式实现。前者从理论上说无疑是可行且最优的,可以将新协议开发成默认协议,有效保障协议运行时的资源占用,提高其效率。但是,由于内核空间中的各个模块相互独立而又配合紧密,不同版本的内核也会有不同的文件位置和模块实现,在这种条件下实现网络协议不但需要针对不同内核版本做出不同调整,移植性和扩展性大大降低,而且会冒着破坏内核运行的很大风险。所以,目前大多数新协议特别是 Ad hoc 协议的开发都倾向于后者,即在用户空间中实现,这也注定了协议需要以普通程序形式启动,并且系统要为此付出更多的资源消耗,优点是不会对系统内核产生依赖性,也不会对系统的正常运行有任何影响。

在 Linux 系统中,Ad hoc 网络协议实现后具有的网络协议栈结构如图 10-8 所示[27,28]。从静态来看,本节要实现的两个协议实际功能都位于网络层,是数据链路层与传输层的中继和连接,将代替 IP 协议承担数据分组上下交换的责任。而从动态来看,两种协议是作为非内核程序在用户空间中实现的,需要通过内核程序来帮助其完成在网络层的功能。这两种协议程序不但需要通过内核程序来控制内核中数据分组的流向,还要将控制信息分组不断提取到用户空间,处理完成后再返回内核空间,这是一个非常复杂的过程。在程序实现上来说,Ad hoc 网络协议需要完成很多模块化的工作:要随时监听并截获数据链路层传至网络

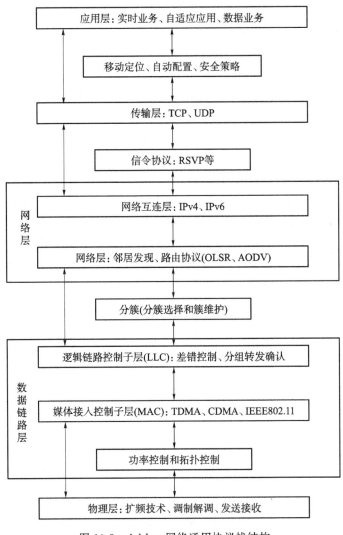

图 10-8 Ad hoc 网络通用协议栈结构

层的控制信息分组,将其送至 Ad hoc 协议位于用户空间的代码段,处理后要更改内核路由表的相关表项;AODV 协议要在发送数据时进行路由搜索,这就涉及将数据分组进行排队和缓存的问题,在收到传输层的要发送的数据分组后,不能直接交给网络层的 IP 协议,而需要用户空间的 AODV 协议程序控制内核程序进行路由搜索并反馈结果之后,再将排队的分组进行发送。

实验中 OLSR 协议和 AODV 协议的实现也不尽相同。OLSR 协议是由传统的链路状态路由协议发展而来的,所以它的路由发现策略和传统计算机网络中的路由算法相同,核心都是 Dijkstra 算法。所以,如果在用户空间编写 OSLR 协议,其路由计算程序可以利用 Linux 系统本身具有的一些现成的功能,甚至可以共享路由表。而对于 AODV 协议,因其与传统路由协议不同,Linux 系统中可供其使用的功能就相对较少了。实现 AODV 协议必须另外开辟路由缓存,而非简单地与原系统共用路由表,另外的发现策略也需要重新架构和编码。

无论 OLSR 协议与 AODV 协议的实现差距有多少,作为在用户空间中实现的程序,这两个协议的完成都少不了 Netfilter 框架的支撑。

2. 协议实现的基础

Netfilter 是由 Rusty Russell 所提出的 Linux2.4 内核防火墙框架,该框架简洁灵活,能够实现很多安全策略功能,如数据分组过滤、地址伪装、动态网络地址转换(Network Address Translation,NAT)、透明代理和数据分组处理,以及基于 MAC 地址的过滤和基于状态的过滤、分组速率限制等。

实际上,Netfilter 和 10.3.2 节中提到的 iptables 属于一个整体框架结构,Netfilter 是网络防火墙和 iptables 实现的基础,但由于本节使用 iptables 主要是为了利用它在配置防火墙策略方面的功能,与协议实现的关系不大,故本节将它们分开阐述。

Netfilter 是 Linux 网络内核的重要组成部分,它对于协议实现的意义,主要在于它为用户空间提供了五个极为重要的钩子函数(hook),它们所处的位置和作用如图 10-9 所示[29,30]。

(1) NF_IP_PRE_ROUTING:数据分组在交给路由代码处理之前将通过这一个挂载点。就先在情况而言,钩子函数仅检测数据分组的包头信息。

(2) NF_IP_FORWARD:目的地址不为本地主机(意即需要进行转发操作)的数据分组将通过这个挂载点。

(3) NF_IP_LOCAL_IN:目的地址为本地主机的数据分组将通过这个挂载点。

(4) NF_IP_LOCAL_OUT:起始地址为本地主机的数据分组将通过这个挂载点。

(5) NF_IP_POST_ROUTING:离开本地主机的数据分组都将通过这个挂载点,不论起始地址是否为本地主机。

数据分组通过 Netfilter 的流程如下:

外部传入的数据分组会从图的左边进入 Netfilter 框架中,在 IP 校验之后,数据分组通过第一个钩子函数 NF_IP_PRE_ROUTING 进行处理;在此之后,数据分组将进入路由代码部分处理,经过信息提取和地址匹配决定该分组是传入本地还是继续转发;如果该数据分组的目的地址即为本地地址,该分组将通过对应的钩子函数 NF_IP_LOCAL_IN 来处理,在此之后这一分组将被传送至上层协议;如果这个数据分组应当被转发,则会被交给钩子函数 NF_IP_FORWARD 进行处理,之后再转交给钩子函数 NF_IP_POST_ROUTING 处理,最后才将它发送出去。

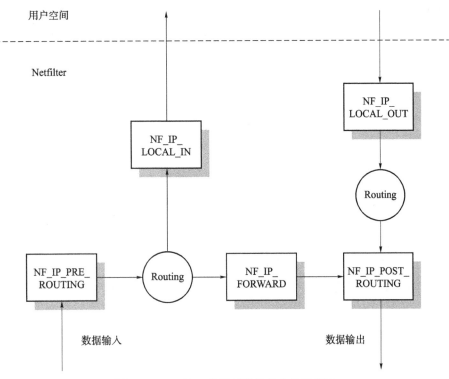

图 10-9　Netfilter 钩子函数挂载点及数据流

本地用户空间生成的数据分组将首先通过钩子函数 NF_IP_LOCAL_OUT 处理,接着数据分组将被送至路由代码部分进行路由选择,最后这些分组也会通过钩子函数 NF_IP_POST_ROUTING 处理然后再发送出去[31]。

在上述的任意一个挂载点上,使用者都可以运行程序通过钩子函数来对数据分组进行操作。Linux 的内核模块提供了两个 API 来实现钩子函数的注册与卸载,分别是 nf_unregister_hook 和 nf_register_hook。这两个函数的参数一致,都是指向是 nf_hook_ops 结构体的一个指针,而 nf_hook_ops 结构体会把挂载点同钩子函数联系起来。每个钩子函数在被注册和调用之后,都会有一个返回值,Linux 内核由此决定如何处理这个数据分组。这五个返回值是:

(1) NF_ACCEPT:接收这个数据分组,继续正常传输。

(2) NF_DROP:丢弃这个数据分组,不再传输。

(3) NF_STOLEN:钩子函数接管这个数据分组,不再传输。

(4) NF_QUEUE:将这个数据分组进行排队处理,一般来说会将其传至用户空间。

(5) NF_REPEAT:再调用一次该钩子函数。

由此可见,Netfilter 为内核空间和用户空间的网络数据分组交流架起了一座桥梁,使得开发者可以不对内核进行修改就能对系统的网络数据分组进行操作,这也是 Ad hoc 协议可以在用户空间实现的基础。

本章中实现的 OLSR 协议和 AODV 协议都是在此基础上,将内核空间的数据分组复制到用户空间,在用户空间进行分组的处理和路由的计算及控制,然后再将数据分组重新返回到内核空间。这种做法是会降低效率为代价,但是可使协议程序的调试都在用户空间进行,减少了实现的难度,增加了可行性和可扩展性。

10.4.2　OLSR 协议的原理

1. OLSR 协议

OLSR 协议又称为最优化链路状态路由协议,是典型的先验式路由协议,由传统的链路状态路由协议发展而来。在 OLSR 中,每个移动节点对其他节点的发现都是主动的,对于可达节点信息的维护更新也很快,保证了这些信息的有效性。每个节点维护邻居表、MPR 表等控制信息表,使用 Dijkstra 算法,通过周期性的交换 HELLO 分组和 TC(Topology Control)分组来交换网络信息,以此建立并实时更新自己的网络拓扑。

OLSR 协议最大的特点是使用了多点路由中继(Multipoint Relays)。每个节点并不会向所有节点发送它的 HELLO 分组和 TC 分组信息,而是会在它所有的邻居节点中选择一簇节点来传输,这一簇节点被称为 MPR 节点,它们覆盖了源节点的所有两跳节点(2-hop nodes)。TC 分组中也只包含 MPR 节点的地址而不是所有邻居的地址。这样,整个网络中的广播分组将会减少,控制信息分组大小也得到压缩,从而降低了控制信息对网络造成的负荷,有效遏制了链路状态信息的洪泛。

2. 邻居节点的发现及 MPR 节点的产生

在 OLSR 协议中,各个节点会周期性地发送 HELLO 消息,以此来确定自己的邻居节点。在 OLSR 协议的各项参数中,有一个参数"HELLO_INTERVAL"规定了发送 HELLO 消息的间隔,每到一个时间间隔移动节点就会向外部广播一次 HELLO 消息,收到 HELLO 消息的邻居节点便会根据此信息来更新网络拓扑。HELLO 消息中包含了本节点的邻居及其链路状态两种主要信息。在相互交换 HELLO 信息后,各个节点将可以掌握自己的邻居节点以及两跳节点(two-hops-node)的信息。在掌握这些信息后,各节点将根据这些信息并结合对邻居节点表的检索,在邻居节点中选出 MPR 节点。MPR 节点的选取有两条原则,第一是这些节点要覆盖所有的两跳邻居,第二是 MPR 节点的个数要维持在最少,这样的规则能尽量减少网络中链路信息的冗余,有效减少协议信息占到的带宽。另一个有意义的设计是 HELLO 消息广播给最近的邻居即所谓的一跳节点(one-hop-node),邻居节点收到信息后将更新自己的本地链路信息,对于 HELLO 分组将会做丢弃处理,而不会传遍整个拓扑网络,避免了协议信息的洪泛。

如图 10-10 所示,这是一个邻居节点发现和 MPR 选择过程的示例,这个过程分为以下两个步骤:

（1）本地节点发送 HELLO 分组，从邻居处获得涵盖两跳节点的拓扑信息；

（2）根据邻居节点信息和两跳邻居节点信息（这些信息分别存放在邻居表和两跳邻居表中），按照选择算法，计算选出 MPR 节点。

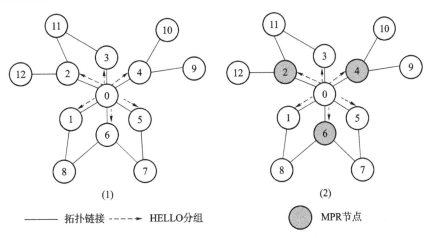

(1)   (2)

——— 拓扑链接 ----→ HELLO分组   ⬤ MPR节点

图 10-10　OLSR 协议邻居节点发现和 MPR 节点选取过程

如表 10-2 所示，OLSR 协议中 HELLO 分组的大小取决于它的邻居数，每个邻居节点的信息都会在两个"链路代码（Link Code）"之间被记录，包括了该邻居节点的所有端口地址的信息。消息首部的信息还包括 HELLO 的发送间隔和本节点愿意传播数据分组的意愿度（Willingness）。

表 10-2　OLSR 协议中 HELLO 分组的消息格式

保留		HELLO 分组间隔	意愿度
链路代码	保留	链路信息大小	
邻居端口地址			
邻居端口地址			
······			

3. 拓扑控制信息的传播

类似于 HELLO_INTERVAL，OLSR 中还定义了一个控制参数 TC_INTERVAL，这个参数用以控制移动节点发送 TC 分组的间隔，每到一个 TC_INTERVAL，节点会向外部发送一次 TC 分组，不同的是，TC 分组是向全网进行洪泛式广播的，并以这种方式维护网络中的拓扑信息。在 OLSR 协议中，为了控制洪泛的规模和避免广播风暴的出现，只有 MPR 节点在第一次收到 TC 分组时才能对其进行转发，普通节点不允许转发，其过程如图 10-11 所示。TC 分组包含的内容中只有将本节点选为 MPR 节点的邻居节点（即 MPR SELECTOR）的地址，而不是所有邻居的地址。

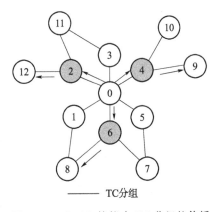

——— TC分组

图 10-11　OLSR 协议中 TC 分组的传播

TC 分组的消息格式如表 10-3 所示。节点将通过 TC 消息的传播获得网络拓扑,并结合网络拓扑表和邻居表以及两跳节点表的信息,用 Dijkstra 算法计算出路由表。

表 10-3　OLSR 协议中 TC 分组的消息格式

ANSN	保留
MPR Selector 主地址	
MPR Selector 主地址	
……	

TC 分组主要更新的是网络拓扑表的内容。拓扑表中包含四个字段:目的节点的地址、目的地址的前一跳地址(亦即倒数第二跳地址)、表项有效时间以及 ANSN 序列号(Advertised Neighbor Sequence Number)。其中,ANSN 序列号记录的是本节点收到的最近 TC 分组的 ANSN 序列号。节点接收到一个新的 TC 分组后,会将该分组中的 ANSN 序列号和拓扑表里相应的 ANSN 序列号比较,根据比较结果来决定是否更新拓扑表项。由此可见,TC 分组和网络拓扑表的工作方式类似于 IP 协议的工作方式,而 ANSN 序列号则类似于 IP 协议中的 ACK 序列号。

4. OLSR 协议中的数据表及其维护

如上所述,OLSR 协议是典型的表驱动路由协议,每个节点中都储存着很多邻居信息、链路状态信息、网络拓扑信息以及路由信息。这些信息存储在每个节点的对应的表中,当需要使用时,节点可以方便快速地查询、使用以及修改。本实验中所有移动节点都使用单一网卡,即使用的是单接口的 OLSR 协议,每个节点维护的数据表如表 10-4 所示。

表 10-4　OLSR 协议中的数据表

数据表	作用
邻居表	记录本地节点的邻居节点信息
两跳邻居表	记录本地节点的两跳邻居(即邻居的邻居)信息
MPR 表	记录本地节点选取的 MPR 节点信息
MPR selector 表	记录将本地节点选为 MPR 节点的邻居节点的信息
拓扑信息表	记录本地节点的网络拓扑信息
路由信息表	记录本地节点到其他节点的路由信息
重复表	记录与网络中其他节点传输分组的序列号信息

10.4.3　OLSR 协议的实现

本节实现的 OLSR 协议充分利用了操作系统提供的现成功能,在实现上采用了模块化的软件架构,同时也充分保留了原来 Linux 系统的路由框架。

Linux 的路由框架依照功能的不同可以划分为两个部分。第一个部分是路由功能模块,这个模块主要负责与其他移动节点交换控制分组,计算本地至其他移动节点的路由;第二个部分是路由转发模块,这个模块会根据内核路由表,使用正确网络端口,将数据分组发送出去。所以在进行 OLSR 协议实现时,可以只修改路由功能模块,亦即使用 OLSR 算法来实现路由计算等功能并修改路由表,路由转发模块会根据路由表进行分组发送。这意味着 OLSR 协议的实现主要是路由功能部分的实现。

如图 10-12 所示,用户空间中主要实现了三个模块,分别是路由计算模块、控制分组发送模块和控制分组处理模块,三个模块之间是相通的,可以相互传递控制分组。

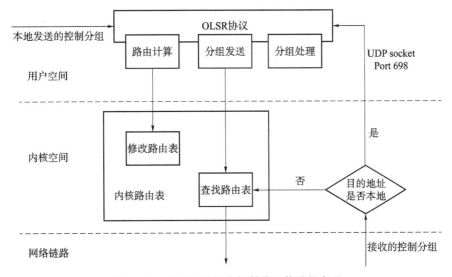

图 10-12　OLSR 协议中控制分组传递的实现

OLSR 协议中路由控制分组是由 UDP 协议承载的,根据 IANA(Internet Assigned Numbers Authority)的规定,这些 UDP 分组将通过 698 端口来发送,而且移动节点之间交换协议控制信息都将使用这个端口发送分组。控制分组处理模块收到路由控制信息分组后,会以及分组中的信息来更新邻居表,然后路由计算模块会进行相关计算,生成路由表项并将其插入路由表中。当有控制信息需要发送时,控制分组发送模块会查询内核路由表,然后根据相关路由表项完成分组的发送。在收到其他移动节点的网络分组时,首先要检查目的地址与本地地址是否相符,如果不符,则直接由路由转发模块进行转发,如果相符,则交给 OLSR 协议进行处理。

OLSR 协议的有限状态机如图 10-13 所示,在 OLSR 协议在用户空间启动后,将进入一个初始状态,即图中的"等待"状态。因为其属于表驱动路由,需要发送数据分组时,只要查表并发送即可,要注意的是,HELLO 分组和 TC 分组是广播的,发送时并不需要进行路由查找之类的工作。在接收到数据分组时,首先是地址判断,目的地址非本地的分组即为需要转发的分组,在查表后进行转发。目标地址为本地的分组会被分组处理代码段甄别,若为数据分组,则调用 Netfilter 中的 NF_IP_LOCAL_IN 函数转交传输层协议,如 TCP 协议,之后回到等待状态;若为控制分组,则截取到用户空间的 OLSR 主程序代码段,进行路由计算,修改路由表、邻居表、拓扑表等相关表项,之后回到等待状态。

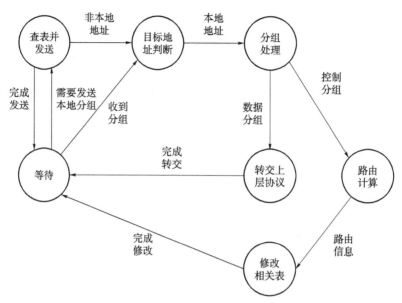

图 10-13　OLSR 协议运行时的有限状态机

10.4.4　AODV 协议的原理

1. AODV 协议

AODV 协议是反应式路由协议即按需路由协议,即只有在有向目的节点发送数据的需要时,源节点才会进行路由查找,寻找到达目的节点的相应路由。这与先验式路由是不同的,先验式路由协议(例如 OLSR)查找路由不取决于路径上的节点是否要发送分组,而是每个节点都会维护一张包含到达其他节点的路由通路的信息表。

AODV 协议是一种源驱动路由协议,也属于平面距离矢量路由协议。AODV 包含三种基本的路由信息分组,分别是 RREQ(Route Request)分组、RREP(Route Reply)分组和RERR(Route Error)分组。这三种路由信息分组承载了 AODV 网络路由查找、建立、修复和删除的主要通信任务,它们的消息格式分别如表 10-5、表 10-6、表 10-7 所示。

表 10-5　AODV 协议中 RREQ 分组消息格式

类型	标志位	保留字段	跳数
	RREQ 标识		
	目的节点地址		
	目的节点序列号		
	源节点地址		
	源节点序列号		

表 10-6　AODV 协议中 RREP 分组消息格式

类型	标志位	保留字段	前缀长度	跳数
		目的节点地址		
		目的节点序列号		
		源节点地址		
		生存时间		

表 10-7　AODV 协议中 RERR 分组消息格式

类型	标志位	保留字段	不可到达节点个数
	不可到达目的节点地址		
	不可到达目的节点序列号		
	额外的不可到达目的节点地址		
	额外的不可到达目的节点序列号		

AODV 的主要优点是,当网络拓扑变化时,它能够快速收敛,具备本地短路修复功能。作为距离矢量路由协议,AODV 路由算法计算量小,占用储存消耗小,对拓扑控制信息对带宽占用小。通过在路由分组中使用序列号,协议避免了路由环路。协议还引入了黑名单机制,将单向路由列入黑名单,保证了网络的有效性。

2. AODV 协议的路由查找和建立

每个移动节点中都缓存着一部分路由信息,在路由查找过程中,这些信息会随之更新。当某个移动节点需要向其他某节点传输数据分组时,如果本地没有适当的路由,则会发起路由寻找的过程,即广播 REEQ(路由请求)分组,RREQ 分组中记录有源节点和目标节点的 IP 地址。其他移动节点转发这个 RREQ 分组,并记录源节点以及回到源节点的临时路由。ADOV 协议路由缓存中的表项如表 10-8 所示。

表 10-8　ADOV 协议路由缓存中的表项

数据项	记录的信息
dest_addr	目的节点地址
dest_seqno	目的节点地址序列号
ifindex	网络接口
next_hop	下一跳地址
hcnt	到达目的的跳数
flags	路由标识
state	端口状态
rt_timer	端口定时器
ack_timer	目的地 REEP_ack 响应定时器

续 表

数据项	记录的信息
hello_timer	HELLO 分组定时器
last_hello_timer	最近一次发送的 HELLO 分组计时器
hello_cnt	HELLO 分组发送次数
nprec	原使用序列号
hash	定位本地端口
precursors	使用该路由的节点

本实验中实现的 AODV 协议允许中间节点返回 RREP（路由应答）分组，与其他一些 AODV 的实现方式不同，节点在收到 REEQ 分组时的逻辑反应分为三个步骤。首先，当邻近节点收到 RREQ 分组时，首先检查目标节点的地址与本地地址是否相符，如果是，则向发起节点发送 RREP 分组。然后，如果目标节点地址不是本地地址，则在本地路由信息中查找到达目标节点的路由，如果有，则向源节点返回 RREP 分组。最后，在前两种情况都失败的情况下，节点会选择继续转发 RREQ 分组，为了防止洪泛，已转发过此分组的节点在再次收到此分组后将进行丢弃处理。总的规则是，当某节点知道到达目的节点的路由或本身就是目的节点时，就把这个路由按照原先记录的临时路由发回源节点，这个临时路由其实就是将来时的路由进行了反序处理。然后源节点就可以使用这个经由其他节点并且具有最短跳数的路由进行数据传输。

如图 10-14 所示，这是一个路由发现过程的示例，这个过程分为以下几个步骤：

（1）源节点广播一个 RREQ 分组，请求到目的节点的路由；

（2）节点 2 和节点 3 对 RRQE 分组进行转发；

（3）节点 4 和节点 5 对 RRQE 分组进行转发，但是节点 2 和节点 3 会丢弃再次收到的同一个 RREQ 分组；

（4）目的节点收到 RRQE 分组，沿着最快收到 RREQ 分组的路径发送 RREP 分组，源节点收到分组后，按照该分组包含信息建立反向路由，即源节点到目的节点的路由。

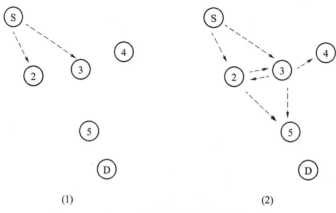

图 10-14　AODV 协议的路由查找和建立过程

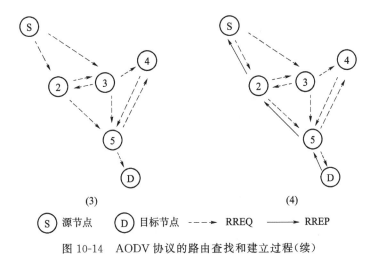

(3)   (4)

Ⓢ 源节点   Ⓓ 目标节点   ----→ RREQ   ——→ RREP

图 10-14 AODV 协议的路由查找和建立过程(续)

AODV 协议的复杂性设计的一个重点在于保证网络性能并减少消息数量。每个 RREQ 分组都会有一个序号,再次收到该分组时不会进行重复转发。另外,RREQ 有一个 TTL(生存时间)值,这将减少他们被重传的次数。一旦发生路由请求失败的情况,相关的路由请求将会按照二进制指数退避算法的规则进行发送。

3. AODV 协议的路由维护和错误处理

在可用路由被写入路由表之后,路由中的移动节点都要进行维持路由和管理路由表的任务。在该过程中,如果路由通路不再被使用,相应的移动节点就会从路由表中删除相应路由。

RERR 分组的产生和发送如图 10-15 所示。在网络资源丰裕时,AODV 协议定期广播 HELLO 分组来维护网络路由,每个节点将会监控其下一跳节点的可达性,当发现它的某个下一跳节点不可达或链路断开时,将会向其他节点发送 RERR(路由错误)分组,分组中指明了发生断路的目的地址,收到 RERR 分组的节点将会根据此信息修改路由信息,进行删除或者修复,正在使用此路由的源节点将会重新发起路由查找的过程。RERR 分组的发送是在先驱列表(Precursor List)的帮助下完成的。

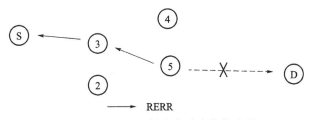

——→ RERR

图 10-15 AODV 协议的路由维护过程

10.4.5 AODV 协议的实现

1. 模块化实现

本实验中实现 AODV 协议的方式是将其作为用户空间后台程序实现的,由多个模块组成,其中包括两个可以选择装载的 Linux 内核模块(Kernel Module),它们是 kaodv 模块和 ip_queue_aodv 模块。实验中实现的 AODV 协议使用 Netfilter 来截获本地接收和发送的分组,但这个协议实际是在用户空间运行的。kadoy 模块是较为核心的功能模块,控制 Netfilter 返回 NF_QUEUE 来缓存用户空间的所有分组,ip_queue_aodv 对这些分组进行了排队,这个函数模块的原型是 ip_queue。这之后程序会将所有分组的目的地址和用户空间的路由缓存进行匹配,对于需要发起路由请求的分组会在用户空间进行缓存,而已经匹配成功找到路由的分组将被立即返回内核空间进行发送。这样的实现方法即意味着所有的分组将从内核空间被复制到用户空间,包括上下文切换(Context Switch),然后再将分组从用户空间返回到内核空间,这是一种很耗费程序和硬件处理能力的实现方式。实验中所用的 AODV 协议除了实现 RFC3561 中的功能外,还实现了单向链接检测和冲突避免功能。

如表 10-9 所示,AOVD 路由协议的实现由多个功能模块组成,其核心功能模块为 koady、ip_queue_aodv、k_route、libipq 等。kaodv 是内核可加载模块,用于注册 Netfilter 挂载点的回调函数,控制网络分组的流程。当 Netfilter 返回值是 NF_QUEUE 时,意味着已经缓存了分组,ip_queue_aodv 会对这些分组进行排队并传送至用户空间的 libipq 模块。k_route 用于内核路由表的控制,包括表项的添加、删除、修改等。libipq 模块用于分组消息的接受和返回,这个过程是在用户空间中完成的。另外,与控制分组有关的模块包括 aodv_rreq、aodv_rrep、aodv_rerr 三个模块,这几个模块的作用是分别负责 RREQ、RREP、RERR 消息的处理。另外还有 aodv_socket 等辅助模块。各个模块之间的关系和实现原理如图 10-16 所示。

表 10-9　AODV 协议主要功能模块

模块名称	模块功能
kaodv	注册挂载点回调函数,控制分组流程,内核加载
ip_queue_aodv	完成分组从内核空间向用户空间的传递,内核加载
k_route	控制内核路由表
libipq	在用户空间接受分组并返回结果
aodv_rreq	RREQ 消息处理
aodv_rrep	RREP 消息处理
aodv_rerr	RERR 消息处理
aodv_socket	AODV 控制分组的收发
Packet_input	接收 Netfilter 排队传递到用户空间的分组

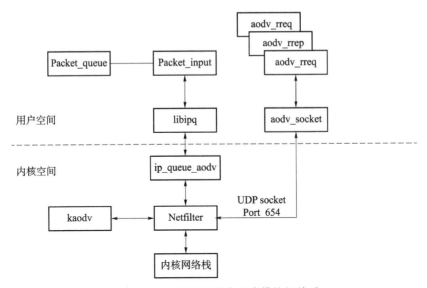

图 10-16　AODV 协议实现中模块间关系

AODV 协议的有限状态机如图 10-17 所示,相比 OLSR 协议,AODV 协议的代码实现要复杂得多,因为作为反应式路由协议,它具有更多的实现要求。同样的,AODV 协议在用户空间启动后进入"等待"状态,只有发送数据的请求和收到数据才能将其唤醒。与 OLSR 类似,发送 HELLO 分组不需要查找路由缓存。但发送数据分组时需要进行路由查找,若找到路由项,则将 ip_queue 排队的分组交给 NF_IP_LOCAL_OUT 钩子函数进行发送。若未找到路由项,协议将转入发起路由搜索的状态,在发送 RREQ 分组后,协议进入"等待"状态,等待相应的 RREP 分组。在收到分组时,将进行目标地址的判断,若需要转发,将进入"查找路由缓存"状态,之后协议的反应将如前所述。若收到的分组目标地址为本地,将会进入"判断分组类型"状态,若为数据分组,则转交上层协议,这一过程的实现与 OLSR 协议相同。若为控制信息分组,如 RREP、RERR、HELLO 分组,则会修改路由缓存。收到的是 RREP 分组或 HELLO 分组时,由于这两种分组只是通知类型,所以在修改缓存后不会对协议的实际操作进行影响,协议进入"等待"状态;收到的是 RREP 分组时,说明它是 RREQ 分组的响应,接下来将进行数据分组发送;收到的是 RREQ 分组时,说明有节点在寻找到本节点的路由,将会按照反向路由发送 RREP 分组。

值得注意的地方是,"判断分组类型"状态中只有一种情况才会出现 RREQ 分组,就是 RREQ 的目标地址是本地节点。虽然作为中间节点时也会收到这一类分组,但根据 RREQ 分组消息格式可知,这类分组的目的地址并非本地地址,将会被转发出去;同理可知,"判断分组类型"状态中出现的 RREP 分组的目标地址也必为本节点,即一定是 RREQ 分组的响应,所以在修改路由缓存后会进行数据分组发送。

2. AODV 协议控制分组的处理

当分组到达协议栈时,kaodv 模块会使用 Netfilter 钩子函数进行捕获,kaodv 模块里的 nf_aodv_hook()函数会对分组进行分析,接着通知 Netfilter 对此分组进行何种处理。

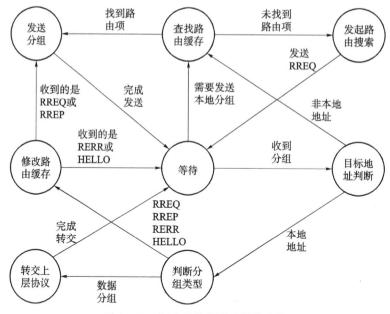

图 10-17　AODV 协议的有限状态机

　　分组处理由 packet_input 模块完成,如果分组是控制信息,packet_input()函数将返回一个值给 libipq 模块,然后对分组进行控制信息处理。控制信息都是通过 UDP socket 传输的,端口号为 654,其处理由 aodv_socket 模块负责。每一个控制信息都会由 Netfilter 钩子函数 NF_IP_LOCAL_OUT 捕获,成为本地产生的分组,有 kaodv 模块对其进行排队,由 packet_input 模块接收。packet_input 模块再返回一个值给 libipq,然后 Netfilter 钩子函数 NF_IP_POST_ROUTING 会对其进行捕获,系统重新对其进行路由和传送。

3. AODV 数据分组的处理

　　接收到数据分组时,AODV 协议将检查是否有到指定目的节点的活动路由存在。如果存在,则设置分组的下一跳地址并转发此分组。如果不存在,则将此分组生成为本地产生的分组,由 libipq 模块提供唯一 ID 号,packet_queue 模块根据 ID 号对分组排队,并发起路由寻找。这种情况下,如果发现不了路由,将丢弃此分组并向源节点发送 RERR 分组。

4. 两种协议性质的对比

　　表 10-10 所示为两种协议的性质对比,包括路由策略等方面,对比如下[32,33]。

表 10-10　OLSR 和 AODV 性质的对比

对比项	OLSR	AODV
协议类型	先验式	反应式
是否需要周期性更新拓扑信息	是	否
是否保存所有到其他节点路由	是	否

对比项	OLSR	AODV
是否需要发起路由搜索	否	是
是否有路由搜索延时	否	是
是否有路由维护机制	否	是
需要存储和更新表的数量	多	少

根据两种协议性质的比较可以推测,在需要传输数据分组时,OLSR 协议可以更快做出反应并进行数据传输,对于数据包的处理应当更具效率,而 AODV 协议会具有更少的路由维护数据信息量,链路中的协议控制信息更少,对于机器人网络节点的电能消耗应当更少。

10.5 实验结果及分析

10.5.1 实验设计策略和相关标准

1. 实验设计策略

在完成了移动机器人自组织网络系统之后,本节要对其整体性能进行测试,评估整个系统的性能是否满足机器人控制指令以及其他格式数据传输的要求,并在实现的两种协议中找到性能较好的一个,为以后的工程实现提供依据。

首先,为了验证整个机器人自组网系统中网络协议的有效性,应当对其进行验证性实验。然后,鉴于 AODV 协议中的功能参数较多,本节在四跳拓扑情况下对整个网络系统使用不同参数时的表现进行了分析对比,得出了一个较优的功能参数组合,这个参数组合将应用到下一步的实验中。为了得到整个机器人自组织网络系统在动态拓扑下的性能数据,本节设计了动态拓扑场景的实验,对系统在部署不同网络协议下的分组延时等数据进行了采集。由于数据分组过大时会影响网络延时,为了确保采集到的数据反映的是协议的真实性能,减少其他因素的干扰,在实验中采取了尽量小的数据分组进行测试。实验后需要对采集结果进行统计分析,对比得出动态情况下表现较优的协议。由于动态拓扑实验时会产生断路情况,这种情况下测出的网络吞吐量并不准确。另外,由于节点跳数的变化,测得的数据也没有一个确定指标,指明这个数据是在几跳情况下测得的。所以,在此之后,为了对动态拓扑实验进行补充,本章设计了一个静态拓扑实验,针对不同的节点个数分别进行实验,测得网络系统在分别实现两种协议时的吞吐量表现。最终根据上述实验结果得到小规模移动机器人自组织网络中表现较优的协议,为以后的工程实验提供依据。本章实验策略的设计如图 10-18 所示。

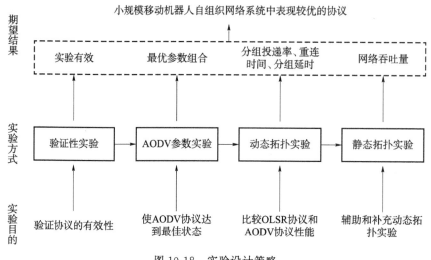

图 10-18　实验设计策略

2. 实验相关标准

本实验进行比较的参数包括多次实验结果得到的断路重连时间、分组投递率、分组延时及网络吞吐量[34]。其中，断路重连时间和分组延时应当越短越好，证明了网络断路重连效率高而且网络通信较为健壮；分组投递率应当越高越好，说明网络传输中数据的到达率更高；网络吞吐量也应当越大越好，说明该网络能承载更多的数据量。

（1）断路重连时间

断路重连时间是在实际动态 Ad hoc 网络中的一个重要考量，它表明了路由协议在网络拓扑变化时重新建立起新路由所需的时间。一个路由协议的断路重连时间越短，该协议在动态组网时的表现越佳。

（2）分组投递率

分组投递率是路由协议传输数据分组时正确到达的比率，即正确到达分组数量与总投递分组数量的比值。这也是在实际应用中选择路由协议的重要指标。

（3）分组延时

造成分组延时的因素很多，包括分组在缓冲区的等待时间、失败分组重传时间等，它表明了路由协议的时间特性，也从侧面揭示了协议的传输效率。

（4）网络吞吐量

网络吞吐量指的是在单位时间内通过通信信道或某个节点成功交付数据的平均速率，是实际网络数据传输能力的体现。

10.5.2　协议性能验证性实验

当 Ad hoc 协议在移动节点中实现以后，还需要进行相应的配置和部署才能启动并正常运行，所以，在进行移动机器人自组织网络系统的动态实验之前，先要完成各节点的配置实验并验证其有效性。

本节实验按照动态实验的配置和操作步骤进行,并进行了实验相关记录,在后续小节中,若出现相关配置,将不再赘述。

1. 节点的配置

本实验基于的 Linux 系统为 Ubuntu 10.04 版本,在启动协议之前,必须先完成系统的一些配置。首先,由于该版本系统中存在 network-manager 对网络端口的占用情况,必须将其关闭,命令如下:

sudo service network- maneger stop

之后,应当启用网卡并进行配置,命令如下:

sudo ifconfig ra0 up

sudo iwconfig ra0 mode ad- hoc

sudo iwconfig ra0 essid olsr

sudo ifconfig ra0 192.168.2.1

配置结果如图 10-19 所示,由于修改了底层硬件驱动的设置,所启动的无线端口表示形式为 ra0 而非传统的 wlan0 的形式。其中,ifconfig 命令的结果显示的是网卡的 IP 地址、mac 地址等信息,iwconfig 命令的结果是无线网络的信息,包括网络名称、工作模式、cell 码、比特率、信号强度、信噪比等。图中所配置的是 OLSR 协议的实验。

```
bird@bird-desktop:~$ sudo ifconfig ra0
ra0       Link encap:Ethernet  HWaddr c8:3a:35:c8:c1:dc
          inet addr:192.168.2.1  Bcast:192.168.2.255  Mask:255.255.255.0
          inet6 addr: fe80::ca3a:35ff:fec8:c1dc/64 Scope:Link
          UP BROADCAST RUNNING MULTICAST  MTU:1500  Metric:1
          RX packets:0 errors:0 dropped:0 overruns:0 frame:0
          TX packets:0 errors:0 dropped:0 overruns:0 carrier:0
          collisions:0 txqueuelen:1000
          RX bytes:186089 (186.0 KB)  TX bytes:19236 (19.2 KB)
bird@bird-desktop:~$ sudo iwconfig ra0
ra0       Ralink STA  ESSID:"olsr"  Nickname:"RT2870STA"
          Mode:Ad-Hoc  Frequency:2.412 GHz  Cell: BE:B2:0E:F3:4C:31
          Bit Rate=150 Mb/s
          RTS thr:off   Fragment thr:off
          Encryption key:off
          Link Quality=100/100  Signal level:-57 dBm  Noise level:-57 dBm
          Rx invalid nwid:0  Rx invalid crypt:0  Rx invalid frag:0
          Tx excessive retries:0  Invalid misc:0  Missed beacon:0
```

图 10-19 Linux 系统下网卡配置结果

2. 协议的有效性验证

OLSR 协议和 AODV 协议在启动方式上有一些不同,OLSR 的参数控制是在 olsr.conf 文件中写好的,协议启动时读取配置文件内容,按照该文件进行配置,而 AODV 协议可以使用参数控制,在启动协议时即完成配置。

如图 10-20 所示,在 OLSR 协议启动后,其拓扑表中立即产生了相关拓扑,图中的拓扑是节点 1 到节点 2 和节点 2 到节点 1 的双向通路,另外还可以看到,节点 2 正在向节点 1 发送 TC 分组。

如图 10-21 所示,在 AODV 协议启动后,协议会立即发送 HELLO 分组,在收到节点 2 发来的 HELLO 分组后,节点 1 进行了路由缓存的更新并设置了计时器,最后报告发现了新的邻居节点。

```
============================================ TOPOLOGY
Source IP addr  Dest IP addr      LQ        ETX
192.168.2.1     192.168.2.2    0.000/0.000  0.000
192.168.2.2     192.168.2.1    0.004/0.518  0.000
Processing TC from 192.168.2.2 seq 0x6a84
```

图 10-20 OLSR 协议的启动图

```
08:19:32.128 hello_start: Starting to send HELLOs!
08:19:33.013 rt_table_insert: Inserting 192.168.2.2 (bucket 0) next hop 192.168.2.2
08:19:33.013 rt_table_insert: New timer for 192.168.2.2, life=15000
08:19:33.013 hello_process: 192.168.2.2 new NEIGHBOR!
08:19:34.052 nl_send_add_route_msg: ADD/UPDATE: 192.168.1.13:192.168.1.13 ifindex=3
```

图 10-21 AODV 协议的启动图

在实验中,协议启动以后,会使用 Wireshark 对数据包进行抓取分析并验证正在传输的分组的确是 Ad hoc 协议分组。

如图 10-22 所示,该图是 OLSR 协议的分组抓取结果,上方是分组的基本信息,包括源地址、目的地址、协议版本及包大小等;下方是软硬件分析信息,包括源节点网卡生产商和 mac 地址和目的节点 mac 地址,源节点 IP 地址和目的节点 IP 地址,控制分组的端口为 698 以及协议为 OLSR 协议。

No.	Time	Source	Destination	Protocol	Info
66	13.556082	192.168.2.2	192.168.2.255	OLSR v1	OLSR (IPv4) Packet, Length: 28 Bytes
67	13.822955	192.168.2.1	192.168.2.255	OLSR v1	OLSR (IPv4) Packet, Length: 24 Bytes
68	13.923344	192.168.2.1	192.168.2.255	OLSR v1	OLSR (IPv4) Packet, Length: 28 Bytes
69	13.957476	192.168.2.1	192.168.2.255	OLSR v1	OLSR (IPv4) Packet, Length: 48 Bytes
70	14.207077	192.168.2.2	192.168.2.255	OLSR v1	OLSR (IPv4) Packet, Length: 24 Bytes
71	14.424092	192.168.2.1	192.168.2.255	OLSR v1	OLSR (IPv4) Packet, Length: 48 Bytes
72	14.457954	192.168.2.2	192.168.2.255	OLSR v1	OLSR (IPv4) Packet, Length: 28 Bytes
73	14.874649	192.168.2.1	192.168.2.255	OLSR v1	OLSR (IPv4) Packet, Length: 28 Bytes
74	14.958951	192.168.2.2	192.168.2.255	OLSR v1	OLSR (IPv4) Packet, Length: 28 Bytes
75	15.360591	192.168.2.2	192.168.2.255	OLSR v1	OLSR (IPv4) Packet, Length: 28 Bytes
76	15.375385	192.168.2.1	192.168.2.255	OLSR v1	OLSR (IPv4) Packet, Length: 28 Bytes
77	15.760594	192.168.2.2	192.168.2.255	OLSR v1	OLSR (IPv4) Packet, Length: 28 Bytes
78	15.775695	192.168.2.1	192.168.2.255	OLSR v1	OLSR (IPv4) Packet, Length: 28 Bytes

```
+ Frame 1 (110 bytes on wire, 110 bytes captured)
+ Ethernet II, Src: TendaTec_c9:cf:d1 (c8:3a:35:c9:cf:d1), Dst: Broadcast (ff:ff:ff:ff:ff:ff)
+ Internet Protocol, Src: 192.168.2.1 (192.168.2.1), Dst: 192.168.2.255 (192.168.2.255)
+ User Datagram Protocol, Src Port: olsr (698), Dst Port: olsr (698)
+ Optimized Link State Routing Protocol
+ [Malformed Packet: OLSR]
```

图 10-22 Wireshark 对 OLSR 协议的数据分组抓取结果

如图 10-23 所示,该图是对 AODV 协议的分组抓取结果,上方显示的是分组的基本信息,可以在协议(protocol)一栏看到 使用协议为 AODV,中间部分是软硬件分析,可以看到 AODV 分组发送使用的端口号为 654,下方是对上方阴影区域内选取的分组的内容提取,即分组的具体十六进制信息。

通过上面两幅图可以看出,两个协议的实现的确是有效的,下面再通过流量监测方式监测其数据传输的有效性。

如图 10-24 所示,这是 ifstat 对网络数据的实时监测截图。左方显示的是没有加载数据分组时的情况,可见控制信息的分组传送速率小于 1 KB/s,右方显示的是加载数据分组时的情况,其上方可以看到监测的端口为 ra0 端口,即本实验使用的无线端口,可见此时网络吞吐量已经超过 200 kB/s。

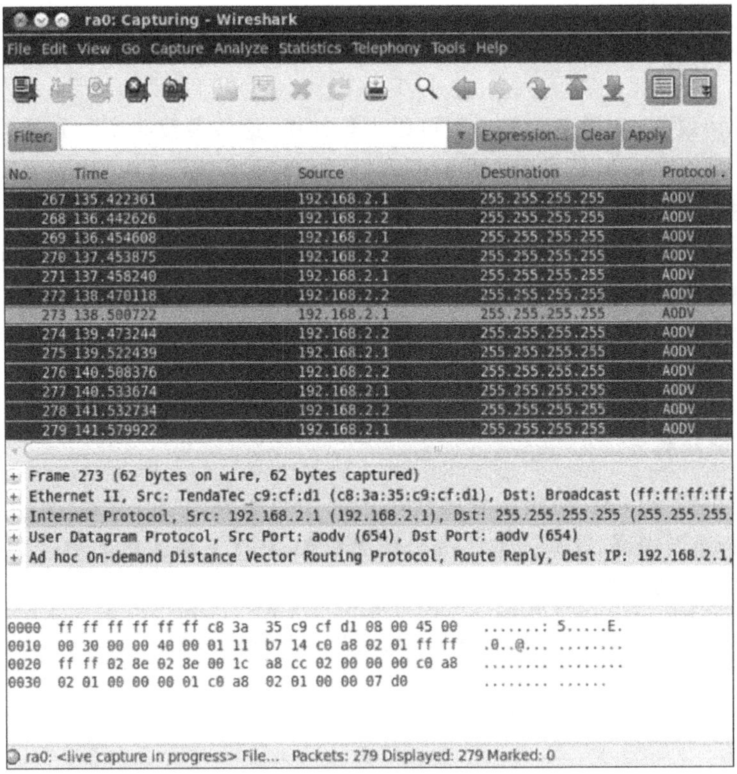

图 10-23　Wireshark 对 AODV 协议的数据分组抓取结果

以上可以看出,两种协议不但可以进行本协议控制分组的交换,也可以进行数据分组的承载,这为实验中实现的两种协议的有效性提供了验证,也为动态拓扑性能实验的有效性提供了依据。

Time	ra0		Time	ra0	
HH:MM:SS	KB/s in	KB/s out	HH:MM:SS	KB/s in	KB/s out
23:09:57	1.01	0.08	23:17:21	2.90	0.08
23:09:58	1.49	0.08	23:17:22	2.55	0.08
23:09:59	0.55	0.08	23:17:23	3.37	0.08
23:10:00	0.90	0.08	23:17:24	3.40	4.21
23:10:01	2.95	0.08	23:17:25	88.57	85.51
23:10:02	0.66	0.08	23:17:26	131.52	128.22
23:10:03	0.90	0.08	23:17:27	88.68	85.50
23:10:04	0.90	0.08	23:17:28	131.27	128.21
23:10:05	0.73	0.08	23:17:29	88.81	85.52
23:10:06	0.90	0.08	23:17:30	131.02	128.31
23:10:07	0.74	0.37	23:17:31	88.35	85.52
23:10:08	1.25	0.08	23:17:32	131.39	128.22
23:10:09	0.31	0.08	23:17:33	88.34	85.56
23:10:10	0.90	0.08	23:17:34	131.40	128.22
23:10:11	0.43	0.08	23:17:35	88.35	85.52
23:10:12	0.31	0.08	23:17:36	130.70	128.22
23:10:13	0.90	0.08	23:17:37	88.33	85.50
23:10:14	0.55	0.08	23:17:38	130.93	128.22
23:10:15	1.57	0.37	23:17:39	88.22	85.50
23:10:16	0.55	0.08	23:17:40	131.21	128.22
23:10:17	1.53	0.22	23:17:41	115.30	85.50
23:10:18	1.33	0.37	23:17:42	131.48	128.51

图 10-24　ifstat 对网络实时数据的监测

10.5.3　AODV 协议在不同功能参数配置下的表现

在 AODV 协议中,有很多功能参数可以进行使用,这些参数改变的是协议的一些功能,如开启本地修复功能等,但是对于一些时间参数的设置如 HELLO 分组发送间隔等,都将在协议代码内部指定。为了研究功能参数对于 AODV 协议性能的影响,本节在四跳拓扑情况下做了很多实验,实验过程中节点中的协议是逐个开启的,即所有节点是逐个纳入 Ad hoc 网络中的,四跳传输实验的完成再次证明了 AODV 协议的实现是有效可行的。由于各个实验中开启的功能参数不同,所以每个实验的结果也不尽相同,本节将具体阐述每个功能参数对于整个网络系统的影响。

1. 默认参数实验

首先,实验中对 AODV 协议配置的代码内部参数如表 10-11 所示,改变这些参数需要改变代码并进行重新编译,这里选取了一个较优参数,在接下来的实验中这部分代码中的参数都不做改变,只更改功能设置。

表 10-11　AODV 协议内部运行参数设置

参数名称	设置值(单位为 ms 或次数)
ACTIVE_ROUTE_TIMEOUT	3 000
DELETE_PERIOD	K * max(ACTIVE_ROUTE_TIMEOUT, ALLOWED_HELLO_LOSS * HELLO_INTERVAL)
TTL_START	2
ALLOWED_HELLO_LOSS	2
GROUP_HELLO_INTERVAL	5 000
RREP_WAIT_TIME	10 000
PRUNE_TIMEOUT	2 * RREP_WAIT_TIMEOUT
RREQ_RETRIES	2
TTL_THRESJOLD	7
TTL_INCRESMENT	2
NET_DIEMETER	35
HELLO_INTERVAL	1 000
NET_TRAVERSAL_TIME	2 * NODE_TRAVERSAL_TIME * NET_DIEMETER
NODE_TRAVERSAL_TIME	40
K	5

AODV 协议在功能方面的默认设置如表 10-12 所示,按照设定,节点将在收到 1 个 HELLO 分组后即将发送该分组的节点作为自己的邻居节点对待,其他功能参数如本地修复功能等均不使用。

表 10-12　AODV 协议的默认功能设置

功能	默认设置
仅在传输数据时发送 HELLO 分组	否
收到几个 HELLO 分组后认为是邻居节点	1
是否允许中间节点返回 REEP 分组	否
本地修复功能	不开启
链路层反馈功能	不开启
RTS 和 FRAG 设定	不开启

在此参数设置下,实验中发送了 100 个数据分组,每个分组时间间隔为 1 s,整个 Ad hoc 网络的表现如图 10-25 所示。

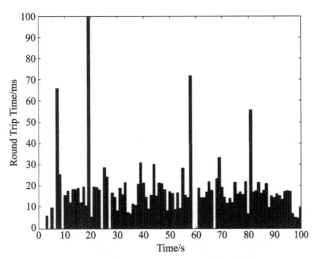

图 10-25　默认参数下 AODV 协议的表现

该实验中主要网络性能统计信息如表 10-13 所示。

表 10-13　默认参数下网络性能统计

分组统计信息	错误率	分组投递率	最短延时	平均延时
数据	6%	84%	5.7 s	18.2 s

2. 仅在传送数据时发送 HELLO 分组

本小节除了使用前一小节的其他默认设置外,开启了仅在数据传输时才发送 HELLO 分组的功能。理论上来说,开启该功能后,将使网络中非数据分组的负载降低,并有效节省节点的能耗。其实验结果如图 10-26 所示。

该实验中主要网络性能统计信息如表 10-14 所示。

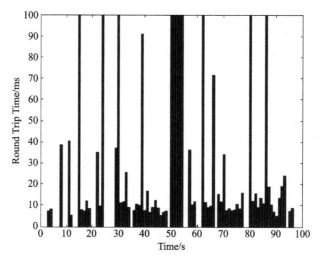

图 10-26   开启仅在传送数据时发送 HELLO 分组

表 10-14   开启仅在传送数据时发送 HELLO 分组功能后的网络性能统计

分组统计信息	错误率	分组投递率	最短延时	平均延时
数据	5%	76%	5.9 s	58.6 s

对比于默认参数下 AODV 协议的表现,启用仅在传送数据时发送 HELLO 分组的功能后,整个协议的性能大幅下降,其原因是节点在数据发送之前并不发送 HELLO 分组,使得节点都不知道自己的邻居是谁,在需要发送节点时,还需要进行邻居的寻找和路由搜索,整个过程变得缓慢,严重影响数据分组的传输。

3. 收到 2 个 HELLO 分组后确认邻居节点

本小节将默认功能设置中确认邻居需要的 HELLO 分组个数由 1 个改变为 2 个,这样做的目的是避免了偶然收到 HELLO 分组的机会,确保链路的畅通性。实验结果如图 10-27 所示。

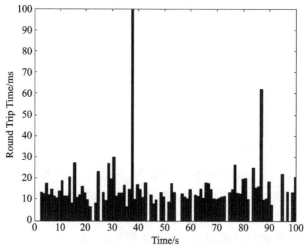

图 10-27   开启收到 2 个 HELLO 分组后确认邻居节点

该实验中主要网络性能统计信息如表 10-15 所示。

表 10-15 开启仅收到 2 个 HELLO 分组确认邻居节点后的网络性能统计

分组统计信息	错误率	分组投递率	最短延时	平均延时
数据	5%	83%	6.9 s	23.5 s

相比默认参数下 AODV 协议的表现而言,修改这一参数后网络的链路更加稳定,网络延时所属区域比较统一,即统计数据的均方差较小,但是最短延时和平均延时有所增加,原因之一是消耗了更多路由发现的时间。

4. 允许中间节点返回 RREP 分组

本小节的实验中,开启了允许中间节点返回 RREP 分组的功能,理论上来说,开启该功能后,路由发现应当更快,分组延时应当更小。实验结果如图 10-28 所示。

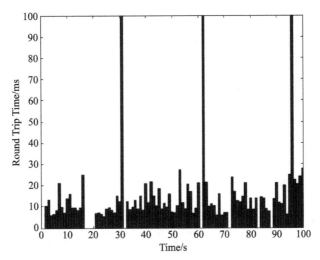

图 10-28 允许中间节点返回 RREP 分组

该实验中主要网络性能统计信息如表 10-16 所示。

表 10-16 开启允许中间节点返回 REEP 分组功能后的网络性能统计

分组统计信息	错误率	分组投递率	最短延时	平均延时
数据	2%	90%	5.7 s	23.2 s

相比默认参数下的功能设置,在此参数设置下,AODV 协议在传输分组过程中出现的错误更少,分组投递率更高,实验结果要较优一些。

5. 开启本地修复功能

本小节的实验中,开启了本地修复功能,即在出现断路后允许中间节点发起路由寻找,实验结果应当表现为错误分组更少。实验结果如图 10-29 所示。
该实验中主要网络性能统计信息如表 10-17 所示。

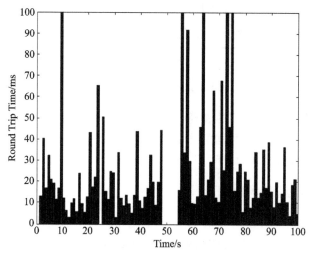

图 10-29　开启本地修复功能

表 10-17　开启仅本地修复功能后的网络性能统计

分组统计信息	错误率	分组投递率	最短延时	平均延时
数据	0	92%	5.5 s	26.2 s

相对于默认参数设置下的表现,本次实验中的确没有出现分组错误,同时提高了分组投递率,但是网络状况不如默认设置下稳定,分组延时出现很大波动。

6. 开启链路层反馈功能

在本节实验中,开启了 AODV 协议的链路层反馈功能,节点可以利用链路层信息判断路由是否失效等消息,省去了控制分组提交到用户空间再返回的过程,会使协议具有更高的效率。该实验的结果如图 10-30 所示。

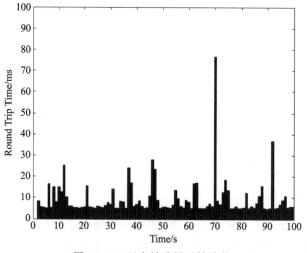

图 10-30　开启链路层反馈功能

该实验中主要网络性能统计信息如表 10-18 所示。

表 10-18 开启链路层反馈功能后的网络性能统计

分组统计信息	错误率	分组投递率	最短延时	平均延时
数据	1%	99%	5.8 s	10.3 s

相对于默认参数下协议的表现,开启链路反馈功能后链路稳定性得到有效提高,错误率较低,没有其他数据分组丢失,且大大减少了分组的平均延时,提高了协议性能。

7. 设定 RTS 和 FRAG 值

在本节实验中,对 Ad hoc 网络的 RTS 和 FRAG 值进行了设定。设定 RTS 的目的是指定 RTS/CTS 握手方式,使用这一设置会增加额外资源和空间,而对于存在隐藏节点的网络,这一设置对网络性能会有很大提高,这一设置对无线节点较多的情况也同样适用。设置 FRAG 值的目的是指定发送数据分组的分片大小。这一设置会增加对网络资源的占用,但对于噪声环境,这样的设置会使分组到达率得到有效保证。本实验中设置 RTS=250,FRAG=512,即使用 RTS/CTS 握手方式的分组最小为 250 字节,数据分组分片大小为 512 字节。该实验的结果如图 10-31 所示。

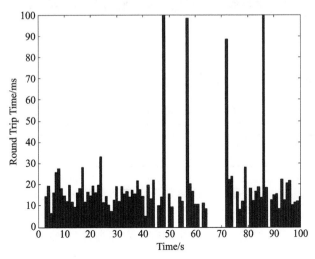

图 10-31 设定 RTS=250 FRAG=512

该实验中主要网络性能统计信息如表 10-19 所示。

表 10-19 设定 RTS 和 FRAG 值后的网络性能统计

分组统计信息	错误率	分组投递率	最短延时	平均延时
数据	10%	82%	6.1 s	21.1 s

由结果可知,相比于默认参数下的表现,这种设定下协议性能并没有提升,这样的设置并不适合小规模移动机器人 Ad hoc 网络系统。

8. 组合参数下的实验

参照上述实验,为了决定在动态拓扑实验中使用何种功能参数的组合,进行了多种参数组合的实验,比较得出了一个最优的参数组合,即同时开启链路层反馈功能、本地修复功能并设置在接收到同一个节点的 2 个 HELLO 分组后才接受其为邻居。这种组合下实验结果如图 10-32 所示。

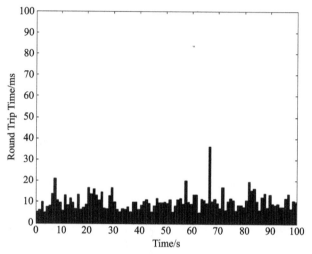

图 10-32　组合参数下 AODV 协议的表现

该实验中主要网络性能统计信息如表 10-20 所示。

表 10-20　AODV 协议使用组合参数后的网络性能统计

分组统计信息	错误率	分组投递率	最短延时	平均延时
数据	0	100%	5.4 s	8.7 s

由实验结果可以发现,无论是与默认参数设置下协议的表现比较,还是与其他单参数设置下的表现比较,在这个参数组合之下 AODV 协议的错误率、分组投递率、平均延时等统计数据显示的性能均有很大的提升,最短延时也有一定提高,网络变得十分稳定。在动态拓扑实验中,也将采用这一参数组合。

本节各个实验中采集数据的统计信息的对比如图 10-33 所示。

10.5.4　动态拓扑下性能实验

1. 实验场景布置

本实验所要研究的内容是在小规模移动机器人自组织网络中,当网络拓扑发生变化时,OLSR 协议和 AODV 协议的实际表现。所以场景的设计应当简单明了,使得实验结果清晰,排除其他的干扰和可能性,并且应当使移动机器人节点和上位机之间具有尽量多的跳

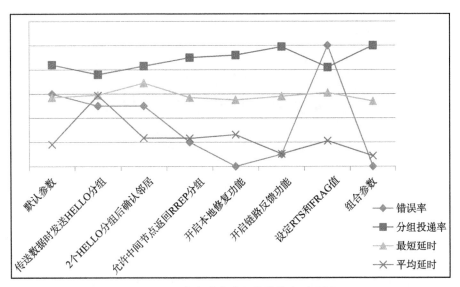

图 10-33　各实验中分组统计信息对比图

数,这样才能真实的反映出协议的性质和优缺点。另外,为了得到整个自组织网络系统的吞吐量数据,本节还设计了与实验配套的静态拓扑实验,作为本实验的辅助与补充。这样,在得到全方面的统计数据后,将有利于本节对两种协议性能的分析和评估。

本实验的实验场景布置如图 10-34 所示,其中障碍物为大楼或墙壁,目的是阻隔信号的传播,或者在空旷环境下进行实验,使节点 3 与节点 1、节点 2 与上位机不能直接进行通信即可。为保证所测出的定量数据可靠有效,实验特别选在没有其他信号干扰的宽阔空地或地下室中进行,实验场地为实景如图 10-35 所示。实验的五个节点中三个为中继节点,一个为移动机器人节点,一个为上位机,用以控制移动机器人节点的移动。除去移动机器人节点,其他节点的路由通路只有一条,即上位机－节点 1－节点 2－节点 3。

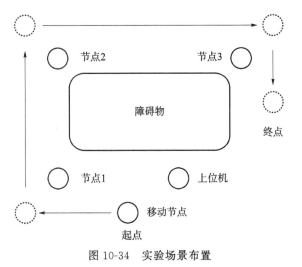

图 10-34　实验场景布置

图 10-35　实验场地实景

在此环境下,移动机器人节点在位于起点时,是可以与上位机直接通信的。但按照行进路线,在经过节点 1 之后,移动机器人节点将失去与上位机的联系,此时该节点必须通过节点 1 以多跳方式与上位机通信,而这一过程就是 Ad hoc 网络组网的过程。同理,移动机器人节点在经过节点 2 和节点 3 之后,都必须将他们纳入整个 Ad hoc 网络中以维持与上位机的通信。移动机器人节点在分别使用两种协议的情况下,在丢失与上位机的连接后,都将会进行路由重新发现和重连的过程。

值得注意的是,实验中将上位机放在较为靠近节点 2 的位置,而不是像其他节点一样处于一个角落,这样做的目的是阻隔节点 3 与上位机的直接通信。否则在移动机器人节点经过节点 3 之后将可以与上位机直接通信,移动机器人节点和上位机之间的最大跳数就被减少了。

2. 协议参数的校正与调整

经过多次尝试和比较的经验,在本次实验进行时,对两个协议的默认参数进行了一些调整,使其能有较好的性能和表现[54]。

(1) OLSR 参数的调整

实验中对 OLSR 协议使用参数的加载是通过读取 olsr.conf 文件来实现的,本文在该文件中写入的总体参数配置如下:

```
DebugLevel    1
IpVersion    4
ClearScreen      yes
TcRedundancy    2
MprCoverage    1
AllowNoInt    yes
UseHysteresis    yes
LinkQualityLevel    0
Pollrate    0.05
NicChgsPollInt      3.0
```

```
#Hysteresis parameters
HystScaling    0.50
HystThrHigh    0.80
HystThrLow     0.30


I nterface "ra0"
{
    HelloInterval        0.5
    HelloValidityTime    1.5
    TcInterval           2.5
    TcValidityTime       5.0
    MidInterval          5.0
    MidValidityTime      15.0
    HnaInterval          5.0
    HnaValidityTime      15.0
}
```

其中一些参数是修正过后的参数,如参数 HELLO_INTERVAL 和 HELLO_VALIDITY 描述的是 OLSR 协议发送 HELLO 分组的发送时间间隔和失效时间,调整为较小值之后,将有利于节点更快地发现邻居节点和更新邻居节点的信息;参数 TC_INTERVAL 和 TC_VALIDITY 描述的是 TC 分组的发送时间间隔和失效时间,调整为较小值之后,将有利于节点更快地发现新路由和更新路由表的信息。

将参数按照表 10-21 修改后,协议的性能将比使用默认值时有所提高,节点能更快地掌握整个 Ad hoc 网络的拓扑状态,变得更灵敏。但必须说明的是,由于 HELLO 分组和 TC 分组发送的时间间隔变小,协议的信息传输量将会增加,协议占用带宽将变大,另外,整个节点的耗电量会增加。

表 10-21　OLSR 协议参数调整前后对比

参数	默认值	调整值
HELLO_INTERVAL	2.0	0.5
HELLO_VALIDITY	6.0	1.5
TC_INTERVAL	5.0	2.5
TC_VALIDITY	15.0	7.5

（2）AODV 参数的调整

由 10.3 节的实验可知,在设置某些功能参数后,协议将有极佳表现,如表 10-22 所示是本节对于 AODV 协议功能参数的修改。

本地修复功能开启后,如果出现正在使用中的路由断路的情况,节点将在本地进行尝试性修复,即由断路节点寻找新的通路信息,而非立刻通知源节点;链路层反馈功能开启后,节点可以利用链路层信息判断路由失效;AODV 协议默认收到一个 HELLO 分组后立即将发送节点作为邻居,修改后则需要两个 HELLO 分组,这样可避免一些"偶然"的可能性,保证了邻居节点间链路的畅通。

前两个参数的调整有利于协议性能的提高,使协议更有效率;最后一个参数的修改提高了网络拓扑的稳定性。

表 10-22　AODV 协议参数调整前后对比

参数	默认值	调整值
本地修复	关闭	开启
链路层反馈	关闭	开启
成为邻居的 HELLO 数	1	2

3. 实验结果分析

本节涉及的每次实验中,对于每个协议进行的分组投递数均为 1 000 个,测试时间均为 200 s,但由于两次测试中移动机器人节点的速度并不完全一样,所以绕过某一固定节点的时间有所不同。另外,对于分组延时、分组传递率等实验中得到的大量初始数据,使用相关程序进行处理,并用 MATLAB 将得到的统计结果进行直观输出。

（1）OLSR 协议的实验结果

OLSR 协议的实验结果分析如图 10-36 所示,结合图 10-34 和分组统计信息,在 43 s 时移动机器人节点失去了与上位机的联系,通过节点 1 建立路由的过程耗时 7.6 s,而后面两次的路由重连过程均不到 5 s 的时间。除去路由重连的过程外,节点在拓扑稳定期间运动时,并未出现分组丢失情况。经统计,本实验中分组投递率为 94%,平均分组延时为 6.44 s。

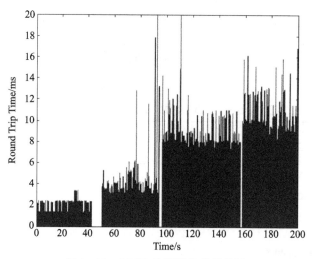

图 10-36　OLSR 协议性能分析结果

分组统计信息结果如表 10-23 所示。

表 10-23　OLSR 协议性能分析结果

分组统计信息	分组投递率	断路重连时间	平均延时
数据	94%	7.6 s	6.44 s

（2）AODV 协议的实验结果

AODV 协议的实验结果分析如图 10-37 所示,结合图 10-35 和分组统计信息,在 41.8 s 时移动机器人节点失去了与上位机的联系,通过节点 1 建立路由的过程耗时 14.4 s,而后面两次的路由重连过程使用了 13 s 和 6.5 s。除去路由重连的过程外,节点在拓扑稳定期间运动时,出现两次分组丢失情况。经统计,本实验中分组投递率为 83.5%,平均分组延时为 6.45 s,如表 10-24 所示。

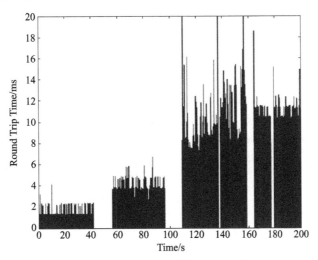

图 10-37　AODV 协议性能分析结果

分组统计信息结果如表 10-24 所示。

表 10-24　AODV 协议性能分析结果

分组统计信息	分组投递率	断路重连时间	平均延时
数据	83.5%	14.4 s	6.45 s

4. 两次测试的对比分析

结合图 10-36 和图 10-37 可以发现,在移动机器人节点与上位机直连时,两个协议的表现相当;在经过节点 1 与上位机连接时,AODV 协议比 OLSR 协议的连接稳定很多,分组延时波动范围较小;在路由中纳入节点 2 后,两个协议都出现了较大的波动,相比较而言 OLSR 波动较小;在路由中纳入节点 3 后,AODV 的分组延时较为稳定。综合整个实验来看,AODV 协议的分组延时波动较小,但是有分组丢失现象。

另外,在路由丢失后重连时间的表现上,OLSR 协议明显优于 AODV 协议;由于分组投递率与重连时间内的分组丢失有很大相关性,OLSR 协议的分组投递率也明显较高;而在分组延时方面,两个协议表现相当,只是稳定性有不同。

这些实际的性能测试在体现出两种协议在小规模移动机器人 Ad hoc 网络中表现的差异,同时印证了引言中提到的先验式路由和反应式路由的区别,以及链路状态路由协议和距离矢量路由协议的区别。

总之,就本节实验而言,OLSR 协议的性能较优。

10.5.5 稳定拓扑下的网络吞吐量实验

1. 实验布置及参数设置

　　网络吞吐量指的是网络端口间单位时间内成功传送的数据量。网络吞吐量与带宽不同，带宽指的是网络信道每秒能传送的比特数，它受到的是链路时钟速率和信道编码的制约，是能够传输数据的最大可能。而吞吐量主要受到实际环境的制约，如信噪比、网络质量等，它指的是在实际情况下成功传输的数据量，这个值可能远远小于带宽。这就是实验中评估协议实际吞吐量的意义。

　　所以，本节除了对 Ad hoc 协议的动态性能进行实验外，还对网络拓扑稳定时的吞吐量进行了评估。为了简化实验步骤和难度，这个实验是在室内进行的，场景也为简单的多跳实验，从两个节点直连开始，逐渐增加节点个数，最多节点个数为四个，即跳数最多为三跳，节点连接顺序为节点 1—节点 2—节点 3—节点 4，实验的部署如图 10-38 所示。

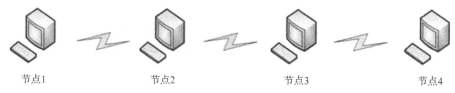

节点1　　　　　　　节点2　　　　　　　节点3　　　　　　　节点4

图 10-38　稳定拓扑状态下的吞吐量实验部署

　　在室内环境中，节点都较为接近，直接实验难免出现节点 1 跳过节点 2 直接与节点 3 或节点 4 通信的情况，所以实验中处理的方式是使用 iptables 对各个节点进行防火墙设置，使得整个网络中只允许两两通信，从而保证了整个拓扑中节点 1 到节点 4 只有一条通路。

　　在节点 1 中输入的 iptables 命令如下：

iptables-A INPUT-m mac--mac-source c8:3a:35:c8:c1:dc-j DROP

iptables-A INPUT-m mac--mac-source c8:3a:35:c9:ca:d6-j DROP

　　其中，第一条命令中的 mac 地址属于节点 3，第二条命令中的 mac 地址属于节点 4，这两天命令的作用是屏蔽来自上述两个 mac 的所有输入消息，这样就保证了节点 1 只能通过节点 2 与其他节点通信。类似地，这样的设置也部署于其他节点中。

　　本节选择在稳定拓扑下而非动态拓扑下测试 Ad hoc 协议吞吐量的原因是动态拓扑下有重新组网的过程，在这个过程中间网络会出现断路，而重连期间网络吞吐量的波动也很大。而除去这个重连的过程，其他时间段的网络拓扑都是相对稳定的，可以视为一个短时间内的静态拓扑网络。上述的实验场景所要评估的正是上一节中移动节点在各个阶段中所处网络的吞吐量。而且，对于视频信息等数据分组的传输，只有在拓扑稳定时才能成功进行，这个期间的吞吐量数据才有意义。

　　本吞吐量实验中协议的参数设置仍然沿用了上一个实验的数据，因为在每次动态实验的过程中都无法去修改既定参数，按照同样参数实验得到的数据应当与动态实验中的实际情况最相符。

这样,本节不仅测得了动态环境下的 OLSR 协议和 AODV 协议的动态相关参数,还通过环境模拟的方式测得了实验过程中的网络吞吐量。

2. 实验结果

由于网络中数据量增大的同时会导致网络延时增大,为保证实验结果的可靠性,也考虑到动态拓扑网络中对于网络延时应当有一个限制,否则像视频信息等实时性很高的数据将无法传输,实验中测到网络吞吐量的同时都保证网络延时没有大于 50ms。同时,由于网络有波动,网络吞吐量不可能一直维持在固定值,所以所测结果都用一个范围来表示。

实验中所用的网络流量统计软件是 ifstat,在将实时数据输入文件后,再根据数据的时间戳,截取实验数据分组发送期间的数据,用统计程序进行统计。

（1）OLSR 协议的实验结果

如表 10-25 所示,由结果可知,节点个数越多,网络稳定时的数据吞吐量越低,这并不难以理解,其原因之一应当是随着节点个数增加而增加的 OLSR 路由协议的控制信息数量及其所占带宽,其中无论是 Hello 分组还是 TC 分组都变得更多,挤压了用户数据通信的空间。

表 10-25　不同节点个数情况下 OLSR 协议网络的吞吐量

节点个数	2	3	4
稳定网络吞吐量	>500 KB	220 KB~250 KB	160 KB~180 KB

（2）AODV 协议的实验结果

如表 10-26 所示,由结果可知,与 OLSR 协议类似,AODV 协议的稳定网络吞吐量随节点个数增加而减少,原因也应当是控制信息的增多和链路质量的下降。

表 10-26　不同节点个数情况下 AODV 协议网络的吞吐量

节点个数	2	3	4
稳定网络吞吐量	400 KB~450 KB	200 KB~230 KB	130 KB~160 KB

两种协议在不同节点情况下的吞吐量比较如图 10-39 所示,对比可以得出,在小规模移动机器人自组网系统中,搭载 OLSR 协议时网络的吞吐量情况较优。

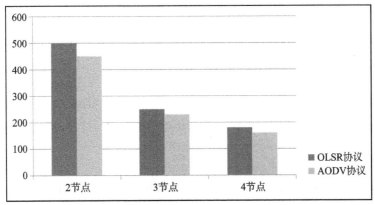

图 10-39　OLSR 协议和 AODV 协议网络吞吐量对比图

对于本章中的移动机器人，机器人操控数据信息可以控制在 30 KB 以内，而机器人的视频和图像传输业务也可以根据网络状况进行自适应，最小带宽要求也可以控制在 50 KB 以内。所以，根据本节实验结果，搭载 OLSR 协议的机器人自组网系统的数据承载能力可以满足该系统的数据服务要求。

10.6 本章小结

本章针对小规模移动机器人自组织网络，对固定节点和移动节点的多机器人自组织网络的软硬件平台进行了设计和实现。首先，在上位机节点和移动节点中搭载了 Wireshark、ifstat、数据统计程序等软件，配合 Linux 系统自带 Ping 程序使用，实现对整个网络系统的分组延时、分组投递率、网络重连时间和网络吞吐量等性能数据进行采集和统计；其次，对 OLSR 协议和 AODV 协议的实现原理和实现方式进行了研究和讨论，确定了在用户空间而非内核空间实现协议，并分别在两种协议中搭建了以移动机器人为节点的整体小规模自组织网络；最后，提出了动态场景和静态场景相结合的实验方法，以测试网络系统的各方面性能，获得了整个自组织网络的真实动态性能，并评估分析了测量数据的分组延时、分组投递率以及断线重连时间等，得出了两种协议在不同跳数情况下网络拓扑稳定时的吞吐量等。

本章参考文献

[1] Huang K , Ma X , Song R, et al. Autonomous cognition development with lifelong learning: A self-organizing and reflecting cognitive network. Neurocomputing. 2021, 421:66-83.

[2] Jayaratne M, Alahakoon D, De Silva D. Unsupervised skill transfer learning for autonomous robots using distributed growing self organizing maps[J]. Robotics and Autonomous Systems, 2021, 144:103835.

[3] Yih-Chun H, Perrig A. A survey of secure wireless ad hoc routing[J]. IEEE Security & Privacy, 2004, 2(3):28-39.

[4] Sesay S, Yang Z, He J. A survey on mobile ad hoc wireless network[J]. Information Technology Journal, 2004, 3(2):168-175.

[5] Zhang J, Chen T, Zhong S, et al. Aeronautical Ad Hoc networking for the Internet-above-the-clouds[J]. Proceedings of the IEEE, 2019, 107(5):868-911.

[6] Fatemidokht H, Rafsanjani M K, Gupta B B, et al. Efficient and secure routing protocol based on artificial intelligence algorithms with UAV-assisted for vehicular ad hoc networks in intelligent transportation systems [J]. IEEE Transactions on Intelligent Transportation Systems, 2021, 22(7):4757-4769.

[7] Al-Sultan S, Al-Doori M M, Al-Bayatti A H, et al. A comprehensive survey on vehicular ad hoc network[J]. Journal of network and computer applications, 2014, 37: 380-392.

[8] Bekmezci I,Sahingoz O K,Temel Ş.Flying ad-hoc networks(FANETs):A survey[J]. Ad Hoc Networks,2013,11(3):1254-1270.

[9] Benton C,Kenney J,Nitzel R,et al.Autonomous undersea systems network(ausnet)- protocols to support ad-hoc AUV communications［C］//2004 IEEE/OES Autonomous Underwater Vehicles(IEEE Cat.No.04CH37578).IEEE,2004:83-87.

[10] Ramanathan R, Redi J, Santivanez C, et al. Ad hoc networking with directional antennas: a complete system solution［J］. IEEE Journal on selected areas in communications,2005,23(3):496-506.

[11] Cardieri P. Modeling interference in wireless ad hoc networks［J］. IEEE Communications Surveys & Tutorials,2010,12(4):551-572.

[12] Zhang D,Ge H,Zhang T,et al.New multi-hop clustering algorithm for vehicular ad hoc networks[J].IEEE Transactions on Intelligent Transportation Systems,2018,20 (4):1517-1530.

[13] Lima M N,Dos Santos A L,Pujolle G.A survey of survivability in mobile ad hoc networks[J].IEEE Communications surveys & tutorials,2009,11(1):66-77.

[14] Abolhasan M,Wysocki T,Dutkiewicz E.A review of routing protocols for mobile ad hoc networks[J].Ad hoc networks,2004,2(1):1-22.

[15] Van Le D,Tham C K.Quality of service aware computation offloading in an ad-hoc mobile cloud［J］. IEEE Transactions on Vehicular Technology, 2018, 67 (9): 8890-8904.

[16] Bouchama N,Aïssani D,Djellab N,et al.A critical review of quality of service models pin mobile ad hoc networks[J].International Journal of Ad Hoc and Ubiquitous Computing,2019,31(1):49-70.

[17] El Defrawy K,Tsudik G.ALARM:Anonymous location-aided routing in suspicious MANETs[J].IEEE Transactions on Mobile Computing,2010,10(9):1345-1358.

[18] Jacquet P,Muhlethaler P,Clausen T,et al.Optimized link state routing protocol for ad hoc networks［C］//Proceedings.IEEE International Multi Topic Conference, 2001.IEEE INMIC 2001.Technology for the 21st Century.IEEE,2001:62-68.

[19] Belding-Royer E M,Perkins C E.Evolution and future directions of the ad hoc on- demand distance-vector routing protocol[J].Ad Hoc Networks,2003,1(1):125-150.

[20] Johnson D B,Maltz D A,Broch J.DSR:The dynamic source routing protocol for multi-hop wireless ad hoc networks[J].Ad hoc networking,2001,5(1):139-172.

[21] Huang Y,Kannan G,Bhatti S,et al.Route dynamics for shortest path first routing in mobile ad hoc networks[C]//2008 Wireless Telecommunications Symposium.IEEE, 2008:236-242.

[22] Ramaprasath A,Srinivasan A,Lung C H,et al.Intelligent wireless ad hoc routing protocol and controller for UAV networks［M］//Ad Hoc Networks.Springer, Cham,2017:92-104.

［23］ Rakheja P,Kaur P,Gupta A,et al.Performance analysis of RIP,OSPF,IGRP and EIGRP routing protocols in a network［J］.International Journal of Computer Applications,2012,48(18):6-11.

［24］ 曹桂平.Linux 内核网络栈源代码情景分析［M］.北京:人民邮电出版社,2010.

［25］ 刘隆国.Linux IP 协议栈源代码分析［M］.北京:机械工业出版社,2000.

［26］ Orebaugh A,Ramirez G,Beale J.Wireshark & Ethereal network protocol analyzer toolkit［M］.Elsevier,2006.

［27］ 单立平.嵌入式 Linux 网络体系结构设计与 TCP/IP 协议栈［M］.北京:电子工业出版社,2011.

［28］ 罗钰.深入浅出 Linux TCP/IP 协议栈［M］.北京:人民邮电出版社,2010.

［29］ Satchell S T,Clifford H B.Linux IP stacks commentary［M］.Coriolis Group Books,2000.

［30］ Wehrle K,Pahlke F,Ritter H,et al.Linux Network Architecture［M］.Prentice-Hall, Inc.,2004.

［31］ Chan P,Abramson D.Netfilte:An Enhanced Stream-Based Communication Mechanism［C］//High-Performance Computing.Springer,Berlin,Heidelberg,2005: 254-261.

［32］ Ade S A,Tijare P A.Performance Comparison of AODV,DSDV,OLSR and DSR routing protocols in Mobile Ad hoc Networks［J］.International Journal of Information Technology and Knowledge Management,2010,2(2):545-548.

［33］ Haerri J,Filali F,Bonnet C.Performance comparison of AODV and OLSR in VANETs urban environments under realistic mobility patterns［C］//Proceedings of the 5th IFIP mediterranean ad-hoc networking workshop.2006(i):14-17.

［34］ Choi W,Das S K,Cao J,et al.Randomized dynamic route maintenance for adaptive routing in multihop mobile ad hoc networks［J］.Journal of Parallel and Distributed Computing,2005,65(2):107-123.